U0806195

全国水利行业规划教材　高职高专水利水电类
中国水利教育协会策划组织

防汛与抢险技术

主　编　周卫民　陈柏荣　章　喆
副主编　刘　莹　刘宏丽
主　审　陆克芬

黄河水利出版社
·郑州·

内容提要

本书是全国水利行业规划教材，是根据中国水利教育协会全国水利水电高职教研会制定的防汛与抢险技术课程教学大纲编写完成的。本书介绍了防汛与抢险知识、防汛抢险工作及应急预案、水库防汛调度、土质堤坝抢护、水工建筑物险工抢护、河工建筑物险情抢护、河道凌汛险情抢护、防汛抢险新技术简介、防汛与险情抢护实训，并列入有关防汛与抢险的法律法规。

本书可作为高职高专院校水利水电工程建筑、水利水电工程管理、农田水利工程、城市水利等水利类各专业的教材，也可供土建、市政工程等专业、中专学校相应专业的师生、水利工程管理及技术人员、防汛职工、专业抢险队以及参加抗洪抢险部队指战员学习参考。

图书在版编目(CIP)数据

防汛与抢险技术/周卫民，陈柏荣，章喆主编．—郑州：黄河水利出版社，2010.9 (2020.3 重印)
全国水利行业规划教材
ISBN 978-7-80734-899-3

Ⅰ．①防… Ⅱ．①周…②陈…③章… Ⅲ．①防洪－高等学校：技术学校－教材 Ⅳ．①TV87

中国版本图书馆 CIP 数据核字(2010)第 179989 号

组稿编辑：王路平 电话：0371-66022212 E-mail：hhslwlp@163.com

出 版 社：黄河水利出版社
网址：www.yrcp.com
地址：河南省郑州市顺河路黄委会综合楼 14 层 邮政编码：450003
发行单位：黄河水利出版社
发行部电话：0371-66026940、66020550、66028024、66022620(传真)
E-mail：hhslcbs@126.com
承印单位：河南承创印务有限公司
开本：787 mm×1 092 mm 1/16
印张：15.25
字数：350 千字 印数：4 101—4 700
版次：2010 年 9 月第 1 版 印次：2020 年 3 月第 2 次印刷

定价：28.00 元

前 言

本书是根据《教育部、财政部关于实施国家示范性高等职业院校建设计划，加快高等职业教育改革与发展的意见》（教高［2006］14 号）、《教育部关于全面提高高等职业教育教学质量的若干意见》（教高［2006］16 号）等文件精神，由全国水利水电高职教研会拟定的教材编写规划，在中国水利教育协会指导下，由全国水利水电高职教研会组织编写的第二轮水利水电类专业规划教材。第二轮教材以学生能力培养为主线，具有鲜明的时代特点，体现出实用性、实践性、创新性的教材特色，是一套理论联系实际、教学面向生产的高职高专教育精品规划教材。

我国是洪水灾害多发的国家，新中国成立以来，我国对主要江河进行了大规模治理，洪水泛滥得到了一定控制。但是，洪水是一种自然现象，对于洪灾，人类所能做的只是尽可能地采取各种措施加以预防控制，将灾害损失减少到最小程度。洪水防治的含义并不意味着完全根绝洪水灾害，而是“努力实现由控制洪水向管理洪水转变”的理念，实现“人与水和谐相处”的目的。因此，防御洪水灾害仍然是当前和未来的一项艰巨任务，学习和掌握防汛与抢险技术是水利工程管理的重要工作，也是编写本书的主要目的。

本书介绍了防汛与抢险知识、防汛抢险工作及应急预案、水库防汛调度、土质堤坝抢护、水工建筑物险工抢护、河工建筑物险情抢护、河道凌汛险情抢护、防汛抢险新技术简介、防汛与险情抢护实训，在附录中列入了有关防汛与抢险的法律法规等知识。

本书是全国高职高专水利水电类第一本防汛与抢险技术的专业教材，旨在学习和培训学生在防汛与抢险技术方面的基本技能。编写的主导思想是按照水利水电类专业的需求，遵循“够用为度”的原则，立足基本知识、基本技术、基本技能，吸纳新技术和新材料的应用成果，力求成为一本实用的教科书。本课程真实性、实践性很强，为强化高职高专学生参与意识和动手能力的培养，编入了水库防汛调度、防汛与险情抢护实训章节。凌汛是在我国黄河、松花江上特有的一种洪水，教学中可根据当地情况取舍内容。

本书编写人员及编写分工如下：广东水利电力职业技术学院周卫民（第一章、第二章、第八章），浙江同济科技职业学院陈柏荣（第一章、第四章、第九章），沈阳农业大学高等职业技术学院章喆（第三章、第八章、第九章），沈阳农业大学高等职业技术学院刘宏丽（第五章、第六章），黑龙江大学职业技术学院刘莹（第一章、第七章），浙江省天台县里石门水库管理局徐世伟（第九章）。本书由周卫民、陈柏荣、章喆担任主编，由周卫民负责全书统稿；由刘莹、刘宏丽担任副主编；由广西水利电力职业技术学院陆克芬担任主审。

在本书的编写过程中，编者参阅和借鉴了许多学者的著作、科技文献资料及有关教材，并吸纳了其中一些成果，除本书参考文献中列出的外，其余未能一一注明，在此一并表示衷心的感谢。

由于编者水平有限，书中难免存在不当之处及疏漏，敬请各位同仁及读者批评指正。

编　者

2010 年 5 月

目　录

第一章 防汛与抢险知识

学习目标

了解我国水利与洪水灾害的基本情况，了解洪水和洪灾的形成及危害，理解洪水与人类社会的关系，掌握防汛与抢险的主要特点和工作要点，掌握防汛与抢险的气象、水文、水信息、灾害预警信号及防御指南等基础知识和名词术语。

第一节 我国的水利与水害

一、我国的水利

兴修水利，与水害作斗争，历来是安邦治国的重要举措。

我国是一个水旱灾害严重的国家。新中国成立以来，党和国家把治水兴水摆在关系国家事业发展全局的战略位置，领导人民开展了波澜壮阔的水利建设。新中国成立60多年来，兴修水利、整治江河、建设防洪减灾体系，取得了举世瞩目的成就。截至2008年年末，我国已建成各类水库86 353座、水闸43 829座、堤防28.7万km，水电装机容量17 090万kW，农田有效灌溉面积达58 472 khm^2。这些成绩的取得，为我国国民经济又好又快的发展和社会长期稳定提供了有效保障。

20世纪80年代，我国确立了水利产业是整个国民经济的基础产业和支柱产业，明确了水利不仅要为农业服务，更要为整个国民经济服务，国家加大了对水利事业政策扶持和资金投入。据统计，全国水利在“十五”期间（2001～2005年）累计完成固定资产投资3 625亿元，相当于1949～2000年固定资产投资之和，也比“九五”期间增加1 492亿元。此后，水利投资逐年增加，2008年完成水利建设投资1 088.2亿元，较2007年增长15.2%，其中防洪工程完成投资370.1亿元。当年在建水库除险加固工程2 424座（基本完成609座），完成投资208.2亿元，整治河道完成4 310 km，新增达标堤防长度5 115.2 km，全国已建成江河堤防保护人口5.7亿人，保护耕地4.6×10^7 hm^2。

“十一五”时期，我国在水利投资规模再创历史新高，省级水利投资首次超过中央水利投资，中央水利建设投资达2 760亿元，全国水利建设投资超过6 000亿元。“十一五”时期，是我国经济社会发生深刻变化的时期，是水利事业全面快速发展、传统水利向现代水利和可持续发展水利加快转变的时期，也是水利投资规模最大、发展目标实现最好、人民群众受益最多、行业能力提升最快的时期。

我国坚持以人为本、人与自然和谐相处的治水思路，水利改革向纵深推进，水利事业全面快速发展，进入了传统水利向现代水利、可持续发展水利转变的新阶段。随着防洪减灾体系和水法规体系的日益完善，我国抗御水害的能力将不断提高。

二、我国的水害

由于我国幅员辽阔，水资源时空分布不均匀，水土资源的不合理开发，国民经济的快速发展，人们生活质量的不断提高，江河的自然演变，我国水利的未来形势仍很严峻，特别是随着全球气候变暖，极端天气事件带来的水害将更加频繁和严重，因此防洪抢险工作任重而道远。

我国水资源所面临的三大问题是：洪涝灾害、干旱缺水和水环境恶化。我国是世界上洪水危害最为严重的国家之一。我国水害的基本特点如下。

（一）全国地形地势构成洪涝、干旱的集中性

我国位于亚欧大陆的东南部，东临太平洋，西北深入亚欧大陆腹地，西南与南亚次大陆接壤。全国降水随着距海洋的远近和地势的高低而有着显著的变化。按照年降水量400 mm 等值线，从东北到西南，经大兴安岭、呼和浩特、兰州，绕祁连山，过拉萨，到日喀则，斜贯大陆，将国土分为东西相等的两部分。在此线以西为集中干旱地区，年降水量200 ~ 400 mm，有的不足100 mm，年蒸发量大，常年干旱；在此线以东为洪涝多发地区，东南季风直达区内，年降水量由西向东递增，大多为800 ~ 1 600 mm，沿海一带可达2 000 mm。

我国绝大多数河流分布在东部多雨地区，随着地势降低自西向东汇集，径流洪水自西向东递增，我国长江、黄河、淮河、海河、辽河、松花江、珠江等七大江河大多数分布在这个地带，各大江河中下游100多万 km^2 的国土面积，集中了全国半数以上的人口和70%的工农业产值，这些地区地面高程有不少处于江河洪水位以下，易发生洪涝灾害，历来是防御洪水的重点地区。

（二）降水量分布不均导致洪涝灾害的频发性

我国大部分属于北温带季风区，随着季风的进退，降水量具有明显的季节性变化。全国各地雨季由南向北变化，如华南地区雨季始于每年4月，长江中下游雨季始于6月，而淮河以北地区则始于7月。到8月下旬以后，雨季又逐渐返回南方，雨季自北向南先后结束。我国东部沿海地区在每年夏、秋季常受发生于西太平洋的热带气候影响，引发暴雨洪水。

全国多年平均水资源总量约 2.8×10^{12} m^3，多年平均降水量648 mm，而年降水量的70%以上集中在汛期。新中国成立以来，虽经过大量修建水库、堤防及江河整治，使江河的防洪标准有很大提高，但由于降水量在年际分配、年内分配和地区分配的不均匀性，相当部分江河的防洪工程还不能抵御较大洪水的侵袭，防洪减灾体系尚不够完善和健全，洪水灾害在今后长时期内仍将是中华民族的心腹大患。

1950 ~ 2006年，我国水害频繁，灾情严重，平均每年受灾面积9 670.19 khm^2，成灾面积5 424.39 khm^2，因灾死亡人口4 792人，倒塌房屋202.53万。1990 ~ 2006年，平均每年因水害造成的直接经济损失达1 136.68亿元。2008年，全国水害严重，虽各级政府和防洪抗旱指挥部门依法防控、科学调度，采取有效措施，抵御了洪涝、干旱、台风、凌汛等灾害，但直接经济损失仍达955.44亿元。

（三）抗御洪涝灾害的能力脆弱

截至2008年年末，全国尚有3.7万余座病险水库，病险率达43%，沿海仍有34.3%的重点海堤没有达标，大江大河部分干流没有得到有效治理，蓄滞洪区安全建设还未全面实施，中小河流治理严重滞后，部分江河缺少控制性骨干工程，很多城市防洪排涝标准偏低。如一旦遭遇超过防御标准的洪水，人力则无法抵御，洪水灾害难以幸免。

以长江为例，在1954年和1998年两次遭遇流域性大洪水。1954年6～8月，长江干支流遭遇洪水，枝城以下800 km河段最高水位全面超过历史最高记录，虽经军民全力抗洪抢险，保证了荆江大堤和武汉市主要市区的安全，但长江干堤和汉江下游堤防溃决61处，沿江5省123个县（市）受灾，受灾农田3 170 khm^2，死亡3.3万人，并导致京广铁路中断100多d。1998年汛期，长江上游先后出现8次洪峰并与中下游洪水遭遇，形成全流域大洪水。在党中央、国务院统一指挥下，正确决策，全力抢险，"严防死守"长江干堤，抗御了一次又一次洪水袭击，确保了沿江重要城市的安全，但直接经济损失仍达2 000多亿元。

大江大河能否安澜，直接影响着人民生命财产的安全，直接关系着中华民族的兴亡，人们已达成高度统一的共识。同时，由于强对流天气等极端天气事件造成的区域性山洪同样不能忽视，其引发的泥石流、山体滑坡和溪河洪水，给局部地区带来的洪灾往往是毁灭性的。由于山洪具有强度大、历时短、范围小的特点，通常都是突发性的，往往难以预报和抵御。2008年，全国因山洪灾害造成人员死亡占全部因灾死亡人数的79.6%。

（四）人类活动与水害有着密切联系

地面植被起着拦截雨水、调蓄地面径流的作用，由于人类滥伐森林，盲目开垦山地，地面植被不断遭到破坏，加剧了水土流失。据2007年统计，全国水土流失面积为356万km^2，占国土面积的37.08%。黄河、长江流域水土流失最为严重。地处黄河中下游的黄土高原水土流失面积达43万km^2，致使黄河多年平均输沙量达16亿t，导致河床逐年抬高，成为河床高于两岸地面3～8 m的"悬河"，洪水威胁着25万km^2土地、1亿多人口的安全。长江流域水土流失严重的地区主要在上游，水土流失面积为35万km^2，致使长江多年平均输沙量约7.4亿t。水土流失改变了江河的产流、汇流条件，增加了洪峰流量和洪水总量，导致江河、湖泊严重淤积，降低了湖泊的天然滞（蓄）洪能力和江河防洪能力，给中下游的防洪带来很大的困难。

我国随着社会经济高速发展和人口不断增长，城市化进程快速推进，人们不断与湖争地，我国湖泊的水面积不断缩小，很多湖泊已经消失。据统计，1949年长江中下游地区共有湖泊面积25 828 km^2，到1977年仅剩14 073 km^2，减少了45.5%。1949年长江中下游通江湖泊面积17 198 km^2，目前只剩下洞庭湖、鄱阳湖仍与长江相通，面积仅6 000多km^2。由于围湖造田，湖泊调蓄径流能力降低，增加了堤防的防洪负担。此外，河道违法设障，围垦河道滩地的情况也相当普遍。

由于人类不按客观规律办事，必将遭受大自然的报复，人类也将为之付出惨痛的教训。以长江1998年洪水为例，长江荆江段以上洪峰流量和洪水总量均小于长江1954年的洪水，但汉口、沙市等众多水文站实测水位均超过1954年的洪水位。加上长江下游盲目围垦、设障，行洪断面缩小，致使长江中上游河段堤防较长时间处于高水位，加大了抗洪救灾的难度。

在1998年长江洪水之后，国务院下发了《关于灾后重建、整治江河、兴建水利的若干意见》作出了“平垸行洪、退田还湖、移民建镇、疏浚河湖”的果断决策，我国迈出了与洪水和谐相处、与自然和谐相处的坚实一步。

同时，随着我国国民经济的高速发展，社会财富日益增多，洪灾造成的单位面积经济损失值将会越来越多。按20世纪90年代末物价计，50年代为146元/亩，80年代为808元/亩，90年代以后超过1 000元/亩。

第二节　防汛抢险主要特点和工作要点

我国现有各类水库86 353座，其中大部分是在20世纪50～70年代初兴修水利高潮中修建的。当时，在“左”的思想指导下，水库建设不因地制宜，硬性规定“低、小、分”，普遍存在“边勘测、边设计、边施工”现象，致使不少水利工程防洪标准低，施工质量差，尾工多，配套不齐，工程隐患多。在很长时期内，“重建设、轻管理”的状况严重存在。特别是众多小型水库都依靠群众自力更生兴建，技术力量不足，对工程规模、泄洪能力的确定存在盲目性，审批制度不健全，也没有完善的施工质量控制和工程竣工验收制度，致使很多水库在先天不足的情况下仓促投入运行。据1954～1990年全国水库垮坝失事统计分析，其中洪水漫顶失事的占50.6%，工程质量问题失事的占38%。泄洪能力不足，防洪标准低，工程质量差，是造成水库失事的三大主要原因。

由于自然和历史原因，我国病险水库数量众多。一座座或防洪标准不足，或存在各类工程隐患的病险水库，如同汛期悬在人们头上的“定时炸弹”。河南“75·8”特大洪水中62座水库垮坝失事，其中板桥、石漫滩两座大型水库都是病险水库，失事前曾进行水文复核，板桥水库拟大坝加高0.9 m，并增建泄洪洞，石漫滩拟大坝加高6.4 m，但不幸的是均未实施。最终酿成震惊中外的人间惨祸，京广线冲毁102 km，停运16 d，受灾面积1 780万亩，死亡2.6万余人。此后，国家投入巨资，全国各地相继展开了水库保坝和除险加固工作。进入21世纪后，各地加快了水库除险加固工作的进程，如浙江省在2003年开始进行“千库保安”工程。2007年，中央决定投资510亿元，计划用3年时间对全国6 240座大中型和重点小型病险水库集中进行除险加固，使我国水库安全状况得到较大改善。

一、防汛抢险主要特点

每当洪水来袭，首当其冲的是水库、堤塘、水闸、蓄（滞）洪区等水利工程设施，作为整个防洪减灾体系的重要组成部分能否安全度汛，直接关系着防汛抢险工作的成败。水利工程防汛抢险的主要特点有以下几个方面：

（1）水利工程类型多、数量大。防汛抢险工作量大，工作涉及各行各业，须切实落实以行政首长负责制为核心的防汛责任制，加强对防汛工作的统一领导，将洪灾损失降低到最低限度。

（2）水利工程分布广、战线长，遭遇洪水的机遇多。防汛工作无小事，千万不能存有麻痹思想和侥幸心理。由于年降水量时空分配不均匀，各地每年都会遭遇暴雨洪水袭击，特别随着全球气候变暖加剧，遭遇超标准洪水的频率将会增大。

(3)土质堤坝在汛期容易出现险情。在已建大坝、堤防中,约有75%以上是采用土石料填筑而成的,由于其抗冲刷能力低、抗剪强度低、变形量大、透水性大,土质堤坝在汛期长期处于高水位,容易发生各种险情,抢险任务重。

(4)很多水库安全管理工作薄弱,防御超标准洪水和突发性山洪能力偏低,预案、预报、预警等"三预"建设工作尚未完善。截至2008年年末,我国尚有19%的重点中型水库、25%的一般中型水库、63%的小(1)型水库没有专用的雨情水情测报设施,很多水库没有配备通信设施,突发情况下仍然依靠传统方式报警,应急处置能力严重不足。

二、防汛抢险工作要点

(1)应实现由控制洪水向洪水管理转变。近年来,水利部门积极践行并不断丰富完善可持续发展治水思路,防汛抗旱工作要求逐步实现两个"转变",即由控制洪水向洪水管理转变,由单一抗旱向全面抗旱转变。要实现由控制洪水向洪水管理转变,需在任务、方法、目标和措施等方面予以保障和落实,必须始终坚持统筹兼顾方针,必须遵循团结协作和局部利益服从全局利益的原则,必须坚持防抗结合,以防为主,必须坚持人与自然和谐、人与水和谐的目标。在方法和措施上,要保证流域区域协调,除害兴利结合,防洪工程措施和非工程措施并进,防汛抗洪除涝并举,防灾抗灾避灾并重。将建设生态文明作为防汛抗洪的重要内容,最大程度约束人类不合理开发建设行为,在确定防洪标准时科学安排洪水出路,在经济社会发展过程中要考虑对水与生态环境的影响。

(2)防汛工作要树立"安全第一"的思想。我国当前的防汛方针是:"安全第一,常备不懈,以防为主,全力抢险。"防汛工作树立"安全第一"的思想,体现了以人为本、生命至上的理念。以人为本是科学发展观的核心理念。在防汛抗洪工作中,我们要以对人民群众高度负责的态度,将以人为本理念贯穿于防汛抗洪减灾工作的全过程。①在预案制定中,要从人民群众的根本利益出发,针对洪水制定和落实各种工程措施或非工程措施,将灾害损失减少到最低限度;②在防洪调度中,要以人民群众生命安全作为调度工作的最高原则;③在防洪抢险中,坚持先保生命、后救财产,争取不死人、少伤人,及时发布预警预报信息,提前转移危险地区群众,及时解救被洪水围困人员;④在救灾减灾中,要妥善做好受灾群众安置工作,提供生活保障,维护社会稳定。

(3)确保小型水库安全度汛是防汛工作的重点。我国已建水库总数中约95%以上为小型水库。这还不包括数量更大的总库容量在10万m^3以下的山塘水库。这些小水库质量差、标准低、险情多、数量大,管理能力薄弱,安全监测工作主要依靠大坝巡视检查。在汛期,这些小型水库往往险象环生,更容易溃坝失事。据统计,我国1954~1980年垮坝的水库中,小型水库占95.9%。

(4)确保水库大坝安全是防汛工作第一要务。水库作为主要的防洪工程措施,在汛期通过拦蓄洪水、削减洪峰,有效减轻了水库下游洪灾损失。但是,水库一旦垮坝失事,溃坝洪水居高临下,所到之处将造成毁灭性的破坏。为此,国务院于1991年专门发布了《水库安全管理条例》,确保防洪工程安全,确保水库大坝安全,事关国民经济建设、社会安定和人民生命财产安全的大局,需高度重视。

(5)制定防洪预案是夺取防汛抢险工作胜利的重要保障。在汛期到来之前,需制定切实可行的防洪预案，力争堤防不决口、水库不垮坝，最大限度地避免或减轻洪灾的损失。近年来，在国家防汛抗旱总指挥部的统一部署下，各地先后制定了《流域性洪水防御操作要点》、《山洪灾害防御组织指挥要点》、《城镇洪涝防御操作要点》、《防御洪涝台灾害人员避险转移办法》、《防汛抗旱应急响应工作规程》等，加快了洪灾防御体系的建设，在洪汛抢险工作中发挥了重大作用。如超强台风“桑美”和强台风“韦帕”分别于2006年、2007年在浙江温州登陆，当地紧急启动防洪避险预案，转移危险区域居民分别达99万人和159万人，在数万间房屋倒塌的情况下，因灾死亡人数降到最低限度。

第三节 洪 水

一、概述

洪水是指江湖在较短时间内发生的流量急剧增加、水位明显上升的水流现象。洪水来势凶猛，具有很大的自然破坏力，淹没河中滩地，毁坏两岸堤防等水利工程设施。因此，研究洪水特性，掌握其变化规律，积极采取防御措施，尽量减轻洪灾损失，是研究洪水的主要目的。

（一）洪水的分类和特征

洪水按成因和地理位置的不同，可分为暴雨洪水、融雪洪水、冰凌洪水以及溃坝洪水等。海啸、风暴潮等也可能引起洪水灾害，各类洪水都具有明显的季节性和地区性特点。我国大部分地区以暴雨洪水为主，但对我国沿海的海南、广东、福建、浙江等而言，热带气旋引发的洪水较常见，而对于黄河流域、东北地区而言，冰凌洪水经常发生。

（二）洪水三要素

洪水三要素为洪峰流量 Q_m、洪水总量 W 和洪水历时 T，如图1-1所示。

1. 洪峰流量

在一次洪水过程中，通过河道的流量由小到大，再由大到小，其中最大的流量称为洪峰流量 Q_m。在岩石河床或比较稳定的河床，最高洪水位出现时间一般与洪峰流量出现的时间相同。

2. 洪水总量

洪水总量是指一次洪水通过河道某一断面的总水量。洪水总量按时间长度进行统计，如1 d洪水总量、3 d洪水总量、5 d洪水总量等。

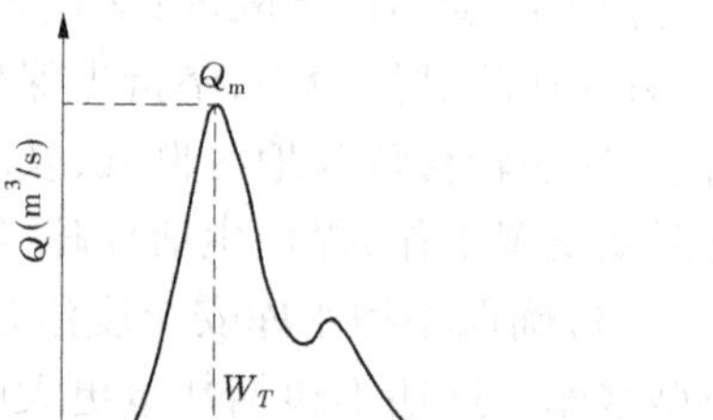

图1-1 洪水三要素示意图

3. 洪水历时

洪水历时是指在河道的某一断面上，一次洪水从开始涨水到洪峰，再到落平所经历的时间。洪水历时与暴雨持续时间和空间特性、流域特性有关。

洪峰传播时间是指自河段上游某断面洪峰出现到河段下游某断面洪峰出现所经历的时间。在调洪中，常利用洪峰传播时间进行错峰调洪，也可以进行洪水预报。

（三）洪水等级

洪水等级按洪峰流量重现期划分为以下四级：

一般洪水　5~10年一遇；

较大洪水　10~20年一遇；

大洪水　20~50年一遇；

特大洪水　大于50年一遇。

二、暴雨洪水

暴雨洪水是指由暴雨通过产流、汇流在河道中形成的洪水。暴雨洪水在我国发生很频繁。

（一）暴雨洪水的成因

暴雨洪水历时长短视流域大小、下垫面情况与河道坡降等因素而定。洪水大小不仅同暴雨量级关系密切，还与流域面积、土壤干湿程度、植被、河网密度、河道坡降以及水利工程设施有关。在相同的暴雨条件下，河道坡度愈陡，承受的雨水愈多，洪水愈大；在相同暴雨和相同流域面积条件下，河道坡度愈陡、河网愈密，雨水汇流愈快，洪水愈大。如暴雨发生前土壤干旱，吸水较多，形成的洪水较小。

（二）暴雨洪水的特性

在我国，暴雨具有明显的季节性和地区性特点，年际变化也很大。对于全流域的大洪水，主要由东南季风和热带气旋带来的集中降雨产生；对于区域性的洪水，主要由强对流天气引发的短历时降雨产生。

对于一次暴雨引发的洪水而言，其洪水过程一般有起涨、洪峰出现和落平三个阶段。山区河流河道坡度陡，流速大，洪水易暴涨暴落；平原河流河道坡度缓，流速小，洪峰不明显，退水也慢。大江大河流域面积大，接纳支流众多洪水往往出现多峰，而中小流域常为单峰。持续降雨往往出现多峰，单次降雨则为单峰。

三、融雪洪水

融雪洪水是指流域内积雪（冰）融化形成的洪水。高寒积雪地区，当气温回升至0 ℃以上，积雪融化，形成融雪洪水。若此时有降雨发生，则形成雨雪混合洪水。融雪洪水主要发生在大量积雪或冰川发育的地区，如我国的新疆与黑龙江等地区。

四、冰凌洪水

冰凌洪水是河流中因冰凌阻塞、水位壅高或槽蓄水量迅速下泄而引起显著的涨水现象。黄河宁蒙河段、山东河段，以及松花江等江河，进入冬季后，河道下游封冻早于上游。按洪水成因，冰凌洪水分为冰塞洪水、冰坝洪水和融冰洪水。河道封冻后，冰盖下冰花、碎冰大量堆积形成冰塞堵塞部分河道断面，致使上游水位显著壅高，此为冰塞洪水；在开河期，大量流冰在河道内受阻，冰块上爬下插，堆积成横跨过水断面的坝状冰体，造成上游水位壅高，当冰坝承受不了上游冰、水压力时便突然破坏，迅速下泄，此为冰坝洪水；封冻河段因气温升高使冰盖逐渐融解时，河槽蓄水缓慢下泄形成洪水，此为融冰洪水。

1967 年 12 月至 1968 年 2 月间，黄河上游中宁河段出现连续 50 d 冰塞，河水漫溢，致使 1 144 km^2 农田受灾。另据新华网报道，2009 年 1 月 17 日黄河壶口出现 100 年一遇特大凌汛，3 km 河段堆积冰量达 600 万 m^3，大片土地受淹，直接经济损失上千万元。

五、潮汐和天文潮

潮汐是指海水受太阳、月球引潮力作用而产生的周期波动现象。它在铅垂方向表现为潮位升降，在水平方向表现为潮涨潮落。潮涨潮落每天发生两次，白天称潮，晚上称汐。

由于地球、月球、太阳三者运行的相对位置周期性变化，潮汐的大小和涨落时间在各地变化各异。潮汐现象主要随月球的运行而变，由于以一月为周期绕地球运动，故形成一月中两次大潮和两次小潮。地处杭州湾的钱塘江河口平面上呈喇叭口，受两岸岸线收缩的聚能作用，潮差明显加大，最大潮差达 8. 93 m，形成壮观异常、闻名中外的钱塘江涌潮。

每逢大潮汛，对沿海江堤海塘具有很大的破坏力。当天文潮遭遇台风风暴潮增水和大浪，往往造成溃堤成灾。

六、山洪

山洪是指流速大，过程短暂，往往挟带大量泥沙、石块，突然破坏力很大的小面积山区洪水。山洪一般由强对流天气暴雨引发在一定地形、地质、地貌条件下形成。在相同条件下，地面坡度愈陡，表层土质愈疏松，植被愈差，愈易于形成。由于山洪具有强度大、分布广，且有着很大突发性、多发性、随机性特点，对人民生命财产造成极大的危害，甚至造成毁灭性的破坏。如 2005 年 6 月 10 日，在黑龙江省宁安市突降暴雨，引发泥石流灾害，致使正在上课的 88 名小学生死亡。又如在 2009 年 8 月 8 日登陆台湾的“莫拉克”台风中，高雄县小林村遭遇泥石流“灭村”，有 169 户、398 人被埋。

山洪灾害可分为溪河洪水、泥石流和山体滑坡等三类。

（一）溪河洪水

在我国，强对流天气形成的溪河洪水很频繁，其特点是历时短、范围小、强度大，3 h 降雨量最高记录达 390 mm 之多。由于溪河洪水强度大，又难以预报，往往造成局部地区毁堤垮坝，洪灾损失巨大。据浙江省统计，新中国成立以来平均每年发生两次溪河洪水，累计死亡 1. 5 万人，直接经济损失 1 150 亿元。在我国北方融冰融雪也会造成溪河洪水。

（二）泥石流

泥石流是指含饱和固体物质（泥沙、石块）的高黏性流体。泥石流一般发生在山区，暴发突然，历时短暂，洪流挟带大量泥沙、石块，来势汹涌，所到之处往往造成毁灭性破坏。

1. 泥石流形成的基本条件

（1）两岸谷坡陡峻，沟床坡降较大，并具有利于水流汇集的小流域地形。

（2）沟谷和沿程斜坡地带分布有足够数量的松散固体物质。

（3）沟谷上中游有充沛的突发性洪水水源，如瞬时极强暴雨、气温骤高冰雪消融、湖堰溃决等产生强大的水动力。

在我国，泥石流的分布具有明显的地域特点。在西部山区，断裂发育、新构造运动强烈、地震活动性强、岩体风化破碎、植被不良、水土流失严重的地区，常是泥石流的多发区。

2. 泥石流的组成

典型的泥石流一般由以下三个地段组成：

(1)形成区(含清水区、固体物质补给区)。大多为高山环抱的扇状山间洼地，植被不良，岩土体破碎疏松，滑坡、崩塌发育。

(2)流通区。位于沟谷中游段，往往成峡谷地形，谷底纵坡陡峻，是泥石流冲出的通道。

(3)堆积区。位于沟谷出口处，地形开阔，纵坡平缓，流速骤减，形成大小不等的扇形、锥形及垄岗地形。

3. 泥石流的分类

(1)泥石流按流体性质分为黏性泥石流、稀性泥石流、过渡性泥石流。

(2)泥石流按物质补给方式分为坡面泥石流、崩塌泥石流、滑坡泥石流、沟床泥石流、溃决泥石流。

(3)泥石流按流体中固体物质的组成分为泥石流、泥流、碎石流、水石流。

(4)泥石流按发育阶段分为发展期泥石流、活跃期泥石流、衰退期泥石流、间歇(中止)期泥石流。

(5)泥石流按暴发规模(一次泥石流最大可冲出的松散固体物质总量)分特大型泥石流(大于50万 m^3)、大型泥石流(10万~50万 m^3)、中型泥石流(1万~10万 m^3)和小型泥石流(小于1万 m^3)等。

(三)山体滑坡

山体滑坡是指由于山体破碎，存在裂隙，节理发育，整体性差，或强风化层和覆盖层堆积较厚，浸水饱和后抗剪强度降低，在外力(洪水冲刷、地震)作用下，部分山体向下坍滑的现象。山体滑坡虽影响范围小，但具有突发性，对倚山而建的民居而言，具有很大的破坏力。

七、溃坝洪水

溃坝洪水是指水库大坝、堤防、海塘等挡水建筑物遭遇超标准洪水或发生重大险情，突然溃决发生的洪水。溃坝洪水具有突发性和破坏性大的特点，对洪水防御范围内的工农业生产和人民生命财产安全构成很大威胁。在河南“75·8”特大洪水中两座大型水库垮坝失事。其中：板桥水库溃坝流量达78 800 m^3/s，6 h下泄水量6.07亿 m^3；石漫滩水库溃坝流量达30 000 m^3/s，致使下游中型水库田岗水库库水位超过坝顶5 m之多。

八、洪水标准

(一)频率与重现期

频率概念抽象，常用重现期来代替。所谓重现期，是指大于或等于某随机变量(如降雨、洪水)在长时期内平均多少年出现一次(即多少年一遇)。这个平均重现间隔期即重现期，用 N 表示。

在防洪、排涝研究暴雨洪水时，频率 P(%)和重现期 N(年)存在下列关系：

$$N = \frac{1}{P}$$

$$P = \frac{1}{N} \times 100\%$$

例如，某水库大坝校核标准洪水的频率 $P=0.1\%$，由上式得 $N=1\ 000$ 年，称 1 000 年一遇洪水。即出现大于或等于 $P=0.1\%$ 的洪水，在长时期内平均 1 000 年遇到一次。若遇到大于该校核标准的洪水，则不能保证大坝安全。

（二）洪水标准和防洪标准

防洪标准是指防护对象防御相应洪水能力的标准，常用洪水的重现期表示，如 50 年一遇、100 年一遇等。

在我国，在 1961 年以前基本上等同采用苏联洪水标准，1961 年我国颁布了自己制定的洪水标准，1964 年进行了修订，1978 年颁布了《水利水电枢纽工程等级划分及设计标准（山区、丘陵区部分）》（试行）（SDJ 12—78），1987 年颁布了《水利水电枢纽工程等级划分及设计标准（平原、滨海部分）》（试行）（SDJ 217—87）。现行的洪水标准是国家标准《防洪标准》（GB 50201—94）和部颁标准《水利水电工程等级划分及洪水标准》（SL 252—2000）。

水利水电工程按其工程规模、效益及在国民经济中的重要性划分为五个等别，所属水工建筑物划分五个级别。水利水电工程分等指标见表 1-1，山区、丘陵区水利水电工程永久性水工建筑物洪水标准见表 1-2。

表 1-1　水利水电工程分等指标

工程等别	工程规模	水库总库容（亿 m^3）	防洪		治涝	水闸	灌溉	发电
			保护城镇及工矿企业的重要性	保护农田（万亩）	治涝面积（万亩）	过闸流量（m^3/s）	灌溉面积（万亩）	装机容量（万 kW）
Ⅰ	大(1)型	≥10	特别重要	≥500	≥200	≥5 000	≥150	≥120
Ⅱ	大(2)型	10～1.0	重要	500～100	200～60	5 000～1 000	150～50	120～30
Ⅲ	中型	1.0～0.10	中等	100～30	60～15	1 000～100	50～5	30～5
Ⅳ	小(1)型	0.10～0.01	一般	30～5	15～3	100～20	5～0.5	5～1
Ⅴ	小(2)型	0.01～0.001		<5	<3	<20	<0.5	<1

注：1. 水库总库容是指水库最高水位以下的静库容。
2. 治涝面积和灌溉面积均指设计面积。

表 1-2　山区、丘陵区水利水电工程永久性水工建筑物洪水标准［重现期（年）］

项目		水工建筑物级别				
		1	2	3	4	5
设计		1 000～500	500～100	100～50	50～30	30～20
校核	土石坝	可能最大洪水（PMF）或 10 000～5 000	5 000～2 000	2 000～1 000	1 000～300	300～200
校核	混凝土坝、浆砌石坝	5 000～2 000	2 000～1 000	1 000～500	500～200	200～100

（三）堤防防洪标准

堤防是为了保护防护对象的防洪安全而修建的，它本身并无特殊的防洪要求，它的防洪标准应根据防护对象的要求确定：

保护大片农田　10～20 年一遇；

保护一般集镇　20～50 年一遇；

保护城市　50～100 一遇；

保护特别重要城市　300～500 年一遇；

保护重要交通干线　50～100 一遇。

九、洪水预报

自发布预报时刻到所预报的水文状况出现时刻的间隔为有效预报期。

根据洪水的形成和起动的规律，利用历史的和实时的水文、气象资料对未来一定时段内的洪水情况的预测即为洪水预报。

洪水预报包括河道洪水预报、流域洪水预报和水库洪水预报等。主要预报项目有最高洪峰水位、洪峰流量、洪峰出现时间、洪水涨落过程和洪水总量等。

第四节　防汛与抢险基础知识

一、气象知识

（一）天气图

天气图是指填有各地同一时间气象要素的特制地图。主要有地面天气图和高空天气图（等压面图）两种。天气图能显示各种天气系统和天气现象的分布及其相互关系，是分析判断天气变化、制作天气预报的基本工具。

（二）大气圈

大气圈又叫大气层，是地球外圈中最外部的气体圈层，它包围着海洋和陆地。大气层的底界为地面，厚度大约在 1 000 km 以上，但没有确切的上界。大气层的空气密度随高度增加而减小，越高空气越稀薄。因大气层中还含有一定数量的水，是形成云、雨、雾、雪的重要物质。

（三）天气形势

天气形势表示高低空环流状况和高低气压及锋面等天气系统的分布概况，能显示未来一定时间内的天气演变趋势，是各级气象台、站做好天气预报的依据。

（四）气旋

大气中气压比四周低的区域，气象上称为气旋（即低气压）。生成于低纬度海洋的为热带气旋（或热带风暴，我国又称台风），生成于中纬度地区的为温带气旋。气旋中心气压愈低，气压梯度愈大，风速也愈大，这时气旋就愈强。每个气旋都要经历生成、发展、消失三个基本阶段，也就是气旋都具有由弱变强，再逐渐减弱到消失的过程。温带气旋中由冷、暖两种不同属性的大气构成，由冷空气推动暖空气的界面称冷锋，由暖空气推动冷空气的界面称暖锋。在气旋中心和锋面附近天气变化激烈，气旋和锋面经过的地区常常有大雨和暴雨出现。

（五）低压槽

低压槽简称槽，从低气压区中延伸出来的狭长区域，通常用等压线来表示。槽中的气压值比两侧的气压要低。在天气图上，低压槽一般从北向南伸展。凡从南向北伸展的槽称为倒槽，从东向西伸展或从西向东伸展的槽称为横槽。在对流层的中下部，低压槽附近的气流辐合上升，产生气旋天气系统，常出现多云或降水天气。

（六）气温

气温是表示空气冷热程度的物理量，通常人们用大气温度数值的大小反映大气的冷热程度。大气的温度简称气温，我国用摄氏温标，以℃表示，读做摄氏度。平时天气预报中讲的气温，是指在植有草皮的观测场中离地面1.5 m高的百叶箱内空气的温度。一日内气温的最高值，一般出现在14～15时，最低气温一般出现在早晨5～6时。年内一般是7月份最高，1月份最低。气温一般随着纬度的增高而降低，在冬季最明显。纬度越高，温差越大。

（七）气压

气压是大气压强的简称，是指单位面积上所承受的大气柱重量。气压以百帕（hPa）为单位，一个标准大气压等于1 013 hPa。气压不仅随海拔变化，也随温度变化。一年之中，气压的年变化与气温相反，夏季低、冬季高。气压的变化与天气变化密切相关，因此对气压的观测和预报是做好天气预报的重要基础。

（八）低涡

低涡全称低气压涡旋，是产生和存在于1 500～3 000 m上空的空气旋涡。它是一种范围不大的低气压，直径约三四百千米。在北半球低涡内气流围绕低压中心作逆时针方向旋转，具有强烈的上升运动，是造成暴雨的重要天气系统之一。

低涡形成后大多在原地减弱、消失，只引起源地和附近地区的天气变化，而有的低涡随低槽或高空引导气流东移，并不断得到加强和发展，雨区扩大，降水增强，往往形成暴雨，成为影响江淮流域甚至华北地区的天气系统。

我国低涡产生的源地主要有两个：一是四川盆地到云贵地区，叫做“西南低涡”；二是青海湖附近，叫做“青海湖低涡”。这两类低涡对江西的影响较大。江西雨季（4～7月上半月），每当有低涡从该区域上空移过时，其中心经过的附近地区便会产生暴雨，甚至大暴雨、特大暴雨。

（九）静止锋

冷暖空气势力相当，它们的交锋区很少移动，使两者之间的界面呈静止状态的锋面，这种锋面称为静止锋。有时锋面的移动缓慢或在冷暖空气之间来回作小的摆动，使锋面呈准静止状态，故又称准静止锋。我国最著名的准静止锋是春秋季节出现在南岭附近的华南准静止锋，它常会造成江南和华南等地的连续低温阴雨。

（十）切变线

切变线是指在天气图上表现为一条近于东西向的风向不连续线，是风向或风速在极短距离内发生突然变化的空气运动现象。切变线主要出现在中、低空，即3 000 m和

1 500 m左右的空中，它是由于低槽北段移速快南段移速慢而形成的。切变线上的气流呈气旋环流，水平辐合明显，有利于上升运动，易产生云雨天气。在我国无论是平原还是高原，全年均有出现，以春末夏初最为频繁。切变线上降水量分布很不均匀，常在辐合较强、水汽供应充沛的地区形成暴雨。我国长江中下游地区是最容易出现切变线的区域。根据风场的切变形式可分为冷锋式切变、暖锋式切变、准静止式切变等三种。

（十一）厄尔尼诺现象

根据世界海洋组织（WOO）的解释，厄尔尼诺现象泛指赤道附近的东部太平洋表层海水温度上升引起的气候异常现象。这一现象造成了地球温度的升高，使影响气候的各种因素失衡，从而导致气候异常，由此带来巨大的经济损失。厄尔尼诺是西班牙语，它的原意是“圣婴”，由于这种现象的出现时间正是圣子耶酥诞辰前后，故有此名。

厄尔尼诺现象持续时间很长，它不仅引起当地气候反常，严重扰乱了渔民的正常生活，还会给全球气候带来重大影响。1997 年是强厄尔尼诺年，其强大的影响力一直持续至 1998 年上半年，我国在 1998 年遭遇的历史旱见的特大洪水，厄尔尼诺便是最重要的影响因素之一。此外，1982 年我国出现的南旱北涝现象，粮食减产约 5 亿 kg，这也是由厄尔尼诺现象引起的。

二、风与台风

（一）风

空气的水平运动称为风，通常指它的水平分量，用风向、风速或风力表示。风的来向称风向，常按 16 方位记录。风速是空气在单位时间内移动的水平距离，用风速（m/s）表示，大气中水平风速一般为 1.0 ~ 10 m/s，有时也用风力表示，通常分 0 ~ 12 个等级，见风力等级表 1-3。风对水汽的输送有重要作用，对降水有重要影响。

（二）季风

由于大陆及邻近海洋之间存在的温度差异，在大陆和海洋之间大范围的、风向随季节有规律改变的风，称为季风。形成季风最根本的原因，是由于地球表面性质不同、热力反映有所差异引起的。在东亚地区，冬季风自大陆吹向海洋，夏季风由海洋吹向大陆。

表 1-3　风力等级

风力级数	名称	海面状况 海浪 一般（m）	海面状况 海浪 最高（m）	海岸船只征象	陆地地面征象	相当于空旷平地上标准高度 10 m 处的风速 n mile/h	m/s	km/h
0	静风	—	—	静	静，烟直上	小于 1	0 ~ 0.2	小于 1
1	软风	0.1	0.1	平常渔船略觉摇动	烟能表示风向，但风向标不能动	1 ~ 3	0.3 ~ 1.5	1 ~ 5
2	轻风	0.2	0.3	渔船张帆时，每小时可随风移行 2 ~ 3 km	人面感觉有风，树叶微响，风向标能转动	4 ~ 6	1.6 ~ 3.3	6 ~ 11

续表 1-3

风力级数	名称	海面状况 海浪 一般(m)	最高(m)	海岸船只征象	陆地地面征象	相当于空旷平地上标准高度 10 m 处的风速 n mile/h	m/s	km/h
3	微风	0.6	1.0	渔船渐觉颠簸，每小时可随风移行 5～6 km	树叶及微枝摇动不息，旌旗展开	7～10	3.4～5.4	12～19
4	和风	1.0	1.5	渔船满帆时，可使船身倾向一侧	能吹起地面灰尘和纸张，树的小枝摇动	11～16	5.5～7.9	20～28
5	清劲风	2.0	2.5	渔船缩帆(即收去帆之一部)	有叶的小树摇摆，内陆的水面有小波	17～21	8.0～10.7	29～38
6	强风	3.0	4.0	渔船加倍缩帆，捕鱼须注意风险	大树枝摇动，电线呼呼有声，举伞困难	22～27	10.8～13.8	39～49
7	疾风	4.0	5.5	渔船停泊港中，在海面上的渔船下锚	全树摇动，迎风步行感觉不便	28～33	13.9～17.1	50～61
8	大风	5.5	7.5	进港的渔船皆停留不出	微枝折毁，人行向前感觉阻力甚大	34～40	17.2～20.7	62～74
9	烈风	7.0	10.0	汽船航行困难	建筑物有小损(烟囱顶部及平屋摇动)	41～47	20.8～24.4	75～88
10	狂风	9.0	12.5	汽船航行颇危险	陆上少见，见时可使树木拔起或使建筑物损坏严重	48～55	24.5～28.4	89～102
11	暴风	11.5	16.0	汽船遇之极危险	陆上少见，有则必有广泛损坏	56～63	28.5～32.6	103～117
12	飓风	14.0	—	海浪滔天	陆上绝少见，摧毁力极大	64～71	32.7～36.9	118～133
13	—	—	—	—	—	72～80	37.0～41.4	134～149
14	—	—	—	—	—	81～89	41.5～46.1	150～166
15	—	—	—	—	—	90～99	46.2～50.9	167～183
16	—	—	—	—	—	100～108	51.0～56.0	184～201
17	—	—	—	—	—	109～118	56.1～61.2	202～220

(三)热带气旋与台风

热带气旋是发生在热带或副热带洋面上的低压涡旋，是一种强大而深厚的热带天气系统。热带气旋包括台风、飓风、热带低压等天气事件，是在西太平洋热带海面上形成的暖湿空气的旋涡团。旋涡的直径一般为 100～300 km，内部空气高温、高湿，气旋性复合上升极盛，并携带极强的狂风暴雨(见图 1-2)，有很大的破坏性。中国的沿海岸是全球最多热带气旋登陆的地方，每年平均有七个热带气旋在我国沿海登陆。热带气旋引起的风暴潮大多数发生在夏秋两季，我国东南沿海的广东、浙江、福建、台湾等受热带气旋侵袭频繁。

不同的地区习惯上对热带气旋有不同的称呼。西太平洋沿岸的中国、日本、韩国、越南、菲律宾等地，习惯上称当地的热带气旋为台风。在气象学上，则只有风速达到某一程度的热带气旋才会被冠以“台风”、“飓风”等名字。

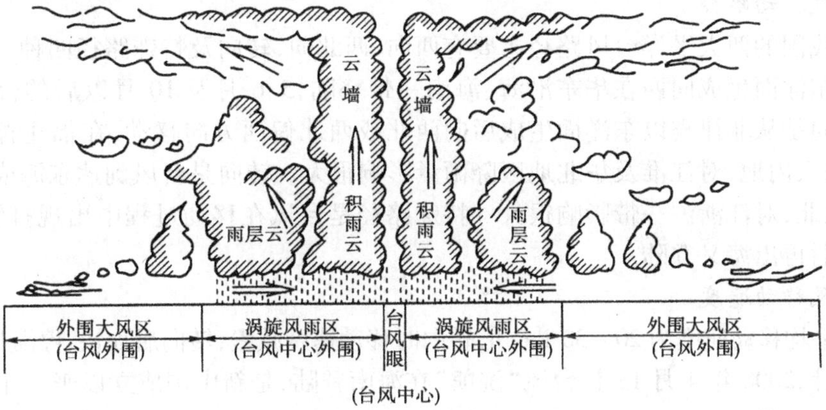

图 1-2　台风示意图

1. 近中心最大风力

近中心最大风力也称底层（距地面 10 m 处）中心附近最大平均风速，这是衡量气旋强弱的主要标志。

2. 热带气旋的分类

在气象学中，根据热带气旋的强度作了不同的分类。联合国世界气象组织曾经制定了一个热带气旋的国际统一分类标准：中心最大风力在 7 级（＜17.1 m/s）的热带气旋叫做热带低压，中心最大风力达 8～9 级（17.2～24.4 m/s）的叫做热带风暴，中心最大风力在 10～11 级（24.5～32.6 m/s）的热带气旋称为台风或飓风。2006 年，中国气象局将热带气旋按中心附近地面最大风速分为六个等级，即《热带气旋等级国家标准》（GB/T 19201—2006），见表 1-4。

表 1-4　我国热带气旋等级国家标准

热带气旋的等级	底层中心附近最大平均风速（m/s）	底层中心附近最大风力（级）
热带低压（TD）	10.8～17.1	6～7
热带风暴（TS）	17.2～24.4	8～9
强热带风暴（STS）	24.5～32.6	10～11
台风（TY）	32.7～41.4	12～13
强台风（STY）	41.5～50.9	14～15
超强台风（SUPERTY）	≥51.0	≥16

3. 台风中心气压

气压一般以百帕(hPa)表示,一个标准大气压相当于1 013 hPa,气压愈低,表示台风愈强。

4. 台风范围

台风结构分为台风眼区、旋涡区和外围区三部分。台风的旋涡区和外围区愈大,风和降雨面积愈大。例如,"9711"号台风,10级风圈的直径达180 km,7级风圈直径达550 km。

5. 台风移动路径

影响我国的西太平洋台风路径主要有西向、西北向、转向及特殊路径四种。西向是从菲律宾以东洋面生成向西在华东沿海、海南一带登陆,5、6月及10月以后的台风大都如此。西北向是从菲律宾以东洋面生成后向西北或西北偏西方向移动,在福建省或浙江省登陆,如深入内地,对江淮及华北地区降雨量影响很大。转向是台风到达东海或在沿海登陆,转向东北,对江浙沪一带影响很大。特殊路径是台风在移动过程中出现打转或摆动,甚至登陆后再出海又登陆。

6. 台风移动速度

台风平均移动速度为20~30 km/h,转向时移动速度减慢,转向后加快,停滞打转最慢。

据统计,2008年4月18日台风"浣熊"在海南登陆,是新中国成立以来一年中登陆我国华南地区最早的一个台风,近中心最大风力11级($v=30$ m/s);2006年8月10日超强台风"桑美"在浙江登陆,是新中国成立以来最强的登陆台风,近中心最大风力17级($v=60$ m/s)。

三、降雨与暴雨

(一)概念

1. 降雨量

降雨量是在一定时间内降落在地面上的某一点或某一单位面积上的水层深度,以mm计算。

2. 暴雨

暴雨是降水强度很大的雨。根据国家防汛抗旱总指挥部办公室《防汛手册》规定,凡24 h的累计降雨量超过50 mm者定为暴雨。

3. 暴雨预报

根据前期气象资料,对未来某一地区可能发生的暴雨天气进行预测。按预报时效长短,分短期(1~2 d)暴雨预报和中期(3~10 d)暴雨过程预报。

(二)降雨的特性

降雨按空气上升的原因,可分为锋面雨、地形雨、对流雨和台风雨四种类型。

(1)降雨历时。为一次降雨所持续的总时间,以h或d计。

(2)降雨强度。为单位时间内的降雨量,以mm/h或mm/d计,见表1-5。

(3)降雨面积。为降雨笼罩的水平面积,以km^2计。

(4)降雨中心。即暴雨中心,为降雨量集中且范围较小的区域。

(三)降雨强度

降雨量等级的划分,不同部门有不同的标准。根据国家防汛抗旱总指挥部办公室

《防汛手册》规定，按 12 h 降雨强度和 24 h 降雨强度划分大小降雨量等级，见表 1-5 。

表 1-5　降雨强度与等级

等级	12 h 降雨强度(mm/12 h)	24 h 降雨强度(mm/24 h)
小雨	$R_{12}<5$	$R_{24}<10$
中雨	$5\leqslant R_{12}<10$	$10\leqslant R_{24}<25$
大雨	$10\leqslant R_{12}<30$	$25\leqslant R_{24}<50$
暴雨	$30\leqslant R_{12}<70$	$50\leqslant R_{24}<100$
大暴雨	$70\leqslant R_{12}<140$	$100\leqslant R_{24}<200$
特大暴雨	$140\leqslant R_{12}$	$200\leqslant R_{24}$

例如：1975 年 8 月发生在淮河上游的“75 · 8”特大暴雨，暴雨中心在河南省泌阳县林庄，最大 24 h 降雨量为 1 005 mm，最大 3 d 雨量为 1 605. 3 mm(其中，大于 800 mm 的笼罩面积达 4 000 多 km^2)。

为了表示降雨在地区上的分布(即降雨的空间分布)，可绘制降雨量等值线图，即根据各雨量站的雨量资料，勾绘出雨量相等点的连线。仍以河南“75 · 8”特大洪水为例，其最大 3 d 降雨量等值线图如图 1-3 所示。

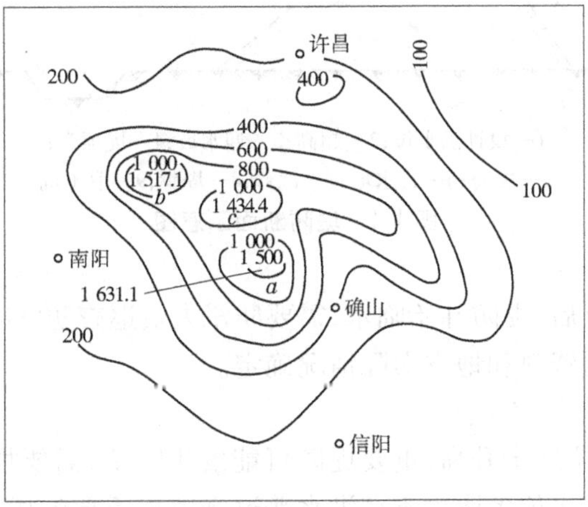

(1975 年 8 月 5 日 8 时至 8 日 8 时降雨分布)

图 1-3　河南“75 · 8”特大暴雨降雨量等值线图　(单位：mm)

(四)强对流天气

强对流天气常见于夏季，在太阳照射下地面温度很高，容易与高空气流形成明显的温差，并且空气中水分充足，具备了发生强烈能量交换的先决条件。此时，如遭遇冷空气，暖湿气流被迫抬升，而冷空气下沉，促成空气垂直对流运动。低沉的暖湿水汽不断向高层输送，遇到高空冷空气凝结成冰，很快在高空形成一个雷暴云团。雷暴云团积聚到一定程度就会突然散发其能量，于是，雷电、暴雨、冰雹等灾害性天气就形成了。我国频发的局部区域山洪，一般都是由强对流天气引起的。

强对流天气变化快，强度大，范围小，生成与消亡时间短，难于预警预报，给防御山洪灾害造成很大困难。

由于全球气候变暖，我国很多地区夏季变长、冬季变暖、春秋季节变短，遭遇极端事件天气机会将大幅提高。2009 年立冬的第二天,我国江南地区遭遇强对流天气,而河北、山西等遭遇 50 年一遇暴雪。全球气候变暖,已不再是一个遥远的名词。

四、水库、堤防的防洪特征水位

(一)水库防洪特征水位与特征库容

水库是我国防洪减灾、调蓄洪水广泛采用的主要水利设施。水库防洪特征水位与特征库容,是表示水库工程规模、划分水库工程等别、确定工程安全标准的重要依据,是水库在汛期调洪演算、防洪调度的重要指标,本书将在第三章作专门讲述。它们包括以下内容:

(1)水库防洪特征水位包括防洪限制水位、防洪高水位、设计洪水位、校核洪水位。

(2)水库防洪特征库容包括防洪库容、调洪库容、重叠库容、总库容。

(二)河道堤防及防洪特征水位

堤防是一种挡水建筑物。在江河两岸修建堤防,其目的在于束范洪水,使其顺利下泄。堤防断面示意图如图 1-4 所示。

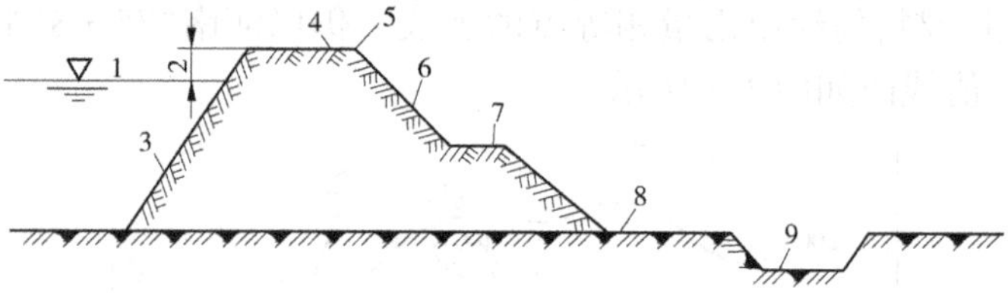

1—设计洪水位;2—超高;3—迎水坡;4—堤顶宽;

5—堤肩;6—背水坡;7—戗台;8—堤脚;9—取土坑

图 1-4　堤防断面示意图

1. 设防水位

当江河洪水漫滩以后,堤防开始临水,需要防汛人员巡查防守时规定的水位。这一水位由防汛部门根据历史资料和地方实际情况确定。

2. 警戒水位

河流、湖泊随着水位逐步升高,重要堤防可能发生险情,需要加强防守的水位。大江大河堤防保护区的警戒水位多取决于在洪水普遍漫滩或重要河段开始漫滩偎堤的水位。当水位达到警戒水位时,河段或区域开始进入防汛戒备状态,有关部门应进一步落实防守岗位,抢险备料和加强巡堤查验等工作。穿堤涵闸视情况停止使用。该水位是防汛部门根据长期防汛实践经验和堤防等工程出险基本规律分析确定的。

3. 保证水位

汛期堤防工程及其他附属建筑物能够保证安全挡水的上限洪水位,又称防汛保证水位。当洪水位达到或低于这一水位时,有关部门有责任保证堤防工程及其附属建筑物的安全。保证水位是制定保护对象度汛方案的重要依据,它主要依据工程条件和保护区国民经济情况、洪水特征等因素分析拟定。一般采用河段控制站或重要穿堤建筑物的历年汛期最高洪水位作为保证水位。

4. 分洪水位

当河道一侧设有分(蓄、滞)洪工程时,在其上游设置水位控制站。当预报河道洪水将超过分洪水位时，说明洪水将超过堤防安全标准，而需要运用分洪工程控制洪水，这一水位主要是根据下游河道安全泄量确定的。为了保证防洪保护对象的安全和有效利用分洪工程，启用分洪工程必须适时。同时，要做好分洪区的分洪准备，把灾害损失降至最低限度。

五、防汛及水信息

（一）汛期和防汛

汛的含义是指江河、湖泊等水域的季节性或周期性的涨水现象。汛常以出现的季节或形成的原因命名，如春汛、伏汛、梅汛、台汛、秋汛和潮汛等。梅汛是指江河流域内由于梅雨季节集中降雨汇流形成的江河涨水。台汛是指江河流域内由于过境台风所夹带暴雨汇流形成的江河涨水。潮汛是指沿海地区海水周期性上涨。

汛期是指江河、湖泊洪水在一年中的明显集中出现，容易形成洪涝灾害的时期。我国幅员辽阔，各河流所处地理位置和涨水季节不同，汛期的长短和时序也不同。以相邻的江苏、浙江、福建三省为例，江苏省有梅雨但少见台汛，福建省则有台风而无梅雨，而浙江省既有台风又有梅雨，致使洪涝灾害严重。由于暴雨洪水的季节性与雨带南北移动和台风频繁活动密切关系，所以各国家、地区汛期起止时间不一样。例如：非洲的尼罗河每年的7～10月为汛期；美国的密西西比河2～5月为汛期；而我国的长江5～10月中旬为汛期，江南地区4～9月为汛期，浙江省4月15日至10月15日为汛期（其中4月15日至7月15日为梅汛期，7月16日至10月15日为台汛期）。

防汛是指为防止和减轻洪水灾害，在洪水预报、防洪调度、防洪工程运用等方面进行的有关工作。

防汛的主要工作内容包括：长期、中期、短期天气形势的预测预报，洪水水情预报，堤防、水库、水闸、蓄滞洪区等防洪工程的调度和运用，出现险情灾情后的抢险救灾，非常情况下的应急措施等。

（二）险情应急预案

险情应急预案是针对突发事件（如水灾、旱灾）等自然灾害，考虑具体设备、设施、场所和环境，在安全评价的基础上，为降低险情造成的人身、财产与环境损失，就险情发生后的应急救援机构和人员，应急救援的设备、设施、条件和环境，行动的步骤和纲领，控制险情发展的方法和程序等，预先做出的科学而有效的计划和安排。它一般应建立在综合防灾规划上。

（三）洪水风险图

洪水风险图是以图表和文字形式表示，能够反映特定区域洪水特征、洪水淹没信息及其他相关信息（如河道断面信息、防洪工程信息、避难信息等）的地图。洪水风险图能够为防洪预案、防汛指挥、防汛抢险、洪灾损失评估、洪水保险和居民避难提供科学依据。

（四）水利三防的概念

在我国，各省、市、县水利部门的主要防灾工作是：防汛、防旱。在沿海，由于台风引起的暴雨及洪涝灾害极其严重，水利部门的防灾工作还包括防风。因此，水利三防的含义是：防汛、防旱、防风。我国黄河在宁夏和山东境内河段及东北松花江一带，还因冰凌壅塞引起暂时性涨水，故防汛工作还包括防凌汛。

三防工作是指贯彻执行国家有关的方针、政策、法规和法令，及时了解和掌握气象、雨情、水情、风情、旱情、灾情、险情及变化情况，准确、及时地传达防灾、抗灾、救灾信息和下达指挥部的决策、指令。担负组织、协调部队和有关部门共同做好防灾、抗灾、救灾工作。

（五）雨情、水情、风情、工情、灾情

1. 雨情

雨情包括常规的气象预报中的雨情分布情况、卫星云图、各雨量站实测的实时降雨量、等雨量线等。

2. 水情

水情主要包括雨量、水位和流量等信息。

水情信息是水文预报和洪水调度工作的基础，也是防洪实时调度决策的重要依据。

3. 风情

风情反映热带气旋引起的风暴潮（风力、降雨等）对我国东南沿海的侵袭情况。

4. 工情

工情主要反映堤防工程、水库工程和涵闸等穿堤建筑物工程的险情信息等。其包括水库的蓄洪水位、泄洪建筑物闸门的启闭状态、分蓄洪工程的运用状态、堤防（特别是重点堤段）等防洪工程的险情监测、运用、防守等。它是防洪系统实时调度不可缺少的依据。

5. 灾情

灾情反映工程出险（如堤防失守）现场和洪水淹没地区的分布等方面的情况，包括受灾地区的范围和人员伤亡情况以及抢救措施。主要是为组织防汛抢险、决堤堵口、洪泛区的救援提供及时而可靠的依据，同时也为后续阶段防洪实时调度提供了流域洪水情势的实时背景。

（六）防汛抗旱指挥系统

各地防汛抗旱指挥机构都设有防汛抗旱指挥系统，沿海地区称为防汛抗旱防风指挥系统（简称三防指挥系统）。其主要作用是根据防汛抗旱工作的需求，建成一个以水雨风工旱灾情信息采集系统和雷达测雨系统为基础、通信系统为保障、计算机网络系统为依托、决策支持系统为核心的政府防汛抗旱指挥系统。该系统要求先进实用、高效可靠、达到国际先进水平，能为各级防汛抗旱部门及时地提供各类防汛抗旱信息，较准确地作出降雨、洪水和旱情的预测预报，为防洪抗旱调度决策和指挥抢险救灾提供有力的技术支持和科学依据。

防汛抗旱指挥系统包括防汛信息采集系统、计算机网络系统、通信系统、决策支持系统。

1. 防汛信息采集系统

防汛信息采集系统是防汛自动测报、决策支持系统工程的重要组成部分，是防汛决策指挥的基础。它的主要目标和任务是：实时完成对流域内的雨情、水情、工情、灾情、气象等信息采集，对采集的信息进行处理、传输，并进行监视和异常情况报警；防汛信息采集系统中心站可根据相关资料和模型，及时作出洪水预报，向各有关部门提供汛情实时监视、洪水预警预报信息、调度参考策略等，为防汛决策提供第一手的资料和依据。该系统可通过计算机广域网络与市政府、市政协、城市防办、各区防办、城市气象局、排水处、防汛信息中心等有关部门进行信息共享和交换。

2. 计算机网络系统

在卫星通信和公用分组交换网、DDN、帧中继基础上建立防汛计算机网络，保证全系统的计算机资源共享和信息传输，以任务通信、文件传输、虚终端方式，将网络端点水文分站和地市级防汛抗旱管理部门的信息发送给使用信息的各级防汛抗旱部门。

3. 通信系统

利用水利部自行建设的防汛通信系统（卫星通信网、微波、程控交换网、运动通信系统），电子部的金桥网以及邮电部的 CHINAPAC、DDN、ISDN 等，完成语音通信和为组建计算机广域网提供信道。其应该具有现场指挥防汛、召开电话会议、异地会商图文传真、发布洪水预报等通信服务。

4. 决策支持系统

根据需要建立各类数据库，对防汛抗旱信息进行处理，进行汛情分析、洪水预报、调度、旱情灾情预测等分析计算，建成防汛抗洪决策支持系统。

防汛抗旱指挥系统，实际上是一个综合的水信息网络系统，防汛抗旱指挥决策的正确与否反映了该系统科技水平的高低。图 1-5 为广东省三防指挥系统的结构组成体系。

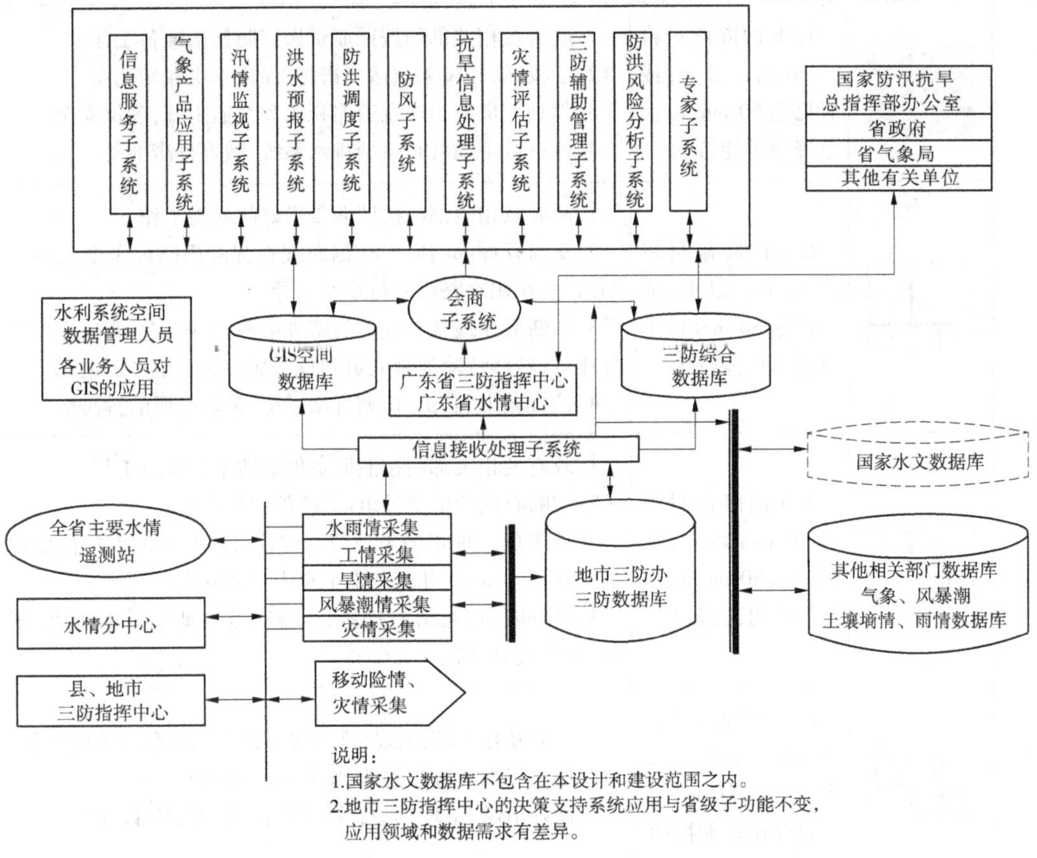

图 1-5　广东省三防指挥系统的结构组成体系

（七）水利信息化

信息化是当今世界经济和社会发展的大趋势，也是我国产业优化升级和实现工业化、现代化的关键环节。水利信息化就是指充分利用现代信息技术，深入开发和广泛利用水利信息资源，包括水利信息的采集、传输、存储、处理和服务，全面提升水利事业活动效率和效能的历史过程。

水利信息化可以提高信息采集、传输的时效性和自动化水平，是水利现代化的基础和重要标志。水利信息化的目的是提高水利的防汛减灾、水资源优化配置、水利工程建设管理、水土保持、水质监测等决策服务的水平与能力。

第五节　气象灾害预警信号图例及防御指南

（1）暴雨预警信号见表1-6。

表1-6　暴雨预警信号

预警信号	图例	含义	防御指南
暴雨		12 h内降雨量将达50 mm以上，或者已达50 mm以上且降雨可能持续	1.政府及相关部门按照职责做好防暴雨准备工作 2.学校、幼儿园采取适当措施，保证学生和幼儿安全 3.驾驶人员应当注意道路积水和交通阻塞，确保安全 4.检查城市、农田、鱼塘排水系统，做好排涝准备
		6 h内降雨量将达50 mm以上，或者已达50 mm以上且降雨可能持续	1.政府及相关部门按照职责做好防暴雨工作 2.交通管理部门应当根据路况在强降雨路段采取交通管制措施，在积水路段实行交通引导 3.切断低洼地带有危险的室外电源，暂停在空旷地方的户外作业，转移危险地带人员和危房居民到安全场所避雨 4.检查城市、农田、鱼塘排水系统，采取必要的排涝措施
		3 h内降雨量将达50 mm以上，或者已达50 mm以上且降雨可能持续	1.政府及相关部门按照职责做好防暴雨应急工作 2.切断有危险的室外电源，暂停户外作业 3.处于危险地带的单位应当停课、停业，采取专门措施保护已到校学生、幼儿和其他上班人员的安全 4.做好城市、农田的排涝，注意防范可能引发的山洪、滑坡、泥石流等灾害
		3 h内降雨量将达100 mm以上，或者已达100 mm以上且降雨可能持续	1.政府及相关部门按照职责做好防暴雨应急和抢险工作 2.停止集会、停课、停业（除特殊行业外） 3.做好山洪、滑坡、泥石流等灾害的防御和抢险工作

（2）大风预警信号见表1-7。

表 1-7　大风预警信号

预警信号	图例	含义	防御指南
大风		24 h 内可能受大风影响，平均风力可达 6 级以上，或者阵风 7 级以上，或者已经受大风影响，平均风力为 6 ~ 7 级，或者阵风 7 ~ 8 级并可能持续	1. 政府及相关部门按照职责做好防大风工作 2. 关好门窗，加固围板、棚架、广告牌等易被风吹动的搭建物，妥善安置易受大风影响的室外物品，遮盖建筑物资 3. 相关水域水上作业和过往船舶采取积极的应对措施，如回港避风或者绕道航行等 4. 行人注意尽量少骑自行车，刮风时不要在广告牌、临时搭建物等下面逗留 5. 有关部门和单位注意森林、草原等防火
		12 h 内可能受大风影响，平均风力可达 8 级以上，或者阵风 9 级以上，或者已经受大风影响，平均风力为 8 ~ 9 级，或者阵风 9 ~ 10 级并可能持续	1. 政府及相关部门按照职责做好防大风工作 2. 停止露天活动和高空等户外危险作业，危险地带人员和危房居民尽量转到避风场所避风 3. 相关水域水上作业和过往船舶采取积极的应对措施，加固港口设施，防止船舶走锚、搁浅和碰撞 4. 切断户外危险电源，妥善安置易受大风影响的室外物品，遮盖建筑物资 5. 机场、高速公路等单位应当采取保障交通安全的措施，有关部门和单位注意森林、草原等防火
		6 h 内可能受大风影响，平均风力可达 10 级以上，或者阵风 11 级以上，或者已经受大风影响，平均风力为 10 ~ 11 级，或者阵风 11 ~ 12 级并可能持续	1. 政府及相关部门按照职责做好防大风应急工作 2. 房屋抗风能力较弱的中小学校和单位应当停课、停业，人员减少外出 3. 相关水域水上作业和过往船舶应当回港避风，加固港口设施，防止船舶走锚、搁浅和碰撞 4. 切断危险电源，妥善安置易受大风影响的室外物品，遮盖建筑物资 5. 机场、铁路、高速公路、水上交通等单位应当采取保障交通安全的措施，有关部门和单位注意森林、草原等防火
		6 h 内可能受大风影响，平均风力可达 12 级以上，或者阵风 13 级以上，或者已经受大风影响，平均风力为 12 级以上，或者阵风 13 级以上并可能持续	1. 政府及相关部门按照职责做好防大风应急和抢险工作 2. 人员应当尽可能停留在防风安全的地方，不要随意外出 3. 回港避风的船舶要视情况采取积极措施，妥善安排人员留守或者转移到安全地带 4. 切断危险电源，妥善安置易受大风影响的室外物品，遮盖建筑物资 5. 机场、铁路、高速公路、水上交通等单位应当采取保障交通安全的措施，有关部门和单位注意森林、草原等防火

（3）雷雨大风预警信号见表 1-8。

表 1-8　雷雨大风预警信号

预警信号	图例	含义	防御指南
雷雨大风		6 h 内可能受雷雨大风影响，平均风力可达到 6 级以上，或阵风 7 级以上并伴有雷电；或者已经受雷雨大风影响，平均风力已达到 6 ~ 7 级，或阵风 7 ~ 8 级，并伴有雷电，且可能持续	1. 做好防风、防雷电准备 2. 注意有关媒体报道的雷雨大风最新消息和有关防风通知，学生停留在安全地方 3. 把门窗、围板、棚架、临时搭建物等易被风吹动的搭建物固紧，人员应当尽快离开临时搭建物，妥善安置易受雷雨大风影响的室外物品
		6 h 内可能受雷雨大风影响，平均风力可达 8 级以上，或阵风 9 级以上并伴有强雷电；或者已经受雷雨大风影响，平均风力达 8 ~ 9 级，或阵风 9 ~ 10 级并伴有强雷电，且可能持续	1. 妥善保管易受雷击的贵重电器设备，断电后放到安全的地方 2. 危险地带和危房居民，以及船舶应到避风场所避风，千万不要在树下、电杆下、塔吊下避雨，出现雷电时应当关闭手机 3. 切断霓虹灯招牌及危险的室外电源 4. 停止露天集体活动，立即疏散人员 5. 高空、水上等户外作业人员停止作业，危险地带人员撤离
		2 h 内可能受雷雨大风影响，平均风力可达 10 级以上，或阵风 11 级以上，并伴有强雷电；或者已经受雷雨大风影响，平均风力为 10 ~ 11 级，或阵风 11 ~ 12 级并伴有强雷电，且可能持续	1. 人员切勿外出，确保留在最安全的地方 2. 相关应急处置部门和抢险单位随时准备启动抢险应急方案 3. 加固港口设施，防止船只走锚和碰撞 其他同雷雨大风黄色预警信号
		2 h 内可能受雷雨大风影响，平均风力可达 12 级以上并伴有强雷电；或者已经受雷雨大风影响，平均风力为 12 级以上并伴有强雷电，且可能持续	1. 进入特别紧急防风状态 2. 相关应急处置部门和抢险单位随时准备自动抢险应急方案 其他同雷雨大风橙色预警信号

（4）台风预警信号见表 1-9。

表 1-9 台风预警信号

预警信号	图例	含义	防御指南
台风		24 h 内可能或者已经受热带气旋影响，沿海或者陆地平均风力达 6 级以上，或者阵风 8 级以上并可能持续	1. 政府及相关部门按照职责做好防台风准备工作 2. 停止露天集体活动和高空等户外危险作业 3. 相关水域水上作业和过往船舶采取积极的应对措施，如回港避风或者绕道航行等 4. 加固门窗、围板、棚架、广告牌等易被风吹动的搭建物，切断危险的室外电源
		24 h 内可能或者已经受热带气旋影响，沿海或者陆地平均风力达 8 级以上，或者阵风 10 级以上并可能持续	1. 政府及相关部门按照职责做好防台风应急准备工作 2. 停止室内外大型集会和高空等户外危险作业 3. 相关水域水上作业和过往船舶采取积极的应对措施，加固港口设施，防止船舶走锚、搁浅和碰撞 4. 加固或者拆除易被风吹动的搭建物，人员切勿随意外出，确保老人小孩留在家中最安全的地方，危房人员及时转移
		12 h 内可能或者已经受热带气旋影响，沿海或者陆地平均风力达 10 级以上，或者阵风 12 级以上并可能持续	1. 政府及相关部门按照职责做好防台风抢险应急工作 2. 停止室内外大型集会、停课、停业（除特殊行业外） 3. 相关应急处置部门和抢险单位加强值班，密切监视灾情，落实应对措施 4. 相关水域水上作业和过往船舶应当回港避风，加固港口设施，防止船舶走锚、搁浅和碰撞 5. 加固或者拆除易被风吹动的搭建物，人员应当尽可能待在防风安全的地方，当台风中心经过时风力会减小或者静止一段时间，切记强风将会突然吹袭，应当继续留在安全处避风，危房人员及时转移 6. 相关地区应当注意防范强降水可能引发的山洪、地质灾害
		6 h 内可能或者已经受热带气旋影响，沿海或者陆地平均风力达 12 级以上，或者阵风达 14 级以上并可能持续	1. 政府及相关部门按照职责做好防台风应急和抢险工作 2. 停止集会、停课、停业（除特殊行业外） 3. 回港避风的船舶要视情况采取积极措施，妥善安排人员留守或者转移到安全地带 4. 加固或者拆除易被风吹动的搭建物，人员应当待在防风安全的地方，当台风中心经过时风力会减小或者静止一段时间，切记强风将会突然吹袭，应当继续留在安全处避风，危房人员及时转移 5. 相关地区应当注意防范强降水可能引发的山洪、地质灾害

（5）干旱预警信号见表 1-10。

表 1-10　干旱预警信号

预警信号	图例	含义	防御指南
干旱		预计未来一周综合气象干旱指数达到重旱(气象干旱为 25 ~ 50 年一遇),或者某一县(区)有 40% 以上的农作物受旱	1. 有关部门和单位按照职责做好防御干旱的应急工作 2. 有关部门启用应急备用水源,调度辖区内一切可用水源,优先保障城乡居民生活用水和牲畜饮水 3. 压减城镇供水指标,优先经济作物灌溉用水,限制大量农业灌溉用水 4. 限制非生产性高耗水及服务业用水,限制排放工业污水 5. 气象部门适时进行人工增雨作业
		预计未来一周综合气象干旱指数达到特旱(气象干旱为 50 年以上一遇),或者某一县(区)有 60% 以上的农作物受旱	1. 有关部门和单位按照职责做好防御干旱的应急和救灾工作 2. 各级政府和有关部门启动远距离调水等应急供水方案,采取提外水、打深井、车载送水等多种手段,确保城乡居民生活和牲畜饮水 3. 限时或者限量供应城镇居民生活用水,缩小或者阶段性停止农业灌溉供水 4. 严禁非生产性高耗水及服务业用水,暂停排放工业污水 5. 气象部门适时加大人工增雨作业力度

第六节　洪水防灾自救知识

将洪水灾害造成的损失减小到最低程度,在防洪减灾的非工程措施中,人们对付洪水采取防灾自救的方法是一项重要的措施之一,下面介绍一些主要的洪水防灾自救知识。

一、组织众多人群的撤离

处于水深在 0.7 m 以上至 2 m 的淹没区内,或洪水流速较大难以在其中生活的居民,应及时采取避难措施。因避难主要是大规模、有组织的避难,所以要注意以下事项:

(1)要让避难路线家喻户晓,让每一个避难者弄清,洪水先淹何处,后淹何处,以选择最佳撤离路线,避免造成人到洪水到的被动局面。

(2)要认清路标。在洪水多发的地区,修筑避难道路。一般说来,这种道路应是单行线,以减少交通混乱和阻塞。在那些避难道路上,应设有指示前进方向的路标,如果避难人群未很好地识别路标,盲目地走错路,再往回折返,便会与其他人群产生碰撞、拥挤,产生不必要的混乱。

(3)要保持镇定的情绪。掌握灾害心理学实际上也是一种学问。在洪灾中,避难者由于自身的苦痛、家庭的巨大损失,已经是人心惶惶,如果再受到流言飞语的蛊惑、避难队伍中突然发出的喊叫、警车和救护车警笛的乱鸣这些外来的干扰,极易产生惊恐和混乱。

此时,组织者既要调整好自己的急躁情绪,镇定指挥,也要做好劝慰,安抚好群众的心理。

二、较安全的避难所

避难所一般应选择在距家最近、地势较高、交通较为方便之处,应有良好的排水设施,卫生条件较好,与外界可保持良好的通信、交通联系。在城市中大多是高层建筑的平坦楼顶,地势较高或有牢固楼房的学校、医院,以及地势高、条件较好的公园等。

三、遇到山洪时的自救

(一)山洪

山洪最常见的是由暴雨引起的,通常是指在山区沿河流及溪沟形成的暴涨暴落的洪水及伴随其发生的滑坡、崩塌、泥石流。拦洪设施的溃决也可引发山洪。山洪灾害是指山洪暴发而给人们带来的危害,包括人员伤亡、财产损失、基础设施毁坏及环境资源破坏等。山洪灾害分为溪河洪水灾害、泥石流灾害、滑坡灾害。

(二)遇到山洪时的迅速脱险

居住在山洪易发区或沟、峡谷、溪岸的居民,每遇连降大暴雨时,必须保持高度警惕,特别是晚上,如有异常,应立即组织人员迅速脱离现场,就近选择安全地方落脚,并设法与外界联系,做好下一步救援工作。切不可心存侥幸或救捞财物而耽误避灾时机,造成不应有的人员伤亡。

(三)遭遇突发山洪的注意事项

(1)一定要保持冷静,迅速判断周边环境,尽快向山上或较高地方转移,如一时躲避不了,应选择一个相对安全的地方避洪。

(2)山洪暴发时,不要沿着行洪道方向跑,而要向两侧快速躲避。

(3)山洪暴发时,千万不要轻易涉水过河。

(4)被山洪困在山中,应及时与当地防汛部门取得联系,寻求救援。

四、洪水暴发时的防备与自救

(一)洪水来临前的准备

洪水到来之前,要尽量做好相应的准备。

(1)根据当地电视、广播等媒体提供的洪水信息,结合自己所处的位置和条件,冷静地选择最佳路线撤离,避免出现“人未走水先到”的被动局面。

(2)认清路标,明确撤离的路线和目的地,避免因为惊慌而走错路。

(3)自保措施如下:

①备足速食食品或蒸煮够食用几天的食品,准备足够的饮用水和日用品。

②扎制木排、竹排,收集木盆、木材、大件泡沫塑料等适合漂浮的材料,加工成救生装置以备急需。

③将不便携带的贵重物品作防水捆扎后埋入地下或放到高处,票款、首饰等小件贵重物品可缝在衣服内随身携带。

④保存好尚能使用的通信设备。

（二）洪水到来时的自救

（1）洪水到来时，来不及转移的人员，要就近迅速向山坡、高地、楼房、避洪台等地转移，或者立即爬上屋顶、楼房高层、大树、高墙等高的地方暂避，等候救援人员营救。

（2）如在洪水继续上涨，已经受到洪水包围的情况下，则要充分利用准备好的救生器材逃生，或者迅速找一些门板、桌椅、木床、大块的泡沫塑料等能漂浮的材料扎成筏逃生。

（3）如果已被洪水包围，要立即爬上屋顶、楼房高屋、大树、高墙，做暂时避险，等待援救，并设法尽快与当地政府防汛部门取得联系，报告自己的方位和险情，积极寻求救援。

注意：千万不要游泳逃生，不可攀爬带电的电线杆、铁塔，也不要爬到泥坯房的屋顶。

（4）在山区，如果连降大雨，容易暴发山洪。遇到这种情况，应该注意避免过河，以防止被山洪冲走，还要注意防止山体滑坡、滚石、泥石流的伤害。

（5）如已被卷入洪水中，一定要尽可能抓住固定的或能漂浮的东西，寻找机会逃生。

（6）发现高压线铁塔倾斜或者电线断头下垂时，一定要迅速远离避险，防止直接触电或因地面跨步电压触电。

（7）洪水过后，要服用预防流行病的药物，要做好各项卫生防疫工作，预防疫病的流行。

（三）都市遭遇洪水时的自救

地处河堤缺口、危房等风险地带的人群应尽快撤离现场，迅速转移到高坡地带或牢固的高层建筑物的楼顶上避险，而后与救援部门取得联系。同时，注意收集各种漂浮物，木盆、木桶都不失为逃离险境的好工具。分析洪水中人员失踪的原因：一方面是洪水流量大，猝不及防；另一方面也是因为有的人不了解水情而涉险水。所以，洪水中必须注意的是，不了解水情时，一定要在安全地带等待救援。

（1）避难所一般应选择在距家最近、地势较高、交通较为方便及卫生条件较好的地方，在城市中大多是高层建筑的平坦楼顶，地势较高或有牢固楼房的学校、医院等。

（2）都市街道各种电气（器）设施较多，电线纵横交错，发现高压线铁塔倾倒、电线低垂或断折时，要远离避险，不可触摸或接近，防止触电。

（3）将衣被等御寒物放至高处保存；在离开家门之前，还要把煤气阀、电源总开关等关掉；时间允许的话，将不便携带的贵重物品做防水捆扎后埋入地下或置放高处，或将贵重物品用毛毯卷好，收藏在楼上的柜子里，票款、首饰等物品可缝在衣物中。

（4）扎制木排，并收集木盆、木块等漂浮材料加工为救生设备以备急需；洪水到来时难以找到适合的饮用水，所以在洪水来之前可用木盆、水桶等盛水工具储备干净的饮用水。

（5）准备好医药、取火等物品；保存好各种尚能使用的通信设施，可与外界保持良好的通信、交通联系。

（6）对于家中的财产，不要斤斤计较，更不能只顾家产而忘记生命安全。为了保存财产，在离开住处时，最好把房门关好，这样待洪水退后，家产尚能物归原主，不会随水漂流掉。

五、遭遇泥石流时的自救

(一)泥石流

泥石流是山区沟谷或斜坡上由暴雨、冰雪消融等引发的含有大量泥沙、石块、巨石的特殊洪流。泥石流常与山洪相伴,其来势凶猛,在很短时间里,大量泥石横冲直撞地冲出沟外,并在沟口堆积起来。

泥石流的破坏性很强,毁道路,堵塞河道,甚至淤埋村庄、城镇,给生命财产和经济建设带来极大危害。2010 年 8 月 7 日,我国甘肃省舟曲县发生强降雨引发的特大泥石流灾害,泥石流冲进县城,并截断河流形成堰塞湖,县城一半被淹,1 478 人遇难,287 人失踪。

在泥石流多发地区建新房,切记一定要选择安全地带。当地居民要随时注意灾害预警预报,选好躲避路线,避免到时措手不及。

(二)遇到泥石流的避险

(1)在沟谷内逗留或活动时,一旦遭遇大雨、暴雨,要迅速转移到安全的高地,不要在低洼的谷底或陡峻的山坡下躲避、停留。

(2)留心周围环境,特别警惕远处传来的土石崩落、洪水咆哮等异常声响,这很可能是即将发生泥石流的征兆。

(3)发现泥石流袭来时,要马上向沟岸两侧高处跑,千万不要在顺沟方向往上游或下游跑。

(4)暴雨停止后,不要急于返回沟内住地,应等待一段时间。

注意:野外扎营时,要选择平整的高地作为营址,尽量避开有滚石和大量堆积物的山坡下或山谷、沟底。

六、遭遇滑坡时的自救

(一)滑坡

斜坡上的岩土体受河流冲刷、地下水活动、地震及人工切坡等影响,在重力作用下沿着一定的软弱面(或软弱带)整体或分散地顺坡下滑,这种现象叫做滑坡。滑坡在斜坡上常呈圈椅状或马蹄状地形,具有环状的后壁、拉开的裂缝、多级的台阶、垄状上凸的前缘等地貌特征。滑坡大多数在暴雨或人类活动后突然发生,也有滑坡体经历数年、数十年的缓慢变化后突然滑动的情况。

滑坡的主要诱发因素有地震、降雨或融雪,河流、洪水等地表水对斜坡坡脚的不断冲刷,人类的活动,如开挖坡脚、坡体堆载、爆破、水库蓄水、泄洪、开矿等。此外,海啸、风暴潮等也可诱发滑坡。滑坡在各地分布广泛,轻则地面开裂、房屋倒塌,重则堆埋道路、堵塞河道、摧毁各种工程设施,必须严加防范。

(二)滑坡的前兆

(1)大滑坡发生前,会出现断流多年的泉水“复活”的情况,也可能出现泉、井水突然干涸、井(或钻孔)水位突变等异常现象。

(2)在滑坡体中部或前部出现横向及纵向放射状裂纹,标志滑坡体已进入临滑状态。

(3)大滑坡之前,滑坡体前沿坡脚处土体出现上隆(凸起)现象。

(4)大滑坡之前,有岩石开裂或被剪切挤压的声音。

(5)大滑坡之前,滑坡体上长期位移观测资料中的水平位移和垂直位移,会出现加速变化的趋势,这是明显的临滑迹象。

(6)临滑之前,滑坡体四周岩体(土体)会出现小型坍塌和松动现象。

(7)滑坡体后缘的裂缝急剧扩展,并从裂缝中冒出热气或冷风。

(8)动物惊恐异常,植物变形,会出现猪、狗、牛等家畜惊恐不宁、不入睡,老鼠乱窜不进洞,树木枯萎或歪斜等现象。

发现这些滑坡的前兆后,要立即采取预防措施。

(三)崩塌

陡峭斜坡上的岩土体在重力作用下突然脱离母体崩落、滚动,最后堆积在坡脚或沟谷的地质现象,称为崩塌。

引发崩塌的原因与滑坡类似,其中有自然因素,如大雨、暴雨和长时间连续降雨、地表水的冲刷等,也有人为因素,最多见的是坡脚开挖,造成陡峭面而发生崩塌灾害。崩塌的影响范围和规模比滑坡相对要小,但崩塌是急剧的、短促的、猛烈的,同样有很大的破坏作用。

(四)遇到滑坡或崩塌的注意事项

(1)行人与车辆不要进入或通过有警示标志的滑坡、崩塌危险区。

(2)当发现有滑坡、崩塌的前兆时,应立即报告当地政府或有关部门,同时通知其他受威胁的人群,要提高警惕,密切注意观察,做好撤离准备。

(3)当您正处于滑坡体上,感到地面有变动时,要立即离开,用最快的速度向两侧稳定地区逃离,向滑坡体上方或下方跑都是危险的。

(4)当您处于滑坡体中部无法逃离时,找一块坡度较缓的开阔地停留,但一定不要和房屋、围墙、电线杆等靠得太近。

(5)当您处于滑坡体前沿或崩塌体下方时,只能迅速向两边逃生,别无选择。

思考题

1-1　如何理解水资源对人类的利害双重性？简述防治水灾的意义。

1-2　什么是洪水？

1-3　洪水等级如何划分？

1-4　简述洪水灾害的类型及特点。

1-5　洪水灾害的影响因素有哪些？

1-6　河道及水库有哪些特征水位？

1-7　简述汛的含义及类型。

1-8　防汛的基本原则是什么？

1-9　什么是防汛抗旱指挥系统？

1-10　水利信息化的含义是什么？

第二章　防汛抢险工作及应急预案

学习目标

了解我国防汛方针与任务、抢险的主要原则，了解防汛组织机构与工作职责，了解和掌握防汛准备与检查的工作内容，了解防汛抢险应急预案编制的基本内容，理解和掌握防洪工程措施与非工程措施。

第一节　防汛方针与任务

防汛是一项人们同灾害性洪水作斗争的社会工作。由于关系到国家经济建设和人民生命财产的安全，涉及社会的安定，国家历来都把防汛作为维护社会安定和促进国民经济发展的一件大事来抓。为了做好防汛工作，避免或减轻灾害损失，国务院曾颁发了《中华人民共和国防汛条例》，对防汛的组织、任务、职责等都做了具体规定。实践证明，建立坚强的防汛组织机构和制定严格的责任制度，是做好防汛和抢险工作的有力保证。

一、防汛方针

防汛方针是根据不同时期国家经济状况、防洪工程建设程度以及防洪任务的要求而提出的。新中国成立后，水利建设迅速发展，兴建了大量水库工程，整修加固了江河堤防，防洪工程设施增多，控制江河洪水的能力有所提高。在这样的情况下，20 世纪 60 年代防汛工作强调了从最坏处打算，向最好方面努力。提出了“以防为主，防重于抢，有备无患”的防汛方针，这主要是强调一个“防”字，不论是汛前的准备工作，还是汛期的防守工作，都强调立足于防，防重于抢，要克服麻痹侥幸思想，把各种险情消灭在萌芽状态。

当前，我国防汛体系已逐步趋于健全，实行了以行政首长负责制为核心的各项责任制度，逐步完善了江河堤防、水库、水闸等防洪工程体系，针对不同类型洪水制定了不同的防御方案，加强了非工程防洪措施的建设。因此，当前制定了“安全第一，常备不懈，以防为主，全力抢险”的方针。这是总结过去几十年来的实践经验而提出来的。

二、防汛任务

我国地域辽阔，地理环境差异很大，各地洪水灾害不同，防汛任务各异。因此，各地可根据所处的地理环境、气候条件、防洪工程设施以及社会经济等情况，确定不同的防汛任务。防汛工作的主要任务是：采取积极的和有效的防御措施，把洪水灾害的影响和损失减少到最低限度，以保障经济建设的顺利发展和人民生命财产的安全。为完成上述任务，防汛工作主要有以下内容：

(1)有组织地、有计划地协同有关部门开展防汛工作。

(2)加强防汛宣传,提高广大群众的防汛减灾意识。

(3)完善防洪工程措施和建立非工程防御体系。

(4)密切掌握雨情、水情、工情、灾情等防汛信息。

(5)分析研究洪水规律,制定防御不同类型洪水的预案,研究洪水调度和防汛抢险的最优方案。

(6)探讨和研究新技术在防汛中的应用。

(7)汛后总结当年防汛工作的经验教训,并提出下一年防汛工作的重点。

防汛工作是人类同洪水的斗争。现代科学手段还不能对洪水发生规律及时、准确地做出预测预报,防汛工作只能年年准备,年年防守。各级防汛部门应建立常设机构,要把防汛工作像其他水利工作一样,作为一项长期的任务来抓。

三、抢险的主要原则

防汛与抢险两项工作密不可分,相辅相成。防汛与抢险,两项工作的侧重点虽有不同,但目标一致,都是为了把洪水灾害的影响和损失减少到最低限度。抢险是洪灾发生后的主要工作,工作的难度在"险",重点在"抢"。其特点是时间紧迫、任务艰巨、危险性大、抢护要及时。按照防汛方针要求,必须做到"全力抢险"。因此,抢险的主要原则如下:

(1)抢早抢小,抢护要及时,要加大力度对防汛工程设施的检查观测,加强险情观察,及早发现险情,跟踪险情的发展和变化,防止险情扩大,预测可能发生的潜在险情。

(2)正确识别险情,必须了解工程的设计、施工、管理、运用等各种情况,结合出现的现象,进行综合分析,做出准确判断,拟定正确的抢护方案。

(3)抢险需要的料物种类多、数量大,直接影响着抢险工作的进展,要动员和调动各部门各方面的力量,保障及时供应料物。

(4)加强领导,统一指挥,组织好抢险队伍,必要时还可请部队支援。

第二节　防汛组织与工作职责

一、防汛组织机构与职责

防汛抢险工作是一项综合性很强的工作,牵涉面广,责任重大,不能简单理解是水利部门的事情,必须动员全社会各方面的力量参与。防汛机构担负着发动群众,组织各方面的社会力量,从事防汛指挥决策等重大任务,并且在组织防汛工作中,还需进行多方面的联系和协调。因此,需要建立强有力的组织机构,做到统一指挥、统一行动、分工合作、同心协力共同完成。

(一)防汛组织机构

防汛组织机构是各级政府的一个工作职能部门。我国政府的防汛组织机构是国家防汛抗旱总指挥部,下属有与之相关的工作协调部门,如图 2-1 所示。

根据《中华人民共和国防洪法》、《中华人民共和国防汛条例》规定,防汛工作实行各级人民政府行政首长负责制,实行统一指挥,分级、分部门负责,各有关部门实行防汛岗位责任制。国务院设立国家防汛抗旱总指挥部，负责组织领导全国的防汛抗旱工作，其办事机构设在国务院水行政主管部门（水利部）。在国家确定的重要江河、湖泊可以设立由有关省、自治区、直辖市人民政府和该江河、湖泊的流域管理机构负责人等组成的防汛指挥机构，指挥所管辖范围内的防汛抗洪工作，其办事机构设在各流域管理机构。

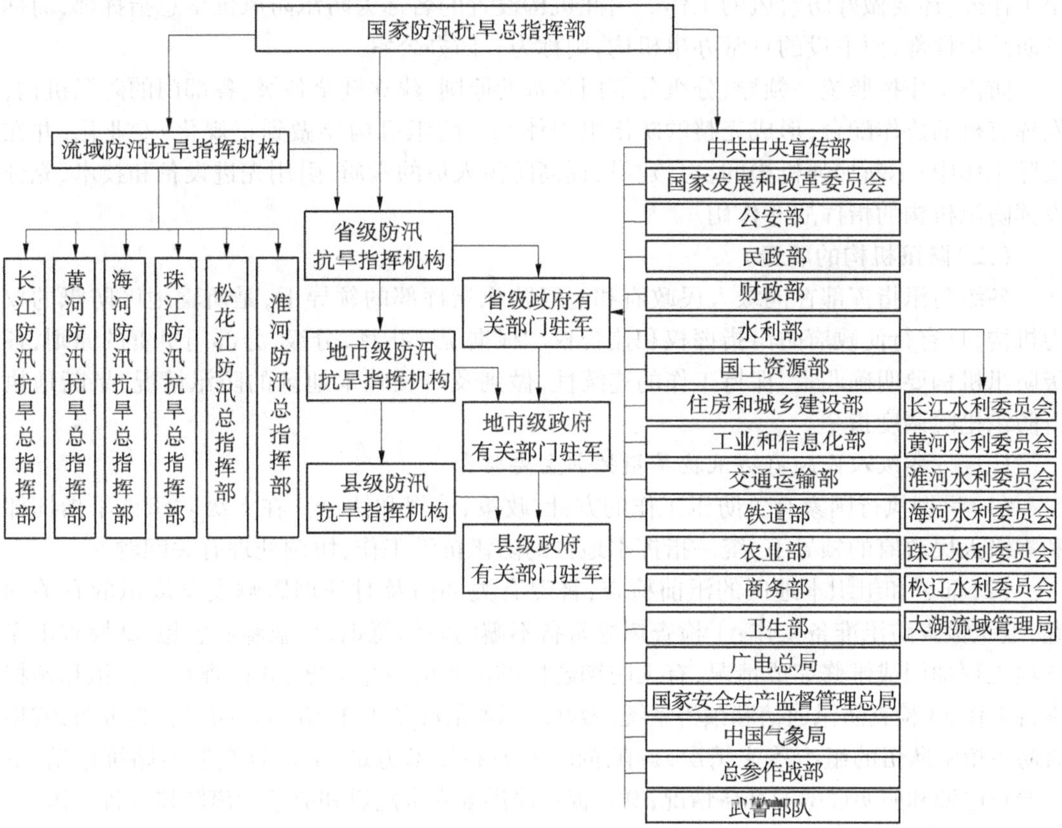

图 2-1　全国防汛抗旱组织机构

除国务院、流域管理机构成立防汛指挥机构外，有防汛任务的各省、自治区及市、县（区）人民政府也要相应设立防汛指挥机构，负责本行政区域的防汛突发事件的应对工作。其办事机构设在当地政府水行政主管部门的水利（水务）局，负责管辖范围内的日常防汛工作。有防汛任务的乡（镇）也应成立防汛组织，负责所辖范围内防洪工程的防汛工作。有关部门、单位可根据需要设立行业防汛指挥机构，负责本行业、单位防汛突发事件的应对工作。

地方防汛指挥机构是由省、市、县（区）政府有关部门，当地驻军和人民武装部队负责人组成，由当地政府主要负责人（副省长、副市长、县（区）长）任总指挥。指挥机构成员各地稍有不同，以市级防汛指挥机构为例，指挥部成员包括各级政府、当地驻军（武警）、水利（水务）局、市委宣传部、市发展和改革委员会（局）、市对外贸易经济合作局、市公安局、市民政局、市财政局、市国土资源局、市住房和城乡建设局、市交通运输局、市农业局、市安全生产监督管理局、市卫生局、市气象局、广播电视局等部门的主要负责人。此外，根据各地实际情况，成员还有供销社、林业局、水文局（站）、环境保护局、城市综合管理局、海事局、供电局、电信局、保险公司、石油（化）公司等部门的主要负责人。

我国海岸线很长，沿海各省、市、县（区）每年因强热带风暴、台风而引起的洪涝灾害损失及其严重。因此，相关省、市、县（区）将防台风的工作同样放在重要位置，除防汛、抗旱工作外，还要做好防台风的工作。由此机构设置的名称为防汛防风抗旱总指挥部，简称三防总指挥部，而下设的日常办事机构，则称为三防办公室。

防汛工作按照统一领导、分级分部门负责的原则，建立健全各级、各部门的防汛机构，发挥有机的协作配合，形成完整的防汛组织体系。防汛机构要做到正规化、专业化，并在实际工作中，不断加强机构的自身建设，提高防汛人员的素质，引用先进设备和技术，充分发挥防汛机构的指挥战斗作用。

（二）防汛机构的职责

各级防汛指挥部在同级人民政府和上级防汛指挥部的领导下，是所辖地区防汛的权力机构，具有行使政府防汛指挥权和监督权。根据统一指挥，分级、分部门负责的原则，各级防汛机构要明确职责，保持工作的连续性，做到及时反映本地区的防汛情况，果断地执行防汛抢险调度指令。

1. 地方各级人民政府防汛抗旱指挥部主要职责

（1）贯彻执行国家有关防汛工作的方针、政策、法规和法令。在上级防汛抗旱指挥部和本级人民政府的领导下，统一指挥本地区的防汛抗洪工作，协调处理有关问题。

（2）部署和组织本地区的汛前检查，督促有关部门及时处理影响安全度汛的有关问题，组织检查防汛准备工作：①检查树立常备不懈的防汛意识，克服麻痹思想；②检查水库各项工程加固或维修完成情况，有无防御超标准洪水的应急方案；③检查水文报汛和预报准备工作；④检查防汛通信和预警系统，做好防汛通信准备工作；⑤检查防汛料物准备；⑥检查防汛抢险队伍的组织落实情况，调配抢险人力和技术力量；⑦检查交通道路维修情况；⑧检查电源和照明设备的准备情况；⑨督促蓄滞洪区安全建设和应急撤离转移准备工作。

（3）依法清除河道、湖泊范围内影响行洪、蓄洪、滞洪的障碍物以及影响防洪工程安全的建筑物及其他设施。

（4）贯彻执行上级防汛指挥机构的防汛调度指令，按照批准的防御洪水方案，落实各项措施，实施洪水调度。制定和组织实施各种防御洪水的方案，主要有：①江河水库汛期防洪调度计划或控制运用指标；②在建水库、堤防的度汛计划或防御洪水措施；③防台风、防山洪、防泥石流等对策方案。

（5）掌握气象形势、雨情和水情，及时了解降雨地区暴雨强度、洪水流量、水库水位、江河水位、闸坝水位、长短期水情和气象分析预报。

（6）负责防汛经费和物资的储备、计划、管理和调度。

（7）加强汛期中对工程的检查，制定切实可行的检查制度，具体规定检查的时间、部位、内容和要求，并确定巡回检查路线和检查顺序、组织有经验的技术人员负责进行巡回检查。

（8）检查督促防洪工程设施的水毁修复。组织汛后检查，主要内容：①水库堤防、水闸损坏情况；②工程损坏修复的计划；③汛期暴雨洪水特征；④防汛物资使用情况；⑤度汛期中防汛经验教训。

(9)负责统计、掌握洪涝灾害情况,负责发布本地区的汛情、灾情通告。

(10)开展防汛宣传教育和组织培训、推广先进的防汛抢险技术和经验。

2. 地方各级防汛抗旱指挥部办公室主要职责

各级防汛抗旱指挥部办公室是各级防汛抗旱指挥部的常设办事机构,一般设置在各省、市、县(区)水利厅(局),直接承办各级防汛抗旱总指挥部的日常工作。其职责主要如下:

(1)贯彻执行国家有关防汛抗旱工作的方针、政策、法律、法规及规范性文件。在各级人民政府和防汛指挥部的领导下,执行上级防汛指挥部的决定和命令。

(2)按照分级责任制管理的原则,组织编制、审查、实施省、市、县(区)的防汛工作发展规划、防洪应急预案、山洪灾害防御预案和江河、水库防洪调度方案,研究解决地方防汛、抗旱中的重大技术问题。

(3)掌握省、市、县(区)防洪工程的运行情况,组织实施水利工程汛前、汛期和汛后工程安全检查工作。向防汛指挥部领导提出决策意见,向上级防汛指挥部报告重大问题,组织做好应急度汛工程建设和水毁工程修复工作。

(4)负责防汛抗旱指挥调度系统的规划、建设、管理及实施工作,保证防汛抗旱防风指挥调度系统的正常运行;组织指导防灾救灾、防洪抢险及抗旱工作。

(5)掌握雨情、水情、灾情,及时、准确地向有关单位和领导通报情况,必要时发布洪水、台风、泥石流预报、警报和汛情、灾情通报。

(6)负责防汛抗旱物资的组织、储备、管理、调度,负责防汛抗旱指挥部成员单位的联系,负责组织防汛抢险队伍的建设和管理。

(7)负责防汛抢险、灾害统计上报、抗旱情况等档案资料的管理。

(8)组织水利信息化项目的规划、防汛通信和预报、预警系统的建设和管理。

(9)组织防汛宣传,总结推广防汛抢险经验,培训抢险技术人员,开展政策研究,建立配套法规。

3. 地方各级防汛抗旱指挥部成员单位职责

防汛是一项社会性的防洪抗灾工作,需要动员和调动各有关部门有关行业的力量,在当地政府和防汛指挥部的统一领导下,同心协力共同完成抗御洪水灾害的任务。地方各级防汛抗旱指挥部成员主要由当地政府相关部门、驻军和武警部队以及相关的企、事业单位组成,政府主要负责人出任总指挥,各有关部门的防汛职责如下:

当地驻军、武警部队:支持地方防洪抢险工作,根据汛情需要,担负防洪抢险、营救群众、转移物资、抗旱救灾及抗旱措施的任务,保护国家财产和群众生命安全,汛情紧急时负有执行重大防洪抢险措施的使命。

发展和改革委员会(局):协调安排防汛防旱工程建设、除险加固、水毁修复计划和资金的落实、抗洪抗旱救灾资金和电力、物资计划。

对外贸易经济合作局:负责组织、协调有关防汛抢险、抗旱、救灾物资与器材的调拨和供应。

公安局:负责防汛治安管理和安全保卫工作,维护防汛抢险秩序和灾区社会治安秩序,确保抗洪抢险、救灾物资运输车辆畅通无阻;依法查处盗窃、哄抢防汛抗旱物料及破坏水利、水文、通信设施的案件，打击犯罪分子，协助做好水事纠纷的处理；遇特大洪水紧急情况，协助防汛部门组织群众撤离和转移，保护国家财产和群众生命安全；协助做好河道、湖泊清障及抢险救灾通信工作，打击河道非法采砂。

民政局：负责洪涝旱灾地区灾民的组织搬迁、生活安置和救济工作。

财政局：负责安排和调拨防汛抗旱、应急抢险救灾资金，并监督使用，及时安排险工隐患处理、抢险救灾、水毁修复经费。

国土资源局：负责组织监测与防治因台风、暴雨、滑坡、泥石流等山洪引起的山地地质灾害，制定、实施山地地质灾害的监测、抢险救灾方案。

住房和城乡建设局：负责城市防汛排涝工程的规划建设和安全管理，根据江河防洪规划方案做好城区防洪、排水规划，制定城市防灾减灾的应急预案，负责所辖防洪工程的防汛与抢险。

交通局：负责水运和公路设施的防洪安全；负责抢险救灾物资调运；负责安排滞洪区、行洪区人员的撤退和物资运输的交通设施；汛情紧张时，通知船只限速行驶直至停航、车辆绕道；协同公安部门，保证防汛抢险救灾车辆船只的畅通无阻。

水利（务）局：提供雨情、水情、旱情、工情、灾情及水情预报，做好防汛调度和抗旱水源的调度；制定全省防汛抗旱措施以及工程防汛维修和应急处理及水毁修复工程计划；部署全省防汛准备工作；提出防汛抗旱所需经费、物资、设备、油电方案；负责防汛抗旱工程的行业管理，按照分级管理的原则，负责工程的安全管理；负责全城市防洪工作；负责所辖已建和在建的水库、堤、闸工程的维护管理，防洪调度方案的实施以及组织防汛抢险工作。

农业局：负责及时收集、整理和提供农业灾害情况，负责洪涝旱灾和台风灾害后农业生产救灾与恢复。

卫生局：负责受灾区的居民群众和防汛抢险人员疾病预防控制和医疗救护工作。灾害发生后，及时向防汛抗旱指挥部提供水旱灾区疫情与防治信息，组织卫生部门和医疗卫生人员赶赴灾区，开展防病治病，预防和控制疫病的发生和流行。

环保局：负责水质监测，及时提供水源污染情况，做好污染源的调查与处理工作。

海洋与渔业局：负责所辖港口渔船和水产养殖场的防风、防洪安全，做好船舶回港避风工作，组织海洋与水产行业抗灾和灾后复产的工作；负责河湖非法圈围、拦网养殖所造成行滞洪障碍的清除。

气象局：负责及时提供天气预报和实时气象信息，以及对灾害性天气的监测预报；负责暴雨、台风、潮位和异常天气的监测和预报，按时向防汛指挥部门及有关成员单位提供气象预报和有关公报。

水文局：负责汛期各水文站网的测报报汛。当流域内降雨，水库、江河水位，流量达到一定标准，应及时向防汛部门提供雨情、水情和有关预报。

交通局：负责保证防汛抢险物资、设备和抗灾人员的铁路、公路运输。

供销社：负责提供防汛抢险物资供应和必要的储备，例如草包、毛竹、芦席、塑料薄膜等防汛物资的储备或供应，必要时组织供应超计划货源；做好防汛抢险和生产救灾物资的调运供应工作。汛情紧张阶段，有储备任务的单位要日夜值班，确保抢险物资随时调拨。建材公司负责防汛抢险所需的砂石料、木料、油毛毡等建筑材料的组织供应。

商业局：负责保障防汛抢险人员、灾区群众的物品、食品的供应。

农机局（公司）：负责排涝抗旱机械设备的供应和调配。

供电局：负责保证防汛抢险、排涝及抗旱用电，及时组织抢修受毁的电力设施；负责所辖水电站工程的汛期防守和防洪调度计划的实施。

电信局：负责邮电设施的防洪安全，确保防汛通信畅通，做好对付特大洪水应急通信的两手准备。邮政、通信部门应在汛期提供优先通话和邮发水情电报的条件，保持通信畅通。

石油公司：负责防汛抗旱油料（柴油、汽油、煤油、润滑油）等货源的组织、储备、供应和调运。

二、防汛责任制

防汛工作是关系全社会各行业和千家万户的大事，是一项责任重大而复杂的工作，它直接涉及国民经济的发展和城乡人民生命财产的安全。洪水到来时，工程一旦出现险情，防汛抢险是压倒一切工作的大事，防汛工作责任重于泰山，必须建立和健全各种防汛责任制，实现防汛工作正规化和规范化，做到各项工作有章可循，所有工作各负其责。

根据《中华人民共和国防洪法》第三十八条，“防汛抗洪工作实行各级人民政府行政首长负责制，统一指挥、分级分部门负责”。因此，各级防汛抗旱指挥部要建立健全切合本地实际的防汛管理责任制度。防汛责任制包括：①行政首长负责制；②分级管理责任制；③部门责任制；④包干责任制；⑤岗位责任制；⑥技术责任制；⑦值班工作责任制。

（一）行政首长负责制

行政首长负责制是指由各级政府及其所属部门的首长对本政府或本部门的工作负全面责任的制度，这是一种适合于中国行政管理的政府工作责任制。其指地方各级人民政府实行省长、市长、县长（区长）、乡长、镇长负责制。各省的防汛工作，由省长（副省长）负责，地（市）、县（区）的防汛工作，由各级市长、县（区）长（或副职）负责。

行政首长负责制是各种防汛责任制的核心，是取得防汛抢险胜利的重要保证，也是历来防汛抢险中最行之有效的措施。防汛抢险需要动员和调动各部门各方面的力量，党、政、军、民全力以赴，发挥各自的职能优势，同心协力共同完成。因此，防汛指挥机构需要政府主要负责人亲自主持，全面领导和指挥防汛抢险工作。根据《中华人民共和国防汛条例》，防汛工作实行各级人民政府行政首长负责制，按照国家防汛抗旱总指挥部国汛［1995］6 号文件的要求，各级地方人民政府行政首长防汛工作职责如下：

（1）负责组织制定本地区有关防洪的法规、政策；组织做好防汛宣传和思想动员工作，增强各级干部和广大群众的水患意识。

（2）根据流域总体规划，动员全社会的力量，广泛筹集资金，加快本地区防洪工程建设，不断提高抗御洪水的能力，负责督促本地区重大清障项目的完成。

（3）负责组建本地区常设防汛办事机构，协调解决防汛抗洪经费和物资等问题，确保防汛工作顺利开展。

（4）组织有关部门制定本地区主要江河、重要防洪工程、城镇及居民点的防御洪水和台风的各项措施预案（包括运用蓄滞洪区），并督促各项措施的落实。

(5)掌握本地区汛情,及时做出部署,组织指挥当地群众参加抗洪抢险,坚决贯彻执行上级的防汛调度命令。在防御洪水设计标准内,要确保防洪工程的安全;遇超标准洪水要采取一切必要措施,尽量减少洪水灾害,切实防止因洪水而造成大量人员伤亡事故。重大情况及时向上级报告。

(6)洪灾发生后,组织各方面力量迅速开展救灾工作,安排好群众生活,尽快恢复生产,修复水毁防洪工程,保持社会稳定。

(7)各级行政首长对所分管的防汛工作必须切实负起责任,确保安全度汛,防止发生重大灾害损失。因思想麻痹、工作疏忽或处置失当而造成重大灾害后果的,要追究领导责任,情节严重的要绳之以法。

(二)分级管理责任制

根据水系及水库、堤防、水闸等防洪工程所处的行政区域、工程等级、重要程度和防洪标准等,确定省、地(市)、县、乡、镇分级管理运用、指挥调度的权限责任。在统一领导下,对所管辖区域的防洪工程实行分级管理、分级调度、分级负责。

(三)部门责任制

防汛抢险工作牵涉面广,需要调动全社会各部门的力量参与,防汛指挥机构各部门(成员)单位,应按照分工情况,各司其职,责任制层层落实到位,做好防汛抗洪工作。各部门责任制见上述"地方各级防汛抗旱指挥部成员单位职责"。

(四)包干责任制

为确保重点地区的水库、堤坝、水闸等防洪工程和下游保护对象的汛期安全,省、地(市)、县、乡各级政府行政负责人和防汛指挥部领导成员实行分包工程责任制,将水库、河道堤段、蓄滞洪区等工程的安全度汛责任分包,责任到人,有利于防汛抢险工作的开展。

(五)岗位责任制

汛期管好用好水利工程,特别是防洪工程,对做好防汛减少灾害至关重要。工程管理单位的业务处室和管理人员以及护堤员、巡逻人员、防汛工、抢险队等要制定岗位责任制。明确任务和要求,定岗定责,落实到人。岗位责任制的范围、项目、安全程度、责任时间等,要做出相关职责的条文规定,严格考核。在实行岗位责任制的过程中,要调动职工的积极性,强调严格遵守纪律。要加强管理,落实检查制度,发现问题及时纠正。

(六)技术责任制

在防汛抢险工作中,为充分发挥技术人员的专长,实现科学抢险、优化调度以及提高防汛指挥的准确性和可靠性,凡是评价工程抗洪能力、确定预报数字、制定调度方案、采取的抢险措施等有关技术问题,均应由专业技术人员负责,建立技术责任制。关系重大的技术决策,要组织相当技术级别的人员进行咨询,以防失误。县、乡(镇)的技术人员也要实行技术责任制,对所包的水库、堤防、闸坝等工程安全做到技术负责。

(七)值班工作责任制

为了随时掌握汛情,减少灾害损失,在汛期,各级防汛指挥机构应建立防汛值班制度,汛期值班室24 h不离人。值班人员必须坚守岗位,忠于职守,熟悉业务,及时处理日常事务,以便防汛机构及时掌握和传递汛情。要及时加强上下联系,多方协调,充分发挥水利工程的防汛减灾作用。汛期值班人员的主要责任如下:

(1)及时掌握汛情。汛情一般包括水情、工情和灾情。①水情。按时了解雨情、水情实况和水文、气象预报。②工情。当雨情、水情达到某一数量值时,要主动向所辖单位了解水库、河道堤防和水闸等防洪工程的运用及防守情况。③灾情。主动了解受灾地区的范围和人员伤亡情况以及抢救的措施。

(2)按时报告、请示、传达。按照报告制度,对于重大汛情及灾情要及时向上级汇报;对需要采取的防洪措施要及时请示批准执行;对授权传达的指挥调度命令及意见,要及时准确传达。做到不延时、不误报、不漏报,并随时落实和登记处理结果。

(3)熟悉所辖地区的防汛基本资料和主要防洪工程的防御洪水方案的调度计划,对所发生的各种类型洪水要根据有关资料进行分析研究,掌握各地水库、堤防、水闸发生的险情及处理情况。

(4)积极主动抓好情况收集和整理,对发生的重大汛情要整理好值班记录,以备查阅,并归档保存。

(5)严格执行交接班制度,认真履行交接班手续。

(6)做好保密工作,严守国家机密。

三、防汛队伍

为做好防汛抢险工作,取得防汛斗争的胜利,除充分发挥工程的防洪能力外,更主要的一条是在当地防汛指挥部门领导下,在每年汛前必须组织好防汛队伍。多年的防汛抢险实践证明,防汛抢险采取专业队伍与群众队伍相结合,军民联防是行之有效的。各地防汛队伍名称不同,主要由专业防汛队、群众防汛抢险队、军(警)抢险队组成。

(一)专业防汛队

专业防汛队是懂专业技术和管理的队伍,是防汛抢险的技术骨干力量,由水库、堤防、水闸管理单位的管理人员、护堤员等组成,平时根据管理中掌握的工程情况分析工程的抗洪能力,做好出险时抢险准备。进入汛期,要上岗到位,密切注视汛情,加强检查观测,及时分析险情。专业防汛队要不断学习养护修理知识,学习江河、水库调度和巡视检查知识以及防汛抢险技术,必要时进行实战演习。

(二)群众防汛抢险队

群众防汛抢险队是防汛抢险的基础力量。它是以当地青壮年劳力为主,吸收有防汛抢险经验的人员参加,组成不同类别的防汛抢险队伍,可分为常备队、预备队、抢险队、机动抢险队等。

1. 常备队

常备队是防汛抢险的基本力量,是群众性防汛队伍,人数比较多,由水库、堤防、水闸等防洪工程周围的乡(镇)居民中的民兵或青壮年组成。常备队组织要健全,汛前登记造册编成班、组,要做到思想、工具、料物、抢险技术四落实。汛期按规定到达各防守位置,分批组织巡逻。另外,在库区、滩区、滞洪区也要成立群众性的转移救护组织,如救护组、转移组和留守组等。

2. 预备队

预备队是防汛的后备力量,当防御较大洪水或紧急抢险时,为补充加强常备队的力量而组建的。人员条件和距离范围更宽一些。必要时可以扩大到距离水库、堤防、水闸较远的县、乡(镇),要落实到户到人。

3. 抢险队

抢险队是为防洪工程在汛期出险而专门组织的抢护队伍,是在汛前从群众防汛队伍中选拔有抢险经验的人员组成。当水库、堤防、水闸工程发生突发性险情时,立即抽调组成的抢险队员,配合专业队投入抢险。这种突击性抢险关系到防汛的成败,既要迅速及时,又要组织严密,指挥统一。所有参加人员必须服从命令听指挥。

4. 机动抢险队

为了提高抢险效果,在一些主要江河堤段和重点水库工程可建立训练有素、技术熟练、反应迅速、战斗力强的机动抢险队,承担重大险情的紧急抢险任务。机动抢险队要与管理单位结合,人员相对稳定。平时结合管理养护,学习提高技术,参加培训和实践演习。机动抢险队应配备必要的交通运输和施工机械设备。

(三)军(警)抢险队

2005 年,我国颁布了《军队参加抢险救灾条例》,明确了中国人民解放军和中国人民武装警察部队是抢险救灾的突击力量,执行国家赋予的抢险救灾任务是军队的重要使命。解放军和武警部队历来在关键时刻承担急、难、险、重的抢险任务,每当发生大洪水和紧急抢险时,他们总是不惧艰险,承担着重大险情抢护和救生任务。防汛队伍要实行军民联防,各级防汛指挥部应主动与当地驻军联系,及时通报汛情、险情和防御方案,明确部队防守任务和联络部署制度,组织交流防汛抢险经验。当遇大洪水和紧急险情时,立即请求解放军和武警部队参加抗洪抢险。

四、防汛抢险技术的培训与演习

(一)防汛抢险技术的培训

防汛抢险技术的培训是防汛准备的一项重要内容,除利用广播、电视、报纸和因特网等媒体普及抢险常识外,对各类人员应分层次、有计划、有组织地进行技术培训。其主要包括专业防汛队伍的培训、群防队伍的技术培训、防汛指挥人员的培训等。

1. 培训的方式

(1)采取分级负责的原则,由各级防汛指挥机构统一组织培训。

(2)培训工作应做到合理规范课程、考核严格、分类指导,保证培训工作质量。

(3)培训工作应结合实际,采取多种组织形式,定期与不定期相结合,每年汛前至少组织一次培训。

2. 专业防汛队伍的培训

对专业技术人员应举办一些抢险技术研讨班,请有实践经验的专家传授抢险技术,并通过实战演习和抢险实践提高抢险技术水平。对专业抢险队的干部和队员,每年汛前要举办抢险技术学习班,进行轮训,集中学习防汛抢险知识,并进行模拟演习,利用旧堤、旧坝或其他适合的地形条件进行实际操作,增强抗洪抢险能力。

3. 群防队伍的技术培训

对群防队伍一般采取两种办法:一是举办短期培训班,进入汛期后,在地方(县)防汛指挥部的组织领导下，由地方（县）人民武装部和水利管理部门召集常备队队长、抢险队队长集中培训，时间一般为3～5 d，也可采用实地演习的办法进行培训；二是群众性的学习，一般基层管理单位的工程技术人员和常备队队长、抢险队队长分别到各村向群众宣讲防汛抢险常识，并辅以抢险挂图和模型、幻灯片、看录像等方式进行直观教学，便于群众领会掌握。

4. 防汛指挥人员的培训

应举办由防汛指挥人员、防汛指挥成员单位负责人参加的防汛抢险技术研讨班，重点学习和研讨防汛责任制、水文气象知识、防汛抢险预案、防洪工程基本情况、抗洪抢险技术知识等，使防汛抢险指挥人员能够科学决策，指挥得当。

（二）防汛抢险演习

为贯彻“以防为主，全力抢险”的防汛工作方针，强化防汛抢险队伍建设，各级防汛抗旱指挥机构应定期举行不同类型的应急演习，以检验、改善和强化应急准备和应急响应能力；专业抢险队伍必须针对当地易发生的各类险情有针对性地每年进行抗洪抢险演习；多个部门联合进行的专业演习，一般2～3年举行一次，由省级防汛指挥机构负责组织。

防汛抢险演习主要包括现场演练、岗位练兵、模拟演练等，是根据各地方的防汛需要和实际情况进行，一般内容如下：

（1）现场模拟堤防漫溢、管涌、裂缝等险情，以及供电系统故障、落水人员遇险等。

（2）险情识别、抢护办法、报险、巡堤查险、抢险组织、各种打桩方法。

（3）进行水上队列操练、冲锋舟水流湍急救援、游船紧急避风演练、某村群众遇险施救、个别群众遇险施救、群众转移等项目演习。

（4）水库正常洪水调度、非常洪水预报调度、超标准洪水应急响应、提闸泄洪演练。

（5）泵站紧急强排水演练、供电故障排除演练。

（6）堤防工程的水下险情探测、抛石护坡、管涌抢护、裂缝处理、决口堵复抢险等。

通过各种仿真联合演习，进一步加强地方防汛抢险队伍互动配合能力，提高抢险队员们的娴熟的技巧，积累应急抢险救灾的经验，增强抢险救灾人员的快速反应和防汛抢险救灾技能，提高抗洪抢险的实战能力。

五、表彰奖励与责任追究

（一）表彰奖励

在防汛抗洪斗争中，广大干部、群众和人民解放军指战员，为抗御洪水灾害，保障国家经济建设的顺利进行和人民生命财产的安全做出了重大贡献，根据《中华人民共和国防汛条例》有关规定，可以由县级以上人民政府给予表彰或者奖励。根据《国家防汛抗旱应急预案》规定：对防汛抢险和抗旱工作做出突出贡献的劳动模范、先进集体和个人，由人力资源和社会保障部及国家防汛抗旱总指挥部联合表彰；对防汛抢险和抗旱工作中英勇献身的人员，按有关规定追认为烈士。

（二）责任追究

在防汛抢险中，因工作中玩忽职守造成损失的，或发生违纪违法的案件，一经发现，迅速查实，严肃处理，视情节和危害后果，由其所在单位或者上级主管机关给予行政处分；应当给予治安管理处罚的，依照《中华人民共和国治安管理处罚条例》的规定处罚；构成犯罪的，依法追究刑事责任。

（三）防汛抢险纪律

为确保防汛抢险应急预案的决策和部署贯彻实施，减少灾害损失，应严明防汛抗洪抢险工作纪律：

（1）严守纪律，个人服从组织，下级服从上级，一切行动听指挥。

（2）严格执行防汛抢险工作岗位责任制和各项的规章制度。

（3）严格实行 24 h 值班制度，不准擅离职守，临阵脱逃。

（4）不准擅自变更调度方案，不准违章操作，不准设置新障碍。

（5）不准拖拉扯皮，贻误战机；不准以邻为壑，制造纠纷。

（6）必须及时、准确、客观地逐级上报信息和工作情况，不准谎报汛、险、灾情。

各级纪检监察组织要积极投入到防汛抗洪抢险第一线，加强监督检查，为防汛抗洪抢险工作提供强有力的纪律保证。

第三节　防汛准备与检查

防汛抢险是涉及面广、风险性强的社会工作。我们应当清楚汛期暴雨洪水的突发性、毁灭性、严重性。因此，防汛工作具有长期性、群众性、科学性、艰巨性、复杂性等特点。我们要认真贯彻“以防为主，防重于抢”的方针，在思想上要“宁肯信其有，不可信其无”，做好每年汛期的防汛准备工作，要立足于防大汛、抢大险、打大仗，需要从最坏处打算，向最好处努力。要做到常备不懈，有备无患，才能取得防汛抢险的胜利。

一、汛前准备

（一）思想准备

防汛抢险工作是长期的任务，要年年抓。防汛的思想准备是各项准备工作的首位，不能有半点疏忽。切实克服麻痹思想、侥幸心理、松懈情绪和无所作为的情绪。充分认识到防汛工作要以防为主、防重于抢，要树立大局意识，以对国家、对人民高度负责的精神，认真抓好各项防汛准备工作。要向社会公布防汛责任人名单，检查监督履行防汛安全责任。

（二）组织准备

组织准备主要是建立健全防汛指挥机构与办事机构，将行政首长负责制与防汛岗位责任制和防汛抢险队伍落实到位，落实防汛责任人、管理单位责任人和技术责任人。要求各防汛部门的成员单位，按照各自职责和行业分工，做好协作配合的组织准备，做到汛期互通信息，行动一致，保证防守抢护系统和军民联防系统正常运行。

（三）工程准备

工程准备是在汛前对所有与防汛有关的各项工程进行全面检查的方法来进行准备，重点是落实工程设施的应急、安全度汛方案。主要是抓水毁工程修复、除险加固工程和应急度汛工程施工，抓河道清淤清障和采砂治理，抓备用电源和闸门启闭机检修、保养、试运行，确保汛期闸门启闭灵活，工程安全运用，保证防洪工程体系正常发挥作用。

（四）物料准备

物料准备包括各种抢险工具、器材、物料、交通车辆、道路整修、通信、照明设备等，保证后勤供应系统灵活运作。应按照防汛部门下达的物料储备计划落实到位，检查品种是否齐全，数量是否满足要求，存放地点是否合理、安全。检修测试救生设施和照明设施。

（五）雨、水情测报和通信联络准备

检查雨量观测设施，安排专人负责雨、水情测报工作，设立防汛值班专线电话和传真，并保证畅通。

1. 雨、水测报准备

雨、水测报准备主要是雨情、水情和枢纽工情的测报与预报准备。其包括测验设施和仪器、仪表的检修与率定，报汛传输系统的检修试机，水情自动测报系统的检查、测试，以及预报曲线图表、计算机软件程序、大屏幕显示系统与历史暴雨、洪水、工程变化对比资料准备等，保证汛情测报系统运转灵活，为防洪调度提供准确、及时的测报、预报资料和数据。

2. 通信联络准备

信息系统是防洪调度的生命线。信息不通，下情不能及时上报，上情不能及时下达，贻误抢险时机。因此，汛前必须抓好各类通信系统的检修、试机，并把防汛指挥部领导、防汛指挥成员、上级主管单位和有关部门领导的电话号码准备好。特别是主要领导的手机、呼号记清，以便及时联系，保证防汛通信保障系统在任何情况下都能灵活运转。

（六）资料准备

把防洪调度有关的工程设计资料、鉴定验收资料、历史运用资料、洪水预报资料、调度运用计划、洪水风险图、详细地形图、计算机数据库及其他有关的资料、图表、手册、软件等都要准备齐全，做到一目了然，伸手可得，便于随时查阅，随时计算调出，支持调度决策。

（七）预案准备

按照防大汛、抗大洪、抢大险、救大灾的要求，进一步完善“主要河道防洪保证标准和防御超标准洪水调度方案”，完善大中型水库“汛期调度运用计划”以及河道、水库、蓄滞洪区、防御山洪和城市防洪排水预案与各有关部门的应急度汛预案，并报上级防汛指挥部门备案。做到遇到任何情况，都有相应的防洪保安和抗洪减灾对策。

（八）群众迁安救护准备

群众迁安救护是一项很重要、很复杂的工作，需要在汛前深入细致地做好思想发动、组织安排、交通运输工具、通信联络等准备工作。由于一些河滩区和蓄（滞）洪区人口分散，交通条件差，加之洪水预报期短，迁移安置任务十分艰巨。因此，要制定好人员的迁安救护方案，认真落实组织机构、预报警报、避洪地点、撤退路线、运输工具等。

（九）检查与演练

采用管理单位自查、主管部门核查、上级领导抽查相结合的方法，由领导带队，对防汛准备工作一一进行检查落实，发现问题及时补救，防患于未然。同时要进行洪水预报、调度指挥和重点抢险演习，保证防汛指挥调度系统运转灵活，抢险队伍能够拉得出，用得上，防得好，顶得住，全力夺取防汛抗洪斗争的胜利。

二、防汛物资准备

防汛使用的主要物资有沙料、石料、石子、木料、竹材、草袋、麻袋、编织袋、土工织物、土工膜、篷布、铅丝、绳索、照明器材、运输工具和救生设备等。防汛物资准备工作，主要是根据水库、堤防、涵闸等工程防洪标准和质量、易出险的部位和下游保护对象等情况，检查所备防汛物料品种是否齐全，数量是否满足需要，堆放地点是否合理以及库房是否安全等。汛前要对机械设备、照明和救生设备等检查清理，必要时要进行检修和测试。为汛期运送抢险物料的交通道路要保持通畅。

（一）防汛抢险物资的种类及主要用途

（1）土料。用得最多的是散土。主要用途为：修筑土质堤坝、路基，黏土防渗，黏土灌浆，堤坝抢险。

（2）砂石料。包括石料、沙料和石子。

石料有块石、料石。在防汛抢险和堵口复堤中用量很大，如抛石防冲、固脚、填塘、压枕、沉排以及砌石护坡等多采用石料。

沙料有山沙、河沙、海沙。主要用于防汛抢险做反滤层和压渗排水。

石子在抢险中配合沙料做反滤和压渗材料。

（3）木材与竹材。在防汛抢险中常用于签桩护坡、打桩堵口、扎排防浪等。

（4）编织物料。包括草袋、麻袋、苇席、编织袋、编织布等。草袋、麻袋、编织袋等在防汛抢险中有抢堵、缓冲、铺垫等用途。苇席、编织布等在防汛抢险中常用来防冲、护坡、搭棚、铺垫等。

（5）梢料。指山木、榆、柳等树的枝梢，有的岗柴、芦苇以及秸秆柴草等也统称为梢料，在防汛抢险中用来制作柳捆、埽枕、沉排等。

（6）土工合成材料。主要分为土工织物和土工膜两大类，分别为透水材料和不透水合成材料。土工织物又可细分为编织物、机织物、无纺织物及复合织物四种。在防汛抢险中主要利用土工合成材料的排水反滤和防渗功能，进行坍塌、管涌、流土、滑坡等险情的抢护。应用较普遍的品种有编织袋、编织布、无纺布、土工膜（或复合土工膜）。选用时应该根据应用要求和被保护土体的颗粒大小与级配来确定。

（7）绑扎材料。主要有铁丝、棕麻绳、尼龙绳等，在防汛抢险中用于绑扎块体和捆缆物料。

（8）油料。主要有汽油、柴油及润滑油、钢丝绳脂等。汽油、柴油为抢险车辆、机械（汽油机、柴油机等）的燃料，润滑油、钢丝绳脂用于抢险车辆、机械的维护保养。

（9）照明设备。主要有电石灯、应急手持电灯、柴油发电机组、小型汽油发电机等。用于防汛抢险照明。

（10）爆破材料。主要有炸药、起爆器材、点火器材等。主要用于汛期破口分泄洪水，或清除行洪障碍时的爆破作业。

（11）防汛救生设备。主要有救生衣、救生圈、橡皮船、冲锋舟、救生艇等。主要用于紧急转移洪水淹没区群众。

（二）防汛物资储备定额

防汛物资准备主要是在汛前做好的应急抢险物资储备。为了保障抗洪抢险物资的应急需要，规范防汛物资储备管理，科学制定防汛物资储备定额，根据《中华人民共和国防洪法》及其他相关法规，国家水利部制定了《防汛物资储备定额编制规程》（SL 298—2004）规程。

各级防汛指挥机构办事部门是本辖区内防汛物资储备的主管部门。

各级防汛指挥机构防汛物资储备定额的编制，适用于该规程。受洪水威胁的企事业单位的自保工程，其防汛物资储备定额可参照该规程编制。

需要编制储备定额的基本物资种类包括抢险物料、救生器材、小型抢险机具等。该规程只对常用物资品种进行规定，未规定的物资品种以及小型工具器具等，可根据实际需要进行储备。例如，堤防防汛物资储备定额，在《防汛物资储备定额编制规程》（SL 298—2004）中，制定了每千米堤防防汛物资储备单项品种基数（见表2-1），储备数量可根据该规程中的计算方法确定，并综合考虑堤防安全状况、堤基地质条件、有无小型穿堤建筑物、堤身高度等因素进行调整。

表2-1　每千米堤防防汛物资储备单项品种基数

工程级别	抢险物料							救生器材	小型抢险机具				
	袋类（条）	土工布（m^2）	砂石料（m^3）	块石（m^3）	铅丝（kg）	桩木（m^3）	钢管（材）（kg）	救生衣（件）	发电机组（kW）	便携式工作灯（只）	投光灯（只）	打桩机（台）	电缆（m）
1	4 000	400	600	500	100	1	200	50	0.2	10	0.1	0.03	50
2	3 000	300	400	400	80	1	200	40	0.2	10	0.1	0.03	50
3	2 000	200	200	200	50	0.6	100	30	0.2	5	0.05	0.02	30
4	1 500	150	50	50	20	0.3	—	20	0.1	2	0.05	—	20
5	1 000	100	20	50	10	0.3	—	10	0.1	2	0.05	—	20

注：块石与砂石料的储备视堤防情况和抢险需要在总量范围内可以互相调整。

（三）防汛抢险物资储备汇总表

为进一步规范防汛抢险物资的储备和管理，做到心中有数，各防汛指挥部门应将抢险工程的各种防汛物料、数量、规格、用途、存放地点、负责人等详细记录在册，列出防汛抢险物资储备汇总（见表2-2），以备查用。

表2-2　防汛抢险物资储备汇总

序号	物资名称	单位（规格）	数量	用途	存放地点	负责人		
						单位	姓名	电话

三、汛前工程检查

防汛检查是搞好防汛工作的重要环节，为贯彻以防为主的原则，每年都要开展汛前检查工作。汛前检查的工作有多项，工程各类建筑物（构筑物）及设施检查是其中重要的一项。其主要检查各类建筑物及设施是否能够安全运用，以便及时发现薄弱环节，采取除险措施。

（一）水库工程检查

1. 水库基本情况检查

1）观测设备及数据采集

观测设备及数据采集方面应检查的内容：水文观测仪器、水文自动测报系统是否正常；来水、降水、蒸发、库水位和堰闸出流等气象水文观测数据收集、分析和精度是否可靠；水工大坝变形监测、渗流监测设备是否正常；大坝位移、浸润线、渗流量等水工监测数据是否在合理范围；上年度各项水工监测资料及气象水文观测资料整编成果是否齐全。

2）水库水文特性

水库水文特性方面应检查的内容：了解近年来水库汛期的泄洪流量、库容水位变化情况，水库规划设计的水文资料有无补充和修正，设计暴雨、设计洪水、调洪方式等有无修正和变更。对上游含沙量大的水库，要检查泥沙对有效防洪库容的影响，校对水库库容和库容曲线有无变化。

3）库区地形、地貌

库区地形、地貌方面应检查的内容：水库库区有无浸没、塌方、滑坡以及库边冲刷等现象，坝址附近的地形、地貌有无变化，坝区和上坝公路附近汛期有无可能发生塌方、滑坡、山洪泥石流等破坏断路迹象。

4）水库调度运用

水库调度运用方面应检查的内容：上年度水库调度运用计划执行情况，本年度水库调度运用计划（包括防御超标准洪水方案）编制情况。

5）应急措施

应急措施方面应检查的内容：水库当遭遇超标准洪水时，有无非常措施，其可行性如何；当允许非主体工程破坏时，有无防护主体工程的措施，有无减少对下游灾害损失的措施。

2. 坝体检查

1）土石坝坝体

（1）坝顶。有无裂缝、异常变形、积水或植物滋生等现象，防浪墙有无开裂、挤碎、架空、错断、倾斜等情况。

（2）迎水坡。迎水坡护面是否损坏，有无裂缝、剥落、滑动迹象、隆起、塌坑、冲刷或植物滋生等现象；近坝区水面有无冒泡、变浑或旋涡等异常现象。

（3）背水坡及坝趾。有无裂缝、崩塌、滑动、隆起、塌坑、雨淋沟、散浸、积雪不均匀融化、冒水、渗水坑或管涌、流土等现象；排水系统是否通畅，草皮护坡植被是否完好；有无白蚁、兽洞穴等隐患；滤水坝趾、减压井（或沟）等导渗减压设施等有无异常或破坏现象。

2）混凝土及浆砌石坝坝体

混凝土及浆砌石坝坝体应检查的内容：相邻坝段之间是否错动；伸缩缝和止水有无损坏；上下游坝面及宽缝内有无裂缝；裂缝中漏水情况；混凝土有无破损；混凝土有无溶蚀或水流侵蚀现象；坝体排水孔的工作状态，渗漏水的水量和水质有无显著变化。

3. 坝基和坝区检查

1）土石坝坝基

（1）坝基检查的内容：基础排水导渗设施的工况是否正常，渗漏水的水量、颜色、气味及浑浊度、酸碱度、温度等有无变化。

（2）坝端检查的内容：坝体与岸坡连接处有无裂缝、错动、渗水等现象，两岸坝端区有无裂缝、滑动、崩塌、隆起、塌坑、异常渗水和白蚁、兽洞穴等。

（3）坝趾近区检查的内容：有无阴湿、渗水、管涌、流土或隆起等现象，排水设施是否完好。

（4）坝端岸坡检查的内容：绕坝渗水是否正常，有无裂缝、滑动迹象，护坡有无隆起、塌陷或其他损坏现象。

2）混凝土及浆砌石坝坝基

混凝土及浆砌石坝坝基检查的内容：基础岩体有无挤压、错动、松动，坝体与基岩（或岸坡）结合处有无错动、开裂、脱离及渗水等情况，两岸坝肩区有无裂缝、滑坡、溶蚀及绕渗等情况，基础排水设施是否完好、渗漏水的水量及浑浊度有无变化，基础廊道是否有裂缝、渗水等现象。

4. 输、泄水洞（管）检查

（1）引水段检查的内容：有无堵塞、淤积，两岸坡有无崩塌。

（2）进水塔（或竖井）检查的内容：有无裂缝、渗水、空蚀、倾斜或其他损坏现象。

（3）洞（管）身检查的内容：洞壁有无裂缝、空蚀、剥落、渗水等损坏现象，放水时洞内声音是否正常，洞身伸缩缝、排水孔是否正常。

（4）出口检查的内容：放水期水流形态、输水量及浑浊度是否正常，停水期是否有渗漏水。

（5）消能工检查的内容：有无冲刷、磨损、淘刷或砂石、杂物堆积现象，下游河床及岸坡有无异常冲刷、淤积和波浪冲击破坏等情况。

（6）工作桥检查的内容：是否有不均匀沉陷、裂缝、断裂等现象。

5. 溢洪道检查

（1）进水段（引渠）检查的内容：附近有无坍塌、崩岸、淤堵、水草植物或其他阻水现象，流态是否正常。

（2）堰顶或闸室、闸墩、胸墙、边墙、溢流面、底板检查的内容：有无裂缝、渗水、剥落、冲刷、磨损、空蚀等现象，伸缩缝、排水孔是否完好。

（3）消能工及工作桥（或交通桥）的检查项目与输、泄水洞（管）同。

6. 闸门及启闭机检查

（1）闸门检查的内容：闸门是否能正常工作、运行是否灵活可靠，门叶有无变形、裂纹、螺钉松动、焊缝开裂、锈蚀等损坏现象，止水橡胶有无老化、磨损、漏水，门槽有无卡堵、气蚀等情况，开度指示器是否清晰、准确，闸门部分启闭时有无震动情况，吊点结构是否牢固，钢丝绳或节链、栏杆、螺杆等有无锈蚀、裂纹、断丝、弯曲等现象，风浪、冰盖、漂浮物等是否影响闸门正常工作和安全。

（2）启闭机检查的内容：启闭运转时是否灵活、可靠；制动、限位设备是否准确有效，备用电源及手动启闭是否可靠，电动设备、电器开关、操作系统是否正常，机械传动零部件是否有变形、锈蚀、润滑不良、磨损、怪声等异常现象，润滑等系统是否正常。

7. 其他设备检查

（1）观测设施、仪器等工作状况是否完好。

（2）通信设施是否完好、畅通，照明设施有无损坏。

（3）交通道路、桥梁有无损坏和阻碍通行的地方。

（二）河道堤防工程检查

根据国家水利部《河道堤防工程管理通则》（SLJ 703—81），河道堤防工程检查工作，分为经常检查、定期检查和特别检查。

（1）经常检查。由河道堤防管理单位指定专人进行。检查时，应着重检查险工、险段工程变化情况。检查的内容主要是：堤坝和矶头有无蜇陷、走动，根石是否走失；堤身有无雨淋沟、浪窝、滑坡、裂缝、塌坑、洞穴，有无害虫、害兽的活动痕迹；堤岸有无崩坍；护岸有无影响；沿堤设施有无损坏；护堤林木有无损失等。

（2）定期检查。每年汛前、汛后、大潮前后、有凌汛任务的河道在凌汛期，应对河道堤防工程及其设施进行定期检查。主要江河的重点堤段的检查，必要时可请上级主管部门派员共同进行。汛前应着重检查岁修工程完成情况和度汛存在的问题，包括工程情况、河（溜）势变化，防汛组织、防汛物料和通信设备等，及时做好防汛准备工作。汛后和洪峰、大潮后应着重检查工程变化和损坏情况，据以拟定岁修计划。凌汛期应着重检查沿河边封、流凌和冰块封堵等情况，特别是河道卡口和弯道处更应注意有无形成冰坝的危险。

（3）特别检查。当发生特大洪水、暴雨、台风、地震、工程非常运用和发生重大事故等情况时，管理单位负责人应及时组织力量进行检查，必要时报上级主管部门及有关单位会同检查。暴雨、台风、洪峰前，着重检查防雨、防台风、防洪的准备情况。暴雨、台风、地震、洪峰过后着重检查工程有无损坏，并检查防汛器材动用、补充以及防汛队伍休整等情况。

此外，堤防工程应经常或定期进行探测，发现隐患、裂缝应及时采取措施处理。

（三）水闸（涵）工程检查

根据国家水利部《水闸技术管理规程》（SL 75—94）要求，水闸工程检查工作，分为经常检查、定期检查、特别检查和安全鉴定。

（1）经常检查。水闸管理单位应经常对建筑物各部位、闸门、启闭机、机电设备、通信设施、管理范围内的河道、堤防、拦河坝和水流形态等进行检查测试。检查周期，每月不得少于一次。当水闸遭受到不利因素影响时，对容易发生问题的部位应加强检查观察。

（2）定期检查。每年汛前、汛后或用水期前后，水闸管理单位应对水闸各部位及各项设施进行定期全面检查。汛前着重检查岁修工程完成情况、度汛存在问题及措施、防汛物料以及通信、照明设备等；汛后着重检查工程变化和损坏情况，据以制定岁修工程计划。冰冻期间，还应检查防冻措施落实及冰凌压力对建筑物的影响等。

(3)特别检查。当水闸遭受特大洪水、风暴潮、强烈地震和发生重大工程事故时，管理单位应及时组织人员对工程进行全面检查。发现重大安全隐患应及时报请上级主管部门，并及时处理。

(4)安全鉴定。水闸建成后，一般在运用头3~5年进行一次安全鉴定。水闸投入运用多年后，必须每隔一定时期进行一次全面的安全鉴定；当工程达折旧年限时，亦应进行一次；对存在安全问题的单项工程和易受腐蚀损坏的结构设备，应根据情况适时进行安全鉴定，并根据成果作出检查、鉴定报告，报上级主管部门。

水闸工程检查着重是抓好经常检查和定期检查的工作。主要内容是检查各类水闸建筑物的支承墩、工作桥以及墙体系列是否变形损坏，察看岸墙、翼墙、挡土墙、胸墙、导流墙、闸墩、排架、栏杆、工作桥以及墙后填土、岸坡、堤防、堤防护坡等有无裂缝、倾斜、滑动、冲刷、渗水、风化、磨损、剥落、锈蚀等不正常现象。闸门及启闭机的检查见前述内容。

四、汛期工程检查

汛前是对防汛工程进行全面检查，汛期更要加强防汛工程险情的巡查。两者虽然在时间上不同，但目标一致，都是围绕“以防为主”的防汛方针开展工作的。

以堤防汛期巡查为例，当江河水位超过警戒水位时，堤防可能出现险情，若不及时发觉和处理，各种险情就会由小变大，由轻变重，不但增加抢险困难，耗费料物，还会导致堤防溃决的危险。因此，巡查是防汛抢险中一项极为重要的工作，切不可掉以轻心，疏忽大意。

（一）巡查要求

(1)巡查队员必须挑选熟悉工程情况、责任心强、工作细心、熟悉堤情、有防汛抢险经验的人担任。巡查队员分基本队员和后备队员。基本队员在水情到达设防水位时上堤巡查，后备队员在水情到达警戒水位时参加巡查。巡查队员力求固定，全汛期不变。

(2)巡堤查险任务应按堤段的重要情况分段包干配置巡查人员，统一领导，分段负责。要具体确定检查内容、路线及检查时间(或次数)，要把任务落实到人。要求对一般险情及时处理，定期汇报；对重大险情，随时上报并提出意见。

(3)巡堤查险人员要明确责任，坚守岗位，听从指挥，严格按查险制度进行巡查。穿堤建筑物和已发现的险情要专门配置巡查人员。

(4)巡查重点、范围及内容。①巡查重点：险情调查资料中所反映出来的险工、险段。②巡查范围：堤身、堤(河)岸要做到“六查”，即查堤顶、查堤坝迎水坡、查堤背水坡、查堤脚、查平台及平台外一定范围，并互相查过责任段至少10~20 m。要特别注意巡查堤背水坡脚200 m以内水塘、洼地、排灌渠道、房屋、水井以及与坝体、堤防相接的各种交叉建筑物等，这些是容易出险又容易被忽视的地方。③巡查的内容：裂缝、滑坡、跌窝、洞穴、渗水、塌岸、管涌、牛皮胀、漏洞等，一旦发现异常情况，要及时报告。

(5)当发生暴雨、台风、地震，堤防水位骤升(或骤降)及持续高水位或发现有异常现象时，应增加巡查密度，特别是夜间巡查密度，必要时应对可能出现重大险情的部位实行昼夜连续监视。

（二）巡查方法

(1)用眼看、耳听、手摸、鼻嗅、口尝、脚踩等常规、直觉的方法，对工程表面和异常现象进行检查。

(2)巡查路线。巡查要做到"徒步拉网式"的普查,堤上、堤下、堤身内外均要进行巡查,对堤内情况要加强侦察。每组5~7人成排前进。一人走堤外水边,乘浪花起落的时机,用脚察探破绽和防浪情况;一人走堤顶,查看堤顶和堤肩以下若干米的堤坡,注意有无跌窝和裂缝;一人走背水坡堤腰;一人走堤内脚;一人走渍水边,注意浸漏、滑脱现象及草下暗漏。如果堤脚附近没有渍水,也要在距离堤脚较远处巡查有无管涌险情。巡堤人员要时分时合,迂回巡查,不可有空白点,要不断交换情况,在风雨夜或风浪大时,堤外水边巡查人员要注意安全。

(3)巡查时所带工具。一般常用到几种巡查工具:记录本——备记载险情用,小红旗——供作险情标志,木尺——丈量险情对某一显著目标的部位的尺寸,锯木屑——当堤身浸漏时用来抛于堤外江面以发现有小旋涡,手电筒或马灯、火把——便于黑夜巡查照明,铁锹和通信工具等。各地区应根据具体条件和堤段最大可能发生的险情,对所带的工具而有所增减。

(三)巡查的注意事项

查险是一件细致艰苦的工作,天气越恶劣(狂风、暴雨、黑夜),查险工作越要抓得紧。不仅对重点险工堤段要加倍注意,对一般堤段也决不可放松,根据各地经验,巡堤查险必须做到:"四到"、"五时"、"三清"、"三快"。

(1)四到:①手到。主要是用手来探摸和检查,检查堤边签桩或堤上绳缆是否有松动拉断情况。②脚到。用脚察探发现险情。特别是不易发现险情的水淌地区,更要靠赤脚来试探水温及土壤松软情况。如水温很低,有侵骨感觉就要仔细检查,可能是由冒水孔或漏洞来的水;如土壤松软,深入内层也软如弹簧,说明不是正常的情况。堤外坡有无跌窝崩塌现象,一般也可用脚在水下探摸发现。③眼到。用眼看清堤面、堤坡脚有无崩挫、裂缝、散浸、管涌等现象,看清堤外水边有无浪坎、崩塌、近堤水面有无旋涡等现象。④耳到。用耳伏地静听,探听水声有无异样的声音,若听到水声"咕噜咕噜",与风浪冲击堤岸的"啪啪"声不同,很可能是堤防出现了漏洞。

(2)五时:①黎明时(人最疲乏);②吃饭时(思想最松动);③换班时(检查容易间断);④黑夜时(看不清容易忽视);⑤狂风暴雨交加时(出险不易判断)。这些时候最容易疏忽忙乱,注意力不集中,容易遗漏险情,特别是对已处理的险情和隐患,还要注意检查,必须提高警惕。

(3)三清:①险情查清;②信号记清;③报告说清。

(4)三快:①发现险情快;②报告快;③处理快。

做到了以上几点,才能及时做到发现险情,分析原因,小险迅速处理,防止发展扩大;重大险情,应立即报告,上级能调集力量尽快抢护,避免溃决失事,造成严重灾害。

(四)巡查记录和报告

(1)在巡查过程中,有异常情况时,除应详细记录时间、部位、险情和绘出草图外,必要时还应测图或摄影。

(2)现场记录必须及时整理,如有问题或异常现象,应立即进行复查,以保证记录的准确性。

(3)在巡查中发现异常现象时,应及时采取应急措施,并上报主管部门。

(4)各种检查记录、报告均应整理归档,以备查考。

(五)巡查工作的制度

1. 交接班制度和注意事项

在汛期或库水位较高时,必须实行昼夜值班,并实行严格的交接班制度。巡查人员做好巡查记录,现场做好标记,记录中写清楚异常情况及采取措施,交接班时应交代清楚。接班的巡堤队员应提前上班,与交班人共同检查一遍,交班人应交待本班了解的情况,特别是可能出现的问题,必须交待清楚,并要注意以下事项:

(1)检查、休息、交接班时间由带领检查的队(组)长统一掌握。检查进行中不得休息,规定时间内不得离开岗位。

(2)检查是以人的直觉器官或辅以简单工具,对险情进行检查分析判断。夜间检查要持照明工具。

(3)队(组)检查交界处,必须越界,一般重叠检查段的长度不应少于10~20 m。相邻小队碰头时应互通情报。

(4)检查中发现可疑象征,应派专人进一步详细检查,探明原因,采取处理措施,并及时向上报告。

2. 报警制度

(1)警号规定。①当地可利用广播电视、移动电话、对讲机、报警器报警时,警号可现场约定;②当没有条件采用现代设备进行报警时,可因地制宜地采用口哨、锣鼓,甚至鸣枪报警,警号应事先约定。

(2)出险标志。出险和抢险的地点,要做出显著的标志,如红旗、红灯等。

(3)广泛宣传。无论用何种报警器具和方法,都要有严密的组织和纪律,并应建立汇报、联络与报警制度。进行安民告示,使之家喻户晓。

第四节　编制防汛抢险应急预案

防汛抢险应急预案是指防御突发性洪水灾害的预防和应急处置的方案,即防御江河洪水灾害、渍涝灾害、山地灾害(由降雨引发的山洪、泥石流、滑坡等)、台风暴潮灾害、冰凌洪水灾害以及由洪水、风暴潮、地震、恐怖活动等引发的水库垮坝、堤防决口、水闸倒塌、供水水质被侵害等次生衍生灾害的应急处置方案的统称。它是在现有工程设施条件下,针对可能发生的各类洪水灾害而预先制定的防御方案、对策和措施,是各级防汛指挥部门实施指挥决策和防洪调度、抢险救灾的依据。

一、编制防汛抢险应急预案的意义

我国地域辽阔,自然地理、气候条件复杂,降雨时空分布严重不均,国内七大江河的中下游平原地区均受洪水威胁,东部沿海地区夏秋季多暴雨洪水,台风暴潮活动亦很频繁,是世界上洪涝灾害最严重的国家之一。我国防洪标准仍然比较低,仅能防御常遇洪水,对于大洪水和特大洪水还不能有效控制。为了减轻洪涝灾害,根据可能出现的各种洪水灾害情况,制定防汛抢险应急预案,强化对策,十分必要。

编制防汛抢险应急预案，可以进一步明确行政首长负责制、防汛第一责任人的职责，明确各级各部门的防汛任务和职责，使其各司其职，各尽其责，既做好本身的防汛工作，又加强相互间的协作配合，做好全局防汛工作。

编制防汛抢险应急预案，可以使防汛抢险工作任务一目了然，做到心中有数。可以使防洪一线的防守人员尽快熟悉抗洪抢险救灾工作的内容、计划、操作流程，明确责任分工，有利于防汛指挥机构提高指挥、调度、决策的科学性、条理性、连贯性和合理性。

编制防汛抢险应急预案，也是动员各行各业和广大军民投入防洪的过程，可以提高全民和整个社会的防洪减灾意识。由于有了防汛抢险预案，调动了全社会各行业各部门的参与，加强了防汛抢险各个环节之间的衔接，有利于消除工作中考虑不细的问题。

编制防汛抢险应急预案，可以把工程措施和非工程措施有机地结合起来，不仅使河道、堤防、水库、水闸、分蓄洪区、湖泊、洼地等诸工程单元的功能得到充分发挥，而且进一步健全防御体系，使防洪系统发挥其整体最优作用。

防汛抢险工作的长期实践和无数事实证明，有了预案，可对抗洪抢险救灾工作进行适时有效的调度和科学果断的决策，减少灾害损失，反之不是不知所措束手无策，贻误战机，就是盲目决策，忙中出错，加重损失。

二、编制防汛抢险应急预案的基本原则和要求

（一）编制防汛抢险预案的依据

编制防汛抢险预案的依据涉及防洪减灾的法律、条例、规定、政策等。例如，新颁布的《中华人民共和国水法》、《中华人民共和国防洪法》、《中华人民共和国防汛条例》、《国家突发公共事件总体应急预案》、《国家防汛抗旱应急预案》、《水库大坝安全管理条例》、《蓄滞洪区安全建设指导纲要》等国家有关法规、条例和政策，已批准的防洪调度方案，流域防洪规划和防御洪水方案，上级和同级人民政府颁布的有关法规以及上级人民政府有关部门制定的防洪预案等。

为了规范和指导水库、城市等应急预案的编制，国家出台了《水库防洪抢险应急预案编制大纲》和《城市防洪应急预案编制大纲》、《水库大坝安全管理应急预案编制导则（试行）》等。各省、市、县（区）及相关行业、部门等，也应根据各地实际情况编制防汛抢险应急预案。

（二）编制应急预案的工作原则

防洪抢险应急预案的编制，应以确保人民群众生命安全为首要目标，贯彻以人为本的方针和行政首长负责制；坚持服从大局、分工合作、各司其职；坚持以防为主、防抢结合，努力实现由控制洪水向管理洪水转变；坚持因地制宜、突出重点；坚持统一指挥、统一调度、全力抢险；坚持因地制宜、突出重点；坚持公众参与、军民联防；坚持工程措施与非工程措施相结合等原则。

（三）编制防汛抢险应急预案的主要目的

编制防洪抢险应急预案，以加强防范为出发点，切实做好遭遇突发事件的应急处理，最大程度地保障人民群众生命安全，避免和减少人员伤亡，保障城乡经济社会安全稳定和可持续发展，以减轻灾害损失为主要目的。

要合理确定防洪保护重点,不同地区、不同层次、不同部门、不同量级的洪水,防洪保护重点有所不同,但重要水库、重要堤防、重要闸坝、大中城市、重要交通干线、重要设施和重要经济区域必须予以确保。

(四)制定洪水调度方案及审批权限

为了使防汛工作得到正常监控,达到最大程度地保障人民群众生命安全,避免和减少人员伤亡的应急预案目的,2005 年修改后的《中华人民共和国防汛条例》,重点是修改了制定洪水调度方案及审批权限,第十二条至第十四条作出的规定:

有防汛任务的地方,应当根据经批准的防御洪水方案制定洪水调度方案。长江、黄河、淮河、海河(海河流域的永定河、大清河、漳卫南运河和北三河)、松花江、辽河、珠江和太湖流域的洪水调度方案,由有关流域机构会同有关省、自治区、直辖市人民政府制定,报国家防汛总指挥部批准。跨省、自治区、直辖市的其他江河的洪水调度方案,由有关流域机构会同有关省、自治区、直辖市人民政府制定,报流域防汛指挥机构批准;没有设立流域防汛指挥机构的,报国家防汛总指挥部批准。其他江河的洪水调度方案,由有管辖权的水行政主管部门会同有关地方人民政府制定,报有管辖权的防汛指挥机构批准。

洪水调度方案经批准后,有关地方人民政府必须执行。修改洪水调度方案,应当报经原批准机关批准。

有防汛抗洪任务的企业应当根据所在流域或者地区经批准的防御洪水方案和洪水调度方案,规定本企业的防汛抗洪措施,在征得其所在地县级人民政府水行政主管部门同意后,由有管辖权的防汛指挥机构监督实施。

水库、水电站、拦河闸坝等工程的管理部门,应当根据工程规划设计、经批准的防御洪水方案和洪水调度方案以及工程实际状况,在兴利服从防洪、保证安全的前提下,制定汛期调度运用计划,经上级主管部门审查批准后,报有管辖权的人民政府防汛指挥部备案,并接受其监督。

经国家防汛总指挥部认定的对防汛抗洪关系重大的水电站,其防洪库容的汛期调度运用计划经上级主管部门审查同意后,须经有管辖权的人民政府防汛指挥部批准。

(五)防汛抢险应急预案的实施

防汛抢险应急预案经批准后,有关地方人民政府、部门、单位、企业必须执行。这在《中华人民共和国防汛条例》中有明确规定。各省、自治区、自辖市、地、市、县的行政首长要对所辖区的防汛抢险预案的实施负总责。

三、防汛抢险应急预案的基本内容

汛期突发性的洪水灾害形式有:江河洪水、渍涝灾害、山洪灾害(降雨引发的山洪、泥石流、滑坡灾害)、冰凌洪水灾害、热带风暴、台风暴潮灾害。因此,防汛抢险应急预案分为:防御洪水灾害应急预案、防御山地灾害应急预案、防御冰凌洪水灾害应急预案、防御台风暴潮灾害应急预案、防御突发性洪水(由于防洪工程失事如溃堤、倒闸、垮坝等而造成的灾害性洪水)应急预案等。各地可根据当地存在的主要灾害形式编制一种或几种防洪抢险应急预案。

一个完整的防洪抢险应急预案应包括当地基本情况和工程防护对象的描述,包括具有实用性和可操作性的防、抗、抢、救诸方面的应急措施，要有洪水调度方案和具体实施方案，以及方案实施所必须的保障条件等。以《水库防洪抢险应急预案》（以下简称《应急预案》）为例，简要概述如下：

编制《应急预案》是为了提高水库突发事件应对能力，切实做好水库遭遇突发事件的防汛抢险调度和险情抢护工作，力保水库工程安全，最大程度地保障人民群众生命安全，减少损失。

（一）适用范围

（1）水库工程遭遇重大险情的突发事件是：超标准洪水、工程隐患、地震灾害、地质灾害、上游水库溃坝、上游大体积漂移物的撞击事件、战争或恐怖事件、其他。

（2）适用于大中型水库，小型水库可参照执行。

（二）水库工程概况

为方便领导指挥决策，对水库所在流域或区域内的基本情况进行简要描述，主要包括以下内容。

（1）流域概况：水库自然地理、水文、气象及流域内水利工程建设等基本情况。

（2）工程基本情况：水库工程等级、坝型以及挡水、泄水、输水等建筑物的基本情况，水库工程技术特性（见表2-3），泄流曲线、库容曲线等技术参数，大坝历次安全鉴定情况。

（3）工程水文情况：水库所在流域暴雨、洪水特征，水文测站（包括水文自动测报系统）分布、观测项目，报汛方式及洪水预报方案，以及预见期、预报精度等。

（4）工程安全监测：水库工程安全监测项目、测点分布以及监测设施、工况等，以往水库工程安全监测情况、重点分析发现的异常情况。

（5）汛期调度运用计划：经批准的水库汛期调度运用计划。

（6）历史灾害及抢险情况：水库兴建以前，工程所在流域发生的洪水、地震、地质等重大灾害的相关情况；水库兴建以来，工程所在流域发生的洪水、地震、地质灾害和工程重大险情等，以及水库调度、抢险和灾害损失等情况。

（三）突发事件危害性分析

（1）重大工程险情分析：根据水库实际情况，分析可能导致水库工程出现重大险情的主要因素；可能出现重大险情的种类，估计可能发生的部位和程度；可能出现的重大险情对水库工程安全的危害程度。

（2）大坝溃决分析：根据水库实际情况，分析可能导致水库大坝溃决的主要因素，可能发生的水库溃坝形式；参照有关技术规范，进行溃坝洪水计算；水库溃坝洪水对下游防洪工程、重要保护目标等造成的破坏程度和影响范围，绘制水库溃坝风险图；水库溃坝对上游可能引发滑坡崩塌的地点、范围和危害程度。

（3）影响范围内有关情况：确定影响范围内的人口、财产等社会经济情况，范围内的防洪重点保护对象，范围内的工程防洪标准以及下游河道安全泄量等。

（四）险情监测与报告

（1）险情监测和巡查：规定水库工程险情监测、巡查的部位、内容、方式、频次等，规定监测、巡查人员组成及监测、巡查结果的处理程序。

（2）险情上报与通报：规定险情上报、通报的内容、范围、方式、程序、频次和联络方式等。

表 2-3　水库工程技术特性

高程系统：

水库名称			主坝	坝型	
建设地点				坝顶高程(m)	
所在河流				最大坝高(m)	
流域面积(km^2)				坝顶长度(m)	
管理单位名称				坝顶宽度(m)	
主管单位名称				坝基地质	
竣工日期				坝基防渗措施	
工程等别				防浪墙顶高程(m)	
地震基本烈度/抗震设计烈度			副坝	坝型	
多年平均降水量				坝顶高程(m)	
设计	洪水标准(%)			坝顶长度(m)	
	洪峰流量(m^3/s)			坝顶宽度(m)	
	3 d 洪量(m^3)		正常溢洪道	型式	
校核	洪水标准(%)			堰顶高程(m)	
	洪峰流量(m^3/s)			堰顶净宽(m)	
	3 d 洪量(m^3)			闸门型式	
水库特性	水库调节特性			闸门尺寸	
	校核洪水位(m)			最大泄量(m^3/s)	
	设计洪水位(m)			消能型式	
	正常蓄水位(m)			启闭设备	
	汛限水位(m)		非常溢洪道	型式	
	死水位(m)			堰顶高程(m)	
	总库容(m^3)			堰顶宽度(m)	
	调洪库容(m^3)			最大泄量(m^3/s)	
	兴利库容(m^3)			消能型式	
	死库容(m^3)		其他泄洪设施		
工程运行	历史最高库水位(m)及发生日期				
	历史最大入库流量(m^3/s)及发生日期		备注		
	历史最大出库流量(m^3/s)及发生日期				

（五）险情抢护

（1）抢险调度：根据水库发生的险情，确定水库允许最高水位及最大下泄流量，制定相应的水库抢险调度方案；根据抢险调度方案制定相应的操作规程，明确水库调度权限、执行部门等。

（2）抢险措施：根据险情及抢险调度方案，制定相应的抢险措施。

（3）应急转移：确定受威胁区域人员及财产转移安置任务；根据受威胁区域现有交通状况、社区分布和安置点的分布情况，制定应急转移方案；规定人员转移警报发布条件、形式、权限及送达方式等；规定组织和实施受威胁区域人员和财产转移、安置的责任部门和责任人；制定人员和财产转移后的警戒措施，明确责任部门。

（六）应急保障

（1）组织保障：明确水库防汛指挥部指挥长、副指挥长及成员单位负责人，明确实施《应急预案》的职责分工和工作方式；确定水库应急抢险专家组组成。

（2）队伍保障：根据需求和当地实际情况，确定抢险队伍组成、人员数量和联系方式，明确抢险任务，提出设备要求等。

（3）物资保障：根据抢险要求，提出抢险物资种类、数量和运达时间要求；说明水库自备和可征调的抢险物资种类、数量、存放地点，以及交通运送、联系方式等。

（4）通信保障：规定紧急情况下，水情、险情信息的应急传送方式；规定抢险指挥的通信方式。

（5）其他保障：规定交通、卫生、饮食、安全等其他保障措施，规定宣传报道的发布权限和方式等。

（七）《应急预案》启动与结束

明确启动与结束《应急预案》的条件，明确启动和结束《应急预案》的决策机构与程序。

（八）附图、附表

水库工程的有关技术参数是《应急预案》抢险措施的重要依据，水库管理单位应将所有技术资料准备齐全，根据国家防汛抗旱总指挥部办公室 2006 年 3 月颁布的《水库防汛抢险应急预案编制大纲》要求，这些资料包括：

（1）附图。水库及下游重要防洪工程和重要保护目标位置图，水库枢纽平面布置图，水库枢纽主要建筑物剖面图，水库水位—库容—水库水位—面积和水库水位—泄量关系曲线图，水库洪水风险图。

（2）附表。水库工程技术特性（见表 2-3），水库下游主要河段安全泄量、相应洪水频率和水位表，水库险情及抢险情况报告（见表 2-4）。

四、编制防汛抢险应急预案应注意的事项

洪水是一种自然灾害，无法抗拒，防汛抢险预案只是针对可能发生的各类洪水险情制定的防御对策和措施。防汛抢险预案内容广泛，涉及关系和问题很复杂，在编写时应注意以下事项：

表 2-4　水库险情及抢险情况报告

填报时间：

项目	工情		险情			灾情		抢险措施				备注
	设计标准	现行标准	出险部位	出险时间	处理情况	险情可能造成的影响	可能造成损失	技术措施	抢险物资	抢险队伍		
										部队	地方	
水库大坝												
泄水建筑物												
输水建筑物												
下游堤防												
其他												
水情	水库水位(m)		蓄水量(m^3)		入库流量(m^3/s)		出库流量(m^3/s)		其他			备注
出险时水情												
最新水情												

填报单位：(盖章)　　　　填报人：　　　　填报单位负责人：　　　　联系电话：

(1)编制小组。防汛抢险应急预案在防汛法规中具有重要的法律地位，是一项重要的非工程措施，要高度重视预案编写工作，应将预案的编制工作纳入正规化、规范化和制度化建设的轨道。防汛是政府行为，要在各地政府防汛行政首长领导下成立预案编制小组，其编写成员应包括本项应急处置工作参与的各部门责任人及相关专家和技术人员。

(2)编制预案的理念。应急预案编制的成员，思想上要有前瞻性，要以科学发展观和以人为本的指导思想指导整个编制工作，要充分认识到洪水是一种自然灾害，无法抗拒，但可以通过制定事前、事中的应急预案加以预防控制，将灾害损失减少到最小程度。应急预案应体现“努力实现由控制洪水向管理洪水转变”的理念。

(3)岗位与职责的编写。在预案编制中，要把防汛职责划分放在十分重要的位置，地方行政首长是防汛的第一责任人，对防汛抢险工作负总责，行政首长负责制是做好防汛工作的核心和关键，要把以行政首长负责制为核心的防汛责任制贯穿到各分工责任单位及各项防汛抢险工作。预案在明确防汛抢险岗位职责时，切忌一人多岗，一个人在紧急关头是不可能同时在多个岗位上履行职责的。

(4)编制有“个性”的预案。防汛抢险应急预案的编写，针对性要强，不能千篇一律。要充分考虑当地气象、水文、地理地质、工程特性、周边环境和人口密度及分布特点，考虑当地的社会公用设施、救援队伍、应急资源等现状，从而制定适合本地、本工程实际情况的防汛抢险应急预案。预案要充分体现应急工作中的“防”、“抢”、“救”特点。“防”应摆在首位，预案应做得更充分、细致些，各种灾害诱发的高风险性险情预估及预防对策都要涵盖；“抢”与“救”的预案措施要及时、可行、全面，并注意预案工作之间的衔接。

(5)预案要实用、可操作。编制防汛抢险应急预案要翔实具体，要有针对性、联动性、完整性、实用性和可操作性，并在实施中不断补充，逐步完善。每年要对应急预案作定期检查，对预案的可行程度及响应效果作出综合评价，为下一年度防洪预案的编写提供条件。各地要根据在防汛中出现的新情况、新问题、检测结果等，更新和修订应急预案的方法，每年修订一次。

(6)预案编制要有新科技含量。目前，部分传统的防汛抢险方法已与科技发展不相适应，方法落后，劳动强度高，抢险效率低，受人力、防汛物料的限制，难以在防汛抢险中继续使用，而新的雨情、水情、洪水预报网络系统监控点增多、准确度提高；新的防汛抢险材料，强度高、耐久性强；新的抢险机具、设备等能够有效提高抢险效率，为险情的及时抢护争得主动，赢得时间。编写防汛抢险应急措施时，应根据所辖工程的具体情况，因地制宜地加以选择，注重运用新材料、新机具、新技术、新方法，逐步加大新科技在防汛抢险中的应用。

第五节　防洪工程措施与非工程措施

人类为防御洪水灾害而采取的各种手段和方法，称为防洪措施。按对洪水的处理方法不同，可分为防洪工程措施与非工程措施。

防洪工程措施是指在江河、湖畔或海岸修建抗御洪水袭击的各种工程设施。其主要作用是提高河道宣泄能力和适当控制上游洪水来量。提高河道宣泄能力措施有整治河道(包括截弯取直、河槽拓宽等)、整修堤防、利用湖泊或低洼地区蓄洪、向相邻流域分洪和增设入海洪道等，控制上游洪水来量采取的措施有修建水库蓄洪和开展水土保持等。

防洪非工程措施是指在洪水发生之前，预作周密安排，通过技术、法律、政策等手段，尽量缩小可能发生灾害的措施。主要包括降水预测、洪水预报、洪灾风险的评价与决策、洪泛区的土地划分与管理、洪水保险、洪灾救济等。完整的防洪措施需要工程措施与非工程措施相结合，相辅相成。对于一个国家或地区，两者的合理配合，主要取决于国家政治、社会、经济以及国家对防洪的策略而定。随着社会的发展和进步，非工程措施越来越受到人们重视。

一、防洪工程措施

(一)河道整治

河道整治是为防洪、航运、供水、排水及河岸洲滩的合理利用，按河道演变的规律，因势利导，调整、稳定河道主流位置，以改善水流、泥沙运动和河床冲淤部位的工程措施。河道整治分两大类：第一类为山区河道整治，主要有渠化航道、炸礁、除障、改善流态与局部疏浚等；第二类为平原河道整治(含河口段)，主要有控制和调整河势、裁弯取直、河道展宽及疏浚等。随着近代水力学、河流动力学、河道泥沙工程学的进步，河工模型试验的发展及工程材料的改进，河道整治发展到了一个新的阶段。

1. 河道整治规划

河道整治首要的是拟定整治规划，包括全河规划和分段规划。规划中需密切注意上下游、左右岸的关系，根据水文泥沙、地形、地质、河形特性与已建工程现状、河势演变规律，以及有关社会经济发展状况等，遵循有关方针政策，提出整治方案。重要河段整治要建立数学模型与河工模型试验，以选定有利的实施方案。河道整治的规划主要内容如下：

(1)拟定防洪设计流量、设计水位。

(2)拟定治导线,即在设计水位下的河道平面轮廓线。

(3)拟定工程措施。整治工程是在拟定的治导线与河势规划的指导下,分河段实施。一般先满足防洪要求,同时充分考虑航运等有关部门的要求。

2. 河道整治分类

(1)弯曲河形(微弯形、蜿蜒形)的改善,稳定良好河形和裁弯取直。

(2)汊河整治,使分汊河形成为稳定的单汊或双汊河道。

(3)河口潮汐河段,主要根据潮汐的影响,稳定河岸,保持良好的行洪和通航状态。

3. 河道整治措施

(1)修建河道整治建筑物,主要有平顺护岸、顺坝、丁坝、矶头、锁坝、潜坝、鱼嘴及导流屏等。其使用材料多为土石料、混凝土(块、板及排)、埽料及土工织物等。

(2)实施河道裁弯工程,适用于蜿蜒形河形,其效益为增加河段泄洪能力,降低洪水位,缩短航程。

(3)实施河道展宽工程,适用于狭窄而有展宽条件的河段。

(4)疏浚,可用机械开挖、爆破或人工开挖,以增加通航水深及过流断面。

(二)堤防工程

堤防,是沿河、渠、湖、海岸边或行洪区、分洪区(蓄洪区)、围垦区边缘修筑的挡水建筑物。其作用为:防御洪水泛滥,保护居民、田庐和各种建设;限制分洪区(蓄洪区)、行洪区的淹没范围;围垦洪泛区或海滩,增加土地开发利用的面积;抵挡风浪或抗御海潮;约束河道水流,控制流势,加大流速,以利于泄洪排沙。

在河流水系较多地区,把沿干流修的堤称为干堤,沿支流修的堤称为支堤,形成围垸的堤称为垸堤、圩堤或围堤,沿海岸修建的堤称为海堤或海塘。我国黄河下游堤防,为治河与防洪需要分为:①遥堤,离河道较远的堤,防御夏秋的大洪水。②缕堤,离河槽较近的堤。用以约束水流,加大流速,增强水流的挟沙能力。③隔堤,又称格堤,是遥堤、缕堤之间与水流方向大致垂直的堤。当缕堤发生决口或漫溢时,水流遇到隔堤,有缓流落淤之效,还有减少洪水淹没下游的功用。④月堤,形同月牙,也叫越堤,是在重要堤段临河或背河修筑的圈堤,形成两道防线。

堤是世界上历史最悠久、应用最广泛的防洪工程措施。根据防洪的要求,堤可以单独使用,又可以配合其他工程或组成防洪工程系统,联合运用。堤防工程为防洪系统中的一个重要组成部分,不论新建或改建、加固原有堤防系统,都需要进行规划、设计。近代土坝技术发展很快,使筑堤技术在设计理论和施工技术上都有很大的发展。修建堤防已从凭借经验逐步提高到以科学理论为指导。在经济发达的国家,特别注重采用新技术,提高堤防质量,以减少汛期的人力防守。

(三)水库工程

水库是指在山沟或河流的狭口处建造拦河坝形成的人工湖泊。水库建成后,可起防洪、蓄水灌溉、供水、发电、养鱼等作用。有时天然湖泊也称为水库(天然水库)。水库规模通常按库容大小划分:大型水库 1 亿 m^3 以上;中型水库 1 000 万 ~1 亿 m^3;小型水库 10 万 ~1 000 万 m^3;总库容小于 10 万 m^3 时称为池塘。

水库是我国防洪广泛采用的工程措施之一。在防洪区上游河道适当位置兴建能调蓄洪水的综合利用水库,利用水库库容拦蓄洪水,削减进入下游河道的洪峰流量,达到减免洪水灾害的目的。水库防洪一般用于拦蓄洪峰或错峰,常与堤防、分洪工程、防洪非工程措施等配合组成防洪系统,通过统一的防洪调度共同承担其下游的防洪任务。水库对洪水的调节作用有两种不同方式,一种起滞洪作用,另一种起蓄洪作用。

滞洪作用:滞洪就是使洪水在水库中暂时停留。当水库的溢洪道上无闸门控制,水库蓄水位与溢洪道堰顶高程平齐时,则水库只能起到暂时滞留洪水的作用。

蓄洪作用:①在溢洪道未设闸门情况下,在水库管理运用阶段,如果能在汛期前用水,将水库水位降到水库限制水位,且水库限制水位低于溢洪道堰顶高程,则限制水位至溢洪道堰顶高程之间的库容,就能起到蓄洪作用。蓄在水库的一部分洪水可在枯水期有计划地用于兴利需要。②当溢洪道设有闸门时,水库就能在更大程度上起到蓄洪作用,水库可以通过改变闸门开启度来调节下泄流量的大小。由于有闸门控制,所以这类水库防洪限制水位可以高出溢洪道堰顶,并在泄洪过程中随时调节闸门开启度来控制下泄流量,具有滞洪和蓄洪双重作用。

修建水库后,对下游江河的防洪起了很关键的作用,但也引起了一些问题:①水库上下游河川径流受到调节,下游河段冲刷,上游河段淤积,河道在新的水流和河床条件下演变;②库区土地淹没或浸没,地下水位抬高,库岸崩塌,改变了原来的自然地理景观;③库区气候受到调节,气温变幅减小,形成库区小气候;④在某些地质条件下,大型水库可能诱发地震;⑤库区生态系统可能发生变化;⑥水库溃坝后,损失极其严重;⑦搬迁及移民问题等。

(四)分洪工程

分洪工程,是当河道洪水位将超过保证水位或流量将超过安全泄量时,为保障保护区安全,而采取的分泄超额洪水的措施。它是河流防洪系统中重要的组成部分。为保护重要城市、工矿区或重点地区的防洪安全,当在保护区附近有适当的分洪条件时,可兴建分洪工程,把超额洪水分泄入湖泊、洼地,或分注于其他河流,或直泄入海,或绕过保护区在下游仍返回原河道。分洪工程是牺牲局部、保存全局的措施。

分洪工程一般由进洪设施与分洪道、蓄滞洪区、避洪设施、泄洪排水设施等部分组成,至少应有进洪设施和分洪道或蓄洪区。以分洪道为主的有时亦称分洪道工程,因为用人工开挖的河道分泄了河流洪水,在中国又称减河。以蓄滞洪区为主的,亦称分洪区或蓄洪区。

由于分洪工程是河流防洪系统的组成部分,经长期实践证明其防洪效益显著。特别在没有条件兴建控制性水库的流域,今后仍将是长期采用的措施。随着国民经济的发展,分洪工程应开展综合利用。在防洪系统中应做好优化调度,以便更好地、更合理地发挥分洪工程的效益。

(五)蓄滞洪区

蓄滞洪区主要是指河堤外洪水临时贮存的低洼地区及湖泊等,其中多数历史上就是江河洪水淹没和蓄洪的场所,在我国一些大江大河的不同河段,都有一些防洪用的蓄滞洪区。

我国多暴雨洪水,洪涝灾害频繁。在修建水库拦蓄洪水,加固江河堤防、利用河道排泄洪水的同时,也设置了一定数量的蓄滞洪区,适时分蓄洪水、削减洪峰,对保障重点地区、大中城市和重要交通干线防洪安全、最大程度地减少灾害损失发挥了十分重要的作用。但是,随着经济社会发展和人口增加,许多蓄滞洪区被不断开发利用,调蓄洪水能力大大降低,蓄滞洪区的建设与管理滞后,安全设施、进退洪设施严重不足,蓄滞洪区已成为江河防洪减灾体系中极为薄弱的环节。上述问题如果得不到及时解决,一旦发生流域性大洪水,将难以有效运用蓄滞洪区,流域防洪能力将大大降低。同时,由于蓄滞洪区内人口众多,居民生活水平普遍较低,补偿救助等保障体系不完善,蓄滞洪区一旦运用,不仅损失严重,甚至可能影响社会稳定。

为了指导今后一个时期内蓄滞洪区的建设与管理工作,着力解决流域整体防洪安全、蓄滞洪区内的民生问题,进一步发挥蓄滞洪区作为流域防洪减灾体系中重要组成部分的作用,2009 年 11 月,国务院批复了《全国蓄滞洪区建设与管理规划》,要求在今后 10 年,初步建立较为完善的蓄滞洪区管理体制、制度和运行机制,实现洪水"分得进、蓄得住、退得出"。用 20 年左右的时间,建成较为完备的蓄滞洪区防洪工程和安全设施体系,建立较为完善的蓄滞洪区管理体制、制度和运行机制。

(六)水土保持工程

水土保持工程是为保护、改良与合理利用山区水土资源,防治水土流失灾害而修筑的工程设施。其是应用工程学原理,防治山区、丘陵区、风沙区的水土流失,保护、改良与合理利用水土资源,维护和提高土地生产力,减轻洪水、干旱、风沙灾害,以利于充分发挥水土资源的生态效益、经济效益和社会效益,建立良好生态环境、支撑可持续发展的一项社会公益事业。我国根据兴修目的及其应用条件,将水土保持工程分为以下四种类型。

1. 山坡防护工程

山坡防护工程的作用是用改变小地形的方法防止坡地水土流失,将雨水及融雪水就地拦蓄,使其渗入农地、草地或林地,减少或防止形成面径流,增加农作物、牧草以及林木可利用的土壤水分。同时,将未能就地拦蓄的坡地径流引入小型蓄水工程。在有发生重力侵蚀危险的坡地上,可以修筑排水工程或支撑建筑物防止滑坡作用。山坡防护工程的措施有梯田、拦水沟埂、水平沟、水平阶、水簸箕、鱼鳞坑、山坡截流沟、水窖(旱井)以及稳定斜坡下部的挡土墙等。

2. 山沟治理工程

山沟治理工程的作用是防止沟头前进、沟床下切、沟岸扩张,减缓沟床纵坡,调节山洪洪峰流量,减少山洪或泥石流的固体物质含量,使山洪安全排泄,对沟口冲积锥不造成灾害。山沟治理工程的措施有:沟头防护工程、谷坊工程,以拦调泥沙为主要目的的各种拦沙坝,以拦泥淤地、建设基本农田为目的的淤地坝及沟道、防道和防岸工程等。

3. 山洪排导工程

山洪排导工程的作用是防止山洪或泥石流危害沟口冲积锥上的房屋、工矿企业、道路及农田等具有重大经济意义的防护对象。属于山洪气压层的有排洪沟、导流堤等。

4. 小型蓄水用水工程

小型蓄水用水工程的作用是将坡地径流及地下潜流拦蓄起来,减少水土流失危害,灌溉农田,提高作物产量。其工程包括小型水库、蓄水塘坝、淤滩造田、引洪漫地、引水上山等。

水土保持是自然资源保育的主体。水土保持工程措施是小流域水土保持综合治理措施体系的主要组成部分,它与水土保持生物措施及其他措施同等重要,不能互相代替。水土保持工程研究的对象是斜坡及沟道中的水土流失机制,即在水力、风力、重力等外营力作用下,水土资源损失和破坏过程及工程防治措施。水土保持的对象不只是土地资源,还包括水资源。保持的内涵不只是保护,而且包括改良与合理利用。不能把水土保持理解为土壤保持、土壤保护,更不能将其等同于土壤侵蚀控制。

从世界各国的实践来看,用防洪工程措施控制洪水是有限度的。因此,防洪非工程措施作为减少洪灾的综合措施之一,越来越被重视。防洪非工程措施还待继续发展完善,非工程措施与工程措施的合理结合及其各自效益的评价尚需研究。

二、防洪非工程措施

防洪非工程措施是通过法令、政策、经济手段和工程以外的其他技术手段,以减少洪灾损失的措施,亦称非工程防洪措施。

(一)实施防洪非工程措施的原因

(1)只靠工程措施既不能解决全部防洪问题,又费用高昂,必须考虑非工程措施的结合。

(2)洪泛区的开发利用不尽合理,人口和财富迅速增长,以致世界各国虽修建了大量的防洪工程,但洪水所造成的损失仍然有增无减。

(3)现有防洪工程多数防御标准不高,提高标准在经济上不合理,而超标准的洪水又可能发生。

(4)大型防洪工程投资大,占地多,移民问题突出,开发条件越来越差,可兴建的工程越来越少。因此,以非工程措施与工程措施相结合来减少洪灾损失的途径,日益为人们重视。防洪非工程措施的理论与方法日益得到发展。

(二)防洪非工程措施的基本内容

非工程措施投资小、见效快,还能为防洪工程充分发挥效益提供保证,因此在防洪工作中广泛应用。非工程措施主要有以下几个方面:

(1)对洪泛区进行管理。根据我国的国情,我们所指的洪泛区主要是分、蓄洪区,而不是泛指江河的洪泛平原。洪泛区管理是减轻洪灾损失的一项重要的措施。可按洪水灾害的危险程度和排洪要求,将不宜开发区和允许开发区严格划分开;对允许开发区也根据可能淹没的几率规定一定用途,并通过政府颁布法令、条例及政策加强对洪泛区的管理,防止侵占行洪区,达到经济合理地利用洪泛区。

①对洪泛区利用的不合理现状进行限制或调整。如有的国家采用调整税率的政策,对不合理开发洪泛区采用较高税率,给予限制;对进行迁移、防御洪水或其他减少洪灾损失的措施,予以贷款或减免税收甚至进行补助以资鼓励。

②对洪泛区的土地利用和生产结构进行规划、改革,防止无限侵占洪泛区,以减少洪灾损失;在防洪区内兴建各项安全措施工程等,以实现对洪泛区进行有计划的、经济合理的,而不是盲目的开发利用。

我国人多地少，目前洪泛区已呈现的过度开发的趋势有增无减，必须对这种不合理开发的现状通过制定政策及下达法令予以限制和调整，以达到减少洪水灾害损失的目的。

(2)加强江河湖泊及防洪工程的管理。坚决清除江河湖泊的行蓄洪阻水障碍，制止盲目围垦湖泊、河道滩地的违法行为，以确保行蓄洪的能力。应对洪水易淹区内的建筑物及其内部财物设备的放置等方面都给予规定，例如规定建筑物基础的高程、结构，规定财物存放在安全地点，或在洪水到来前移至安全地点等。

(3)开展洪水保险。通常指强制性的洪水保险，即对淹没几率不同的地区，对开发利用者强制收取不同保险费率，从经济上约束洪泛区的开发利用。这种措施有利于社会，有利于国家，有利于群众，是受灾后互保共济的好办法，应探索适合我国国情的防洪保险办法，为今后积累经验。

(4)制定超标准洪水紧急措施。一是要有防洪预案，针对可能发生的超标准洪水，制定和完善防御洪水方案、水利工程调度方案和调度规程，提出在现有防洪工程设施下最大限度地减少洪灾损失的防御方案、对策和措施；二是要有撤退预案，必须事先建立救护组织，准备抢救设备，确定撤退路线、方式、次序以及安置等项计划。在洪水易淹区设立各类洪水标志，并根据发布的方式警报，将处于洪水威胁地区的人员和主要财产安全撤出。

(5)建设现代化的洪水预报及防汛指挥系统。为保证防汛信息准确、可靠、及时传递，提高防汛科学决策水平，要在主要河段和重要水库建设水文自动测报系统；在蓄滞洪区建立预警系统；在各级防汛指挥机构建立防汛通信、计算机网络、实时信息采集和专家决策支持系统；把实测或利用雷达遥感收集到的水文、气象、降雨、洪水等数据，通过通信系统传递到预报部门分析，有的直接输入电子计算机进行处理，提供具有一定预见期的洪水信息，作出洪水预报，便于进行洪水调度；必要时发出警报，以便提前为抗洪抢险组织抢救和居民撤离提供信息，以减少洪灾损失。一般来说，洪水预报精度愈高，预见期愈长，减少洪水灾害损失的作用就愈大。

(6)救灾。从社会筹措资金、国家拨款或利用国际援助等进行救济，给受灾者以适当补偿，以安定社会秩序，恢复居民生产生活。救灾虽不能减少洪灾损失，但可减少间接损失，增加社会效益。

思考题

2-1 我国防汛方针与任务是什么？

2-2 抢险的主要原则有哪些？

2-3 我国防汛组织机构有哪些部门？各部门的工作职责主要有哪些？

2-4 行政首长负责制的防汛工作职责有哪些？与各部门的防汛工作职责主要有哪些不同？

2-5 防汛准备与检查工作的重点是什么？主要包括哪些内容？

2-6 防汛抢险应急预案的编制包括哪些基本内容？

2-7 什么是防洪工程措施？常见的有哪些防洪工程措施？

2-8 什么是非工程措施？实施防洪非工程措施有什么意义？

第三章　水库防汛调度

学习目标

了解水库的防洪和调洪功能，理解水库的特征库容、特征水位及意义，理解水库调洪计算的基本原理、计算方法和步骤，理解和掌握水库的防汛调度方案编制依据、水库防汛调度方案的内容，理解和掌握汛期限制水位的确定，理解水库防洪调度图的形式、内容及作用。

第一节　概　述

水库是指在山沟或河流的狭口处建造拦河坝形成的人工湖泊，有时天然湖泊也称为水库（天然水库）。水库建成后，可起防洪、蓄水、灌溉、供水、发电、旅游、养鱼等综合作用。

一、水库的防洪作用

水库是我国防洪广泛采用的工程措施之一。在防洪区上游河道适当位置兴建能调蓄洪水的综合利用水库，利用水库库容拦蓄洪水，削减进入下游河道的洪峰流量，达到减免洪水灾害的目的。水库对洪水的调节作用有两种不同方式：一种起滞洪作用，另一种起蓄洪作用。

（一）滞洪作用

滞洪就是使洪水在水库中暂时停留。当水库的溢洪道上无闸门控制，水库蓄水位与溢洪道堰顶高程平齐时，则水库只能起到暂时滞留洪水的作用。

（二）蓄洪作用

在溢洪道未设闸门情况下，在水库管理运用阶段，如果能在汛期前用水，将水库水位降到水库限制水位，且水库限制水位低于溢洪道堰顶高程，则限制水位至溢洪道堰顶高程之间的库容，就能起到蓄洪作用。蓄在水库的这部分洪水可在枯水期有计划地用于兴利需要。

当溢洪道设有闸门时，水库就能在更大程度上起到蓄洪作用，水库可以通过改变闸门开启高度来调节下泄流量的大小。由于有闸门控制，所以这类水库防洪限制水位可以高出溢洪道堰顶，并在泄洪过程中随时调节闸门开启高度来控制下泄流量，具有滞洪和蓄洪双重作用。

二、水库调洪作用

水库之所以能调节洪水，是因为它设有调洪库容。当入库洪水很大时，为确保水库大坝安全和下游地区免受洪灾，临时将部分洪水拦蓄在水库中，待到洪峰过后再陆续放出，这就是水库的调洪作用。

水库的泄流型式有表面式溢洪道和深水式泄洪洞。表面式溢洪道又分为无闸溢洪道和有闸溢洪道。不同型式的泄洪建筑物，调节后的入库洪水下泄的流量过程线是不同的，它们的调洪作用也是不同的。

（一）无闸溢洪道

当水库水位低于溢洪道堰顶高程时，水库不泄洪；当水库水位超过溢洪道堰顶高程时，水库开始泄洪，如图 3-1（a）所示。随着水库水位的升高，泄洪流量增大，见图 3-1（b）。当水库水位最高时，泄洪流量最大，然后随着洪水的消退，水库水位回落，泄洪流量又逐渐减小，如图 3-1（c）所示。

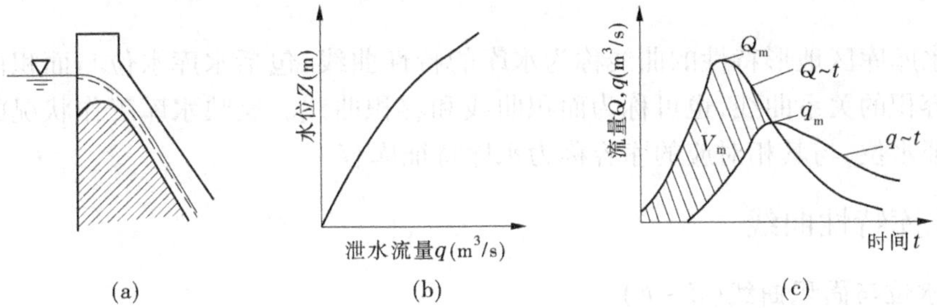

图 3-1　无闸溢洪道

（二）有闸溢洪道

当水库水位低于溢洪道堰顶高程时，水库不泄洪；当水库水位超过溢洪道的堰顶高程时，打开闸门，水库开始泄洪，见图 3-2（a）。随着水库水位的升高，泄洪量逐渐增大，泄洪量与水库水位关系曲线如图 3-2（b）所示。当泄洪量达到下游防洪最大流量 q_m 时，则用闸门控制下泄流量，使其保持 q_m。随着洪水的消退，水库水位回落，泄洪量又逐渐减小，水库入库与出库洪水过程线如图 3-2（c）所示。

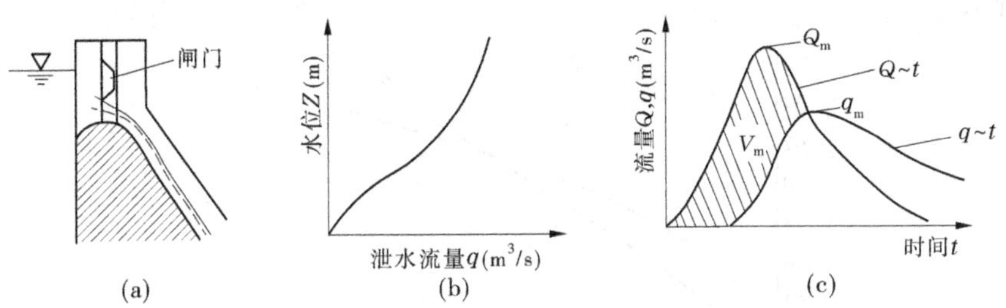

图 3-2　有闸溢洪道

（三）深水式泄洪洞

当洪水入库前水位（即防洪限制水位）超过深水式泄水孔的孔口底部高程，在洪水进入水库时，就可以打开闸门泄洪，随着水库水位的升高，泄洪流量增大，泄洪流量与水库水位的关系如图 3-3（b）所示。当泄洪流量达到下游防洪最大流量 q_m 时，则用闸门控制泄水孔下泄流量，使其保持 q_m，随着洪水消退（入库流量减小），水库水位回落，泄水孔的下泄流量又逐渐减小，此时的入库流量过程线和出库流量过程线如图 3-3（c）所示。

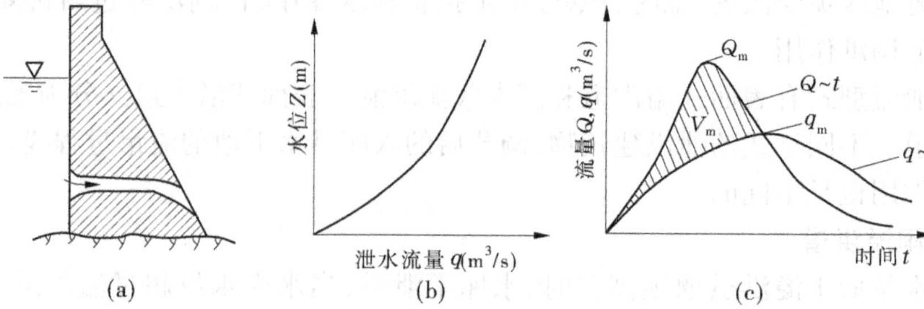

图 3-3　深水式泄洪洞

第二节　水库特性曲线及特征水位

反映水库库区地形特性的曲线称为水库的特性曲线,包括水库水位与面积曲线和水库水位与容积的关系曲线,也可称为面积曲线和容积曲线。反映水库工作状况的水位称为水库特征水位,与其相对应的库容称为水库特征库容。

一、水库特性曲线

(一)水位与面积曲线($Z \sim F$)

水库的水面面积是随着库水位而变化的。一般可在 1/10 000 ~ 1/5 000 比例尺的地形图上,用求积仪或数方格的方法,求出不同高程的水库面积,即水库在某一水位时相应的等高线与坝轴线所包围的面积。然后以水位为纵坐标,以相应的面积为横坐标,即可点绘出水位与面积的关系曲线,见图 3-4。

(二)水位与容积曲线($Z \sim V$)

水位与容积曲线,是水库水位与水库容积的关系曲线,可由面积曲线积分求得。实际工作中,它是通过计算相邻水层深度或等高线间的部分容积,再自库底向上累加而成的,如图 3-4 所示。

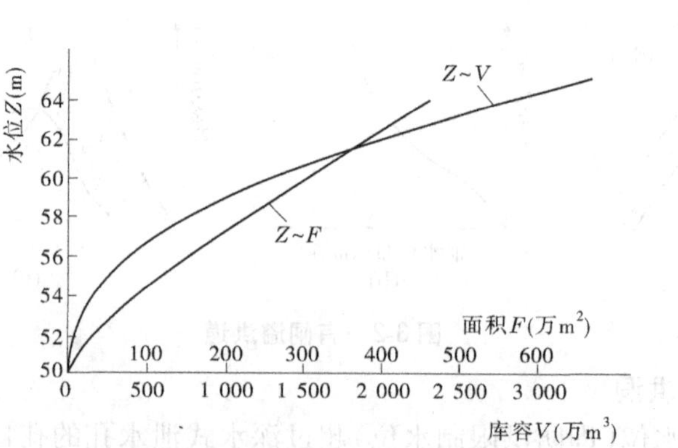

图 3-4　水位与面积曲线($Z \sim F$)和水位与容积曲线($Z \sim V$)

二、水库特征水位与特征库容

水库工程为完成不同任务在年内不同时期和各种水文情况下,需控制达到或允许消落的各种库水位称为水库特征水位。相应于水库特征水位以下或两特征水位之间的水库容积称为水库特征库容。水库特征水位主要有正常蓄水位、死水位、防洪限制水位、防洪高水位、设计洪水位、校核洪水位等，水库的主要特征库容有兴利库容（调节库容）、死库容、重叠库容、防洪库容、拦洪库容、调洪库容、总库容等，见图 3-5 所示。

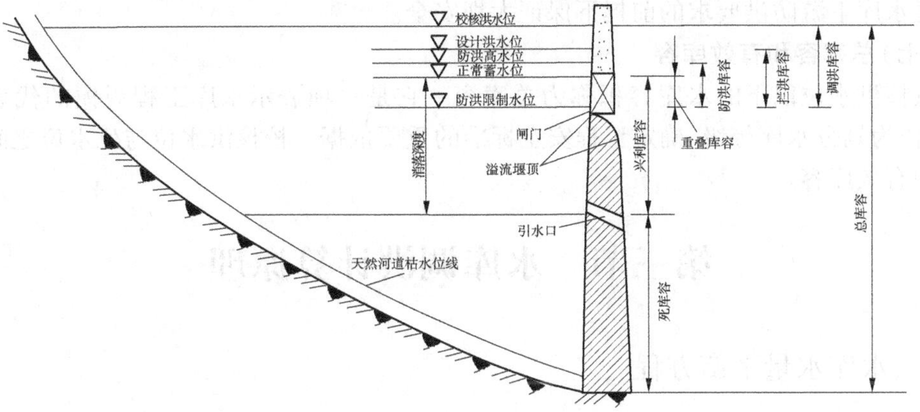

图 3-5　水库特征水位与特征库容

（一）正常蓄水位与兴利库容

水库在正常运用情况下，为满足设计的兴利要求，在开始供水时应蓄到的水位，称为正常蓄水位，又称正常高水位、兴利水位或设计蓄水位。正常蓄水位至死水位之间的水库容积称为兴利库容，即调节库容，用以调节径流，提供水库的供水量。

（二）死水位与死库容

水库在正常运用情况下，允许消落到的最低水位，称为死水位，又称设计低水位。死水位以下的库容称为死库容，也叫垫底库容。死库容的水量除遇到特殊的情况外（如特大干旱年），它不直接用于调节径流。

（三）防洪限制水位与重叠库容

水库在汛期允许兴利蓄水的上限水位，也是水库在汛期防洪运用时的起调水位，称为防洪限制水位，又称汛限水位。正常蓄水位至防洪限制水位之间的库容称为重叠库容，也叫结合库容或共用库容。此库容在汛期腾空，作为防洪库容或调洪库容的一部分。

（四）防洪高水位与防洪库容

水库承担下游防洪任务，当遇到下游防护对象的防洪标准洪水时，水库为控制下泄流量而拦蓄洪水，在坝前达到的最高水位，称为防洪高水位。防洪高水位至防洪限制水位之间的水库容积称为防洪库容。它用以控制洪水，满足水库下游防护对象的防洪要求。1998 年实施的《中华人民共和国防洪法》明确规定：水库应当按照防洪规划的要求留足防洪库容。

（五）设计洪水位与拦洪库容

水库遇到大坝的设计洪水时，在坝前达到的最高水位，称为设计洪水位。它是水库在正常运用情况下允许达到的最高洪水位。设计洪水位至防洪限制水位之间的水库容积称为拦洪库容。设计洪水位是水库的重要参数之一，也是挡水建筑物稳定计算的主要依据。

（六）校核洪水位与调洪库容

水库遇到大坝的校核洪水时，在坝前达到的最高水位，称为校核洪水位。它是水库在非常运用情况下，允许临时达到的最高洪水位，是确定大坝顶高及进行大坝安全校核的主要依据。校核洪水位至防洪限制水位之间的水库容积称为调洪库容。它用以拦蓄洪水，在满足水库下游防洪要求的前提下保证大坝安全。

（七）总库容和有效库容

校核洪水位以下的水库容积称为总库容。它是一项表示水库工程规模的代表性指标，可作为划分水库等级、确定工程安全标准的重要依据。校核洪水位与死水位之间的库容称为有效库容。

第三节　水库调洪计算原理

一、水库水量平衡方程

水库调洪计算的基本原理是逐时段联立求解水库的水量平衡方程和水库的蓄泄方程。

水库的平衡方程为：在计算时段 Δt 内，入库的水量与出库的水量之差等于该时段内水库的蓄水量的变化值，如图 3-6 所示。

$$\frac{Q_1+Q_2}{2}\Delta t-\frac{q_1+q_2}{2}\Delta t=V_2-V_1=\Delta V \tag{3-1}$$

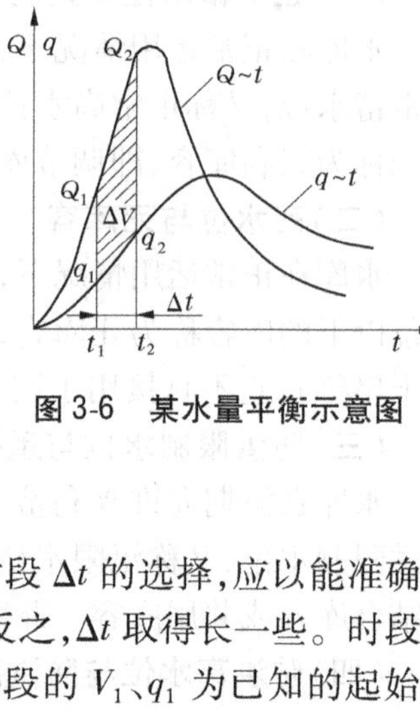

图 3-6　某水量平衡示意图

式中　Q_1、Q_2——计算时段初、末的入库流量，m^3/s；

q_1、q_2——计算时段初、末的出库流量，m^3/s；

V_1、V_2——计算时段初、末的水库库容，m^3；

ΔV——计算时段水库蓄水量变化值，m^3；

Δt——计算时段，s 或 h。

当已知水库入库洪水过程线时，Q_1、Q_2 均为已知，计算时段 Δt 的选择，应以能准确反映洪水过程线的形状为原则。陡涨陡落时，Δt 取得短一些；反之，Δt 取得长一些。时段初的水库蓄水量 V_1 和泄流量 q_1 可由前一时段求得，而第一时段的 V_1、q_1 为已知的起始条件，未知的只有 V_2、q_2。但由于一个方程存在两个未知数，为了求解，则应再建立第二个方程，即水库的蓄泄方程。

二、水库蓄泄方程

水库的泄洪建筑物主要是指溢洪道和泄洪洞，水库的泄流量就是它们的过水流量。在溢洪道无闸门控制或闸门全开的情况下，其泄流量可以按照堰流公式计算，即：

$$q=\varepsilon mB\sqrt{2g}H^{3/2} \tag{3-2}$$

式中　q——溢洪道泄流量，m^3；

ε——侧收缩系数；

m—— 溢洪道的流量系数；

B—— 溢洪道堰顶宽度，m；

H—— 溢洪道的堰上水头，m。

泄洪洞的泄洪量可按有压管流计算，即：

$$q = \mu A\sqrt{2gH}$$

式中 μ——泄洪洞流量系数；

A——泄洪洞洞口的断面面积，m^2；

H——泄洪洞的计算水头，m。

可见，在水库的泄洪建筑物形式和尺寸一定的情况下，其泄洪量只取决于水头 H。而根据水库的水位与库容曲线可知，泄流水头 H 是水库的蓄水量 V 的函数，所以泄流量 q 也是蓄水量 V 的函数，即：

$$q = f(V) \tag{3-3}$$

式(3-3)就是水库的蓄泄方程。联立求解式(3-1)和式(3-3)，就可以得到时段末的水库蓄水量 V_2 和泄流量 q_2。而逐时段联立求解式(3-1)和式(3-3)，即可求得与入库洪水过程线相应的水库蓄水过程和泄洪过程。

当水库拟定不同的泄洪建筑物尺寸时，通过上述计算，就可以得到水库泄洪建筑物的尺寸与水库的洪水水位、调洪库容、最大泄流量之间的关系，为最终确定水库调洪库容、最高洪水位、最大泄洪流量、大坝高度和泄洪建筑物尺寸提供依据。

第四节　无闸门控制的水库调洪计算

中小型水库一般为了节省投资、便于管理，常常在溢洪道上不设闸门。无闸门控制的水库其防洪库容和兴利库容很难结合共用，因此水库的防洪起调水位(防洪限制水位)与正常蓄水位相同，均与溢洪道堰顶高程齐平。库水位超过堰顶高程时就开始泄洪，属于自由泄流状态。调洪计算的主要任务是：选择溢洪道宽度 B，确定调洪库容 V 以及与其相应的洪水位 Z 和最大下泄流量 q_m。

一、水库调洪计算方法——试算法

水库调洪计算的试算法，是利用列表试算方法逐时段联立求解水库水量平衡方程与蓄泄量方程式，以求得水库下泄流量过程。该法简便易行，无论泄洪建筑物是否设置闸门及计算时段是否变动均可使用，同时便于计算机计算，是一种应用范围较广的水库调洪计算的方法。

试算法的计算要点是：对于任意时段 Δt，因 Q_1、Q_2、q_1、V_1 均已知，先假定 q_2，代入水量平衡方程式(3-1)可得出 V_2，再由 V_2 查蓄泄曲线 $q \sim V$ 曲线得 q_2，若查得的 q_2 与假设的 q_2 相等，则 q_2 即为所求，若两者不等，则说明假设的 q_2 与实际不符，需重新假设 q_2，直至两者相等。把上一时段末的 q_2、V_2 作为下一时段初的 q_1、V_1，重复上述试算，求出下一时段的 q_2、V_2。这样，逐时段试算就可求得水库泄流过程线及相应的水库蓄水量过程线。将入库洪水过程线 $Q \sim t$ 和计算的水库泄流流量过程线 $q \sim t$ 点绘在一张图上，若计算的最

大泄流流量 q_m 正好是两线的交点，则计算的 q_m 是正确的，反之，应缩短交点附近的计算时段，重新进行试算，直至计算的 q_m 正好是两线的交点。

【例 3-1】 某水库的泄洪建筑物为开敞式溢洪道，溢洪道的堰顶高程为 116 m，相应的库容为 $247\times10^6\ m^3$，溢洪道的净宽 45 m。设计洪水过程见表 3-1，取 $\Delta t=12$ h，水电站的过水能力为 10 m^3/s。试用列表试算法推求水库下泄流量过程线及相应最大下泄流量 q_m 和相应的调洪库容 V_m。

表 3-1　某水库 $q=f(V)$ 关系曲线

水库水位 Z(m)	116	118	120	122	124	126
总库容 $V(\times10^6\ m^3)$	247	276	307	340	378	423
堰上水头 H(m)	0	2	4	6	8	10
下泄流量 $q(m^3/s)$	0	214	586	1 068	1 638	2 286

解：(1) 绘制水库的下泄流量与水库蓄水量的关系曲线。

由水库水位与库容的关系曲线和拟定的泄洪建筑物类型、尺寸，计算水库下泄流量 q。由表 3-1 计算出泄量 q 与蓄水量 V 的对应关系，绘制水库的 $q\sim V$ 关系曲线。由表 3-1 资料绘制 $Z\sim V$ 关系曲线，如图 3-7 所示。

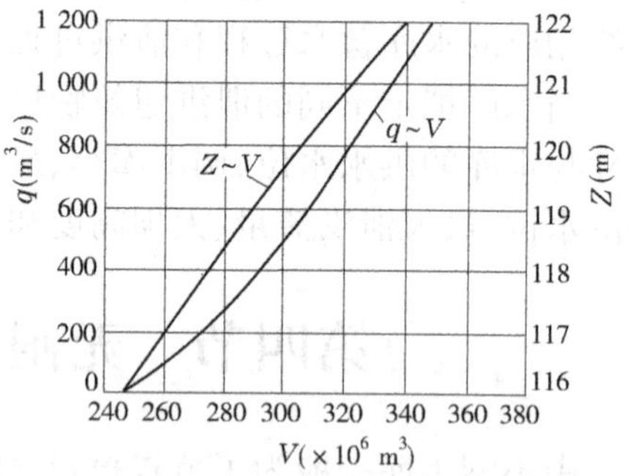

图 3-7　水库库容及蓄泄曲线

(2) 推求下泄流量过程线。

列表试算法是用表格形式将式(3-1)水量平衡方程式中的各项列出，见表 3-2。

第 1 时段，因防洪起调水位与堰顶齐平，则起调水位为 116 m，相应库容 V_1 为 $247\times10^6\ m^3$，下泄流量 q_1 为 10 m^3/s。已知该时段的入库流量 $Q_1=10\ m^3/s$，$Q_2=140\ m^3/s$。

假设 $q_2=30\ m^3/s$，由水量平衡方程式(3-1)得：

$$\begin{aligned}V_2 &= V_1+\frac{Q_1+Q_2}{2}\Delta t-\frac{q_1+q_2}{2}\Delta t\\ &=247\times10^6+\frac{10+140}{2}\times12\times3\ 600-\frac{10+30}{2}\times12\times3\ 600\\ &=249.38\times10^6(m^3)\end{aligned}$$

再由 $V_2=249.38\times10^6\ m^3$，查图 3-7 曲线 $q\sim V$ 得 $q_2=20\ m^3/s$，与原假设 $q_2=30\ m^3/s$ 不符，需重新假设试算。

设 $q_2=20\ m^3/s$，由式(3-1)得：

$$\begin{aligned}V_2 &= V_1+\frac{Q_1+Q_2}{2}\Delta t-\frac{q_1+q_2}{2}\Delta t\\ &=247\times10^6+\frac{10+140}{2}\times43\ 200-\frac{10+20}{2}\times43\ 200=249.59\times10^6(m^3)\end{aligned}$$

依此 $V_2=249.59\times10^6\ m^3$ 查 $q\sim V$ 曲线得 $q_2=20\ m^3/s$，与原假设相符。则第 1 时段

末 $V_2=249.59\times10^6\ m^3$、$q_2=20\ m^3/s$ 即为所求，分别列于表 3-2 中的第⑨栏和第⑥栏。以第 1 时段所求的 q_2、V_2 作为第 2 时段的 q_1、V_1，重复上述试算步骤，可求出第 2 时段的 $V_2=265.26\times10^6\ m^3$、$q_2=105\ m^3/s$，如此继续试算下去，即可得表 3-2 第⑥栏所列的下泄流量过程线。

表 3-2　基本水库调洪计算表（试算法）

时间 t(h)	时段 Δt(h)	流量 Q (m^3/s)	$\frac{Q_1+Q_2}{2}$ (m^3/s)	$\frac{Q_1+Q_2}{2}\Delta t$ ($\times10^6\ m^3$)	时段末出库流量 q (m^3/s)	$\frac{q_1+q_2}{2}$ (m^3/s)	$\frac{q_1+q_2}{2}\Delta t$ ($\times10^6\ m^3$)	V ($\times10^6\ m^3$)	Z (m)
①	②	③	④	⑤	⑥	⑦	⑧	⑨	⑩
0		10			10			247.00	116.0
	12		75.0	3.24		15.0	0.65		
12		140			20			249.59	116.2
	12		425.0	18.36		62.5	2.70		
24		710			105			265.25	117.2
	12		494.5	21.36		172.5	7.45		
36		279			240			279.16	118.2
	2		264.5	1.90		245.0	1.76		
38		250			250			279.30	118.2
	10		190.5	6.86		240.0	8.64		
48		131			230			277.52	118.1
⋮	⋮	⋮	⋮	⋮	⋮	⋮	⋮	⋮	⋮

（3）计算最大下泄流量 q_m。

将以上计算结果描绘于图 3-8，其中入库洪水过程线 $Q\sim t$ 如图 3-8 中 1 线所示，计算的水库泄流流量过程线 $q\sim t$ 如图 3-8 中 2 线所示。

由图 3-8 中可以看出：水库最大下泄流量为

$$q_m=250\ m^3/s$$

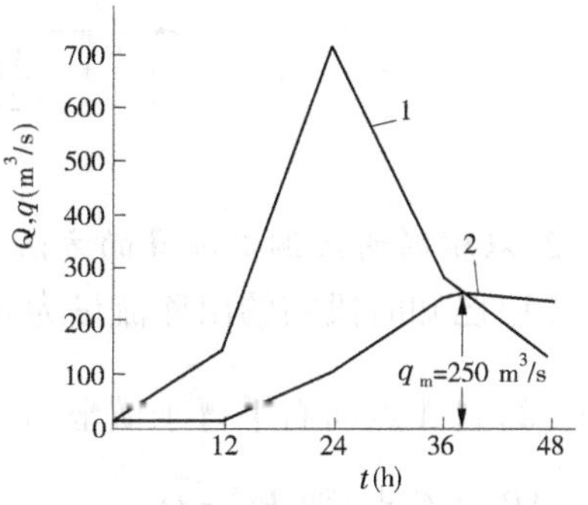

图 3-8　某水库调洪计算

（4）推求设计洪水位及拦洪库容。

由最大泄量 $q_m=250\ m^3/s$，查图 3-7 的 $q\sim V$ 曲线得相应的库容 $V_m=279.32\times10^6\ m^3$，则拦洪库容

$$V_{拦洪}=V_m-V_{堰}$$
$$=(279.32-247)\times10^6=32.32\times10^6(m^3)$$

按 V_m 在水库库容曲线 $Z\sim V$（见图 3-7）上查得 $Z_{泄洪}=118.21$ m。

二、水库调洪计算方法——半图解法（辅助曲线法）

水库调洪计算列表试算法的特点是概念清楚，适用面广，能用于多种情况，但计算烦琐。因此，还可用半图解法（又称辅助线法）、图解法和数值法等进行水库调洪计算。

半图解法是用图解和计算相结合进行水库防洪计算的一种方法，它不需要进行烦琐的试算，一般分为双辅助曲线法和单辅助曲线法。

（一）双辅助曲线法

1. 双辅助曲线法的原理

将水量平衡方程式（3-1）整理为：

$$\left(\frac{V_2}{\Delta t}+\frac{q_2}{2}\right)=\overline{Q}_1+\left(\frac{V_1}{\Delta t}-\frac{q_1}{2}\right) \tag{3-4}$$

式中　$\overline{Q}_1$——Δt 时段内的入库平均流量，m^3/s。

因为 V 是 q 的函数，则$\left(\frac{V}{\Delta t}+\frac{q}{2}\right)$和$\left(\frac{V}{\Delta t}-\frac{q}{2}\right)$也是 q 的函数，因此它们可以绘制 $q=f\left(\frac{V}{\Delta t}+\frac{q}{2}\right)$和 $q=f\left(\frac{V}{\Delta t}-\frac{q}{2}\right)$两条函数曲线，如图 3-9 所示。根据时段初的 q_1、V_1，应用这两条辅助曲线推求时段末 q_2、V_2，这就是双辅助曲线法。

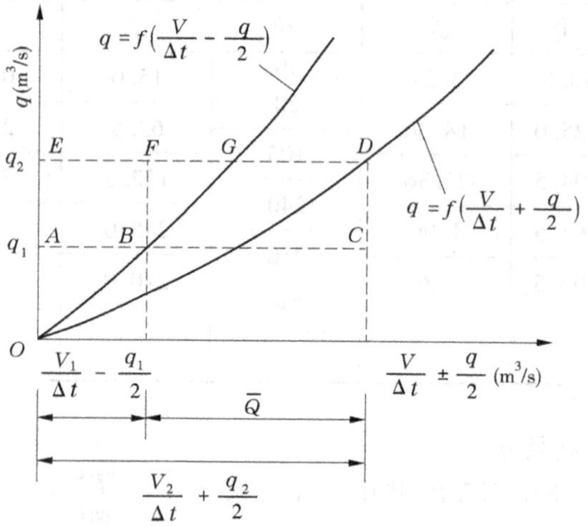

图 3-9　双辅助曲线

2. 双辅助曲线调洪演算的方法

(1)已知时段初的出库流量为 q_1，在图 3-9 中纵坐标上取 $OA=q_1$ 得 A 点。

(2)过 A 点向右平行于横坐标引线，交曲线 $q=f\left(\frac{V}{\Delta t}-\frac{q}{2}\right)$于 B 点，则 $AB=\left(\frac{V_1}{\Delta t}-\frac{q_1}{2}\right)$，延长 AB 至 C 点，取 $BC=\overline{Q}$。

(3)由 C 点向上作垂线(过了 q_m 后则向下作垂线)交曲线 $q=f\left(\frac{V}{\Delta t}+\frac{q}{2}\right)$于 D 点。

(4)由 D 点向左作平行于横坐标的直线交纵坐标于 E 点，则 DE 纵坐标 $OE=q_2$。

按照上述步骤，求得时段末下泄流量 q_2，依次逐时段进行计算，即可求得水库泄流过程。

【例 3-2】　某水库 100 年一遇设计洪水过程线资料见表 3-3 中的前两行，水库特性曲线如图 3-10 所示。溢洪道的宽度 $B=70$ m，流量系数由水工模型试验初步确定为 $m=1.77$，溢洪道堰顶高程为 59.98 m，相应的库容为 1 296 万 m^3。水库水位与库容关系见表 3-3及图 3-10。设计洪水来临时，库水位与堰顶齐平。用双辅助曲线法求最大下泄流量 q_m 及相应的调洪库容 V_m。

解：(1)绘制双辅助曲线。

计算过程如表 3-4 所示，为计算方便，式(3-4)中的 V，采用溢洪道堰顶以上的库容，列在表中第③栏(也可以采用 $V_{总}$)。第④栏的计算时段取 $\Delta t=1$ h，第⑥、⑦、⑧栏按表中公式进行计算。

表 3-3　某水库 $q=f(V)$ 关系曲线

水库水位 Z(m)	59.98	60.5	61.0	61.5	62.0	62.5	63.0	63.5	64.0	64.5
总库容 V(万 m^3)	1 296	1 460	1 621	1 800	1 980	2 180	2 378	2 598	2 817	3 000
堰上水头 H(m)	0	0.52	1.02	1.52	2.02	2.52	3.02	3.52	4.02	4.52
下泄流量 q(m^3/s)	0	46	127	232	356	496	650	818	999	1 191

表 3-4　双辅助曲线计算表

水库水位 Z (m)	库容 $V_{总}$ (万 m^3)	溢洪道堰顶以上库容 V (万 m^3)	$\frac{V}{\Delta t}$ (m^3/s)	下泄流量 q (m^3/s)	$\frac{q}{2}$ (m^3/s)	$(\frac{V}{\Delta t}-\frac{q}{2})$ (m^3/s)	$(\frac{V}{\Delta t}+\frac{q}{2})$ (m^3/s)
①	②	③	④	⑤	⑥	⑦	⑧
59.98	1 296	0	0	0	0	0	0
60.5	1 460	164	456	46	23	433	479
61.0	1 621	325	903	127	64	839	967
61.5	1 800	504	1 400	232	116	1 284	1 516
62.0	1 980	684	1 900	356	178	1 722	2 078
62.5	2 180	884	2 456	496	248	2 208	2 704
63.0	2 378	1 082	3 006	650	325	2 681	3 331
63.5	2 598	1 302	3 617	818	409	3 208	4 026
64.0	2 817	1 521	4 225	999	500	3 725	4 725
64.5	3 000	1 704	4 733	1 191	596	4 137	5 329

由第⑤、⑦栏与第⑧栏绘制双辅助曲线，见图 3-10 所示；由第①栏和第⑤栏的数据可以绘制下泄流量与水位的关系曲线，见图 3-10。

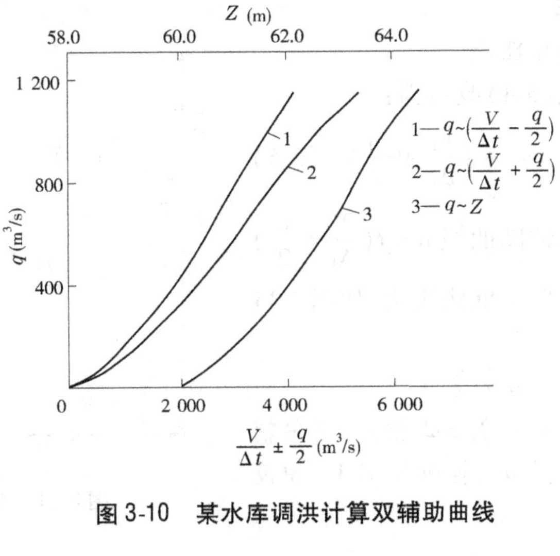

图 3-10　某水库调洪计算双辅助曲线

(2)用双辅助曲线法进行调洪演算,计算结果见表 3-5。

表 3-5　某水库双辅助曲线调洪计算表

时间 t (h)	平均流量 $\overline{Q}$ (m^3/s)	$(\frac{V}{\Delta t}-\frac{q}{2})$ (m^3/s)	$(\frac{V}{\Delta t}+\frac{q}{2})$ (m^3/s)	时段末的下泄流量 q(m^3/s)	库容 $V_{总}$ (万 m^3)	库水位 Z (m)
①	②	③	④	⑤	⑥	⑦
0	0	0	0	0	1 296	59.98
1	195	177	195	18		
2	580	669	757	88		
3	960	1 373	1 629	256		
4	1 068	2 005	2 441	436		
5	903	2 364	2 908	544		
6	738	2 506	3 102	596	2 307	62.83
7	574	2 492	3 080	588		
8	409	2 356	2 901	545		
9	244	2 125	2 600	475		
10	81	1 822	2 206	384		
11	0	1 524	1 822	298		
12		1 289	1 524	235		
13		1 101	1 289	188		
14		949	1 101	152		
15		834	949	125		

(二)单辅助曲线法

1. 单辅助曲线法的原理

将水量平衡方程式(3-4)改写为:

$$\left(\frac{V_2}{\Delta t}+\frac{q_2}{2}\right)=\overline{Q}-q_1+\left(\frac{V_1}{\Delta t}+\frac{q_1}{2}\right) \quad (3\text{-}5)$$

这样只需绘制一条辅助曲线 $q=f(\frac{V}{\Delta t}+\frac{q}{2})$ 就可求解 V_2、q_2,故称为单辅助曲线法,如图 3-11 所示。

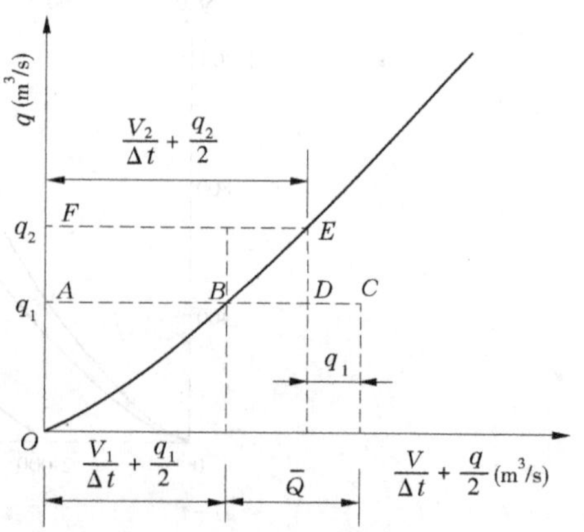

图 3-11　单辅助曲线

2. 单辅助曲线调洪演算的方法

【例 3-3】　基本资料和例 3-2 相同,用单辅助曲线法求最大下泄流量 q_m、拦洪库容 $V_{拦}$ 和设计洪水位 $Z_{设}$。

解:(1)绘制单辅助曲线图。

计算表格形式同表 3-4,表内第⑦栏可省略。以第⑤栏与第⑧栏对应值绘制单辅助曲线 $q \sim (\frac{V}{\Delta t}+\frac{q}{2})$,用表中第⑤栏与第①栏绘制水位与下泄流量关系曲线 $q \sim Z$,见图 3-10中的 2、3 线。

(2)用单辅助曲线法进行调洪计算,计算表格见表 3-6。

表 3-6 某水库单辅助曲线调洪计算表

时间 t (h)	流量 Q (m^3/s)	时段 Δt (1 h)	平均流量 $\overline{Q}$(m^3/s)	$(\frac{V}{\Delta t}+\frac{q}{2})$ (m^3/s)	时段末的下泄流量 q(m^3/s)	库容 $V_{总}$ (万 m^3)	库水位 Z (m)
①	②	③	④	⑤	⑥	⑦	⑧
0	0	0	0	0	0	1 296	59.98
1	390	0 ~ 1	195	195	18		
2	770	1 ~ 2	580	757	88		
3	1 150	2 ~ 3	960	1 629	256		
4	986	3 ~ 4	1 068	2 441	436		
5	820	4 ~ 5	903	2 908	544		
6	656	5 ~ 6	738	3 102	596	2 307	62.83
7	492	6 ~ 7	574	3 080	588		
8	326	7 ~ 8	409	2 901	545		
9	162	8 ~ 9	244	2 600	475		
10	0	9 ~ 10	81	2 206	384		
11		10 ~ 11	0	1 822	298		
12		11 ~ 12		1 524	235		
13		12 ~ 13		1 289	188		
14		13 ~ 14		1 101	152		
15		14 ~ 15		949	125		
⋮		⋮		⋮	⋮		

第 1 时段,入库平均流量 $\overline{Q}_1 = 195\ m^3/s$,起调时段初,$q_1 = 0, V_1 = 0$,由式(3-5)得 $(\frac{V_2}{\Delta t}+\frac{q_2}{2}) = \overline{Q}_1 - q_1 + (\frac{V_1}{\Delta t}+\frac{q_1}{2}) = 195 - 0 + 0 = 195(m^3/s)$,填入第⑤栏,在单辅助曲线(见图 3-10 中曲线 2)上截取横坐标 195 m^3/s 向上交曲线,得相应的纵坐标为 18 m^3/s,这就是该时段末的下泄流量 q_2,填入第⑥栏。

第 2 时段,$\overline{Q}_1 = 580\ m^3/s, q_1 = 18\ m^3/s, (\frac{V_1}{\Delta t}+\frac{q_1}{2}) = 195\ m^3/s$,则 $(\frac{V_2}{\Delta t}+\frac{q_2}{2}) = \overline{Q} - q_1 + (\frac{V_1}{\Delta t}+\frac{q_1}{2}) = 580 - 18 + 195 = 757(m^3/s)$,填入第⑤栏,由图 3-10 单辅助曲线横坐标 757

m^3/s,查得相应的纵坐标为 88 m^3/s,填入第⑥栏。

其他时段,按上述方法连续求解。

由第①、⑥栏的对应值可绘制水库下泄流量过程线 $q=f(t)$ 关系。

第⑥栏中最大下泄流量 $q_m=596\ m^3/s$。

(3)求拦洪库容及设计洪水位。

根据 $q_m=596\ m^3/s$,查图 3-12 中 $q=f(V)$ 曲线,得最大库容 $V_{总}=2\ 307$ 万 m^3,已知起调库容 $V=1\ 296$ 万 m^3,则拦洪库容

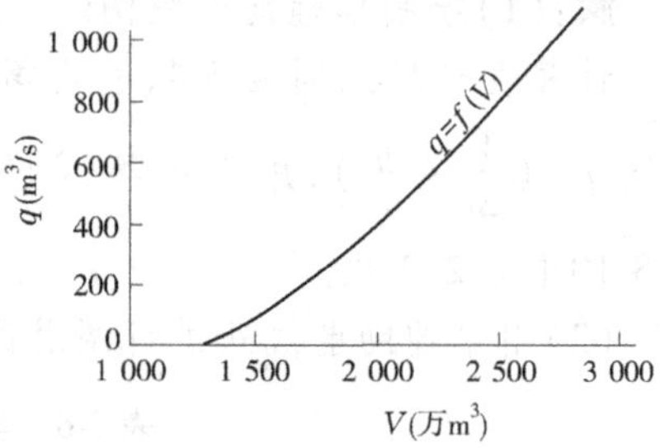

图 3-12　$q=f(V)$ 曲线

$$V_{拦}=2\ 307-1\ 296=1\ 011(\text{万}\ m^3)$$

以 $q_m=596\ m^3/s$,查图 3-10 中的 3 线,即得设计洪水位 $Z_{设}=62.83$ m。

第五节　有闸门控制的水库调洪计算

一、泄水建筑物设置闸门的作用

对于综合利用的水库,特别是当下游有防洪要求的大中型水库,一般多在溢洪道(溢流坝)上设置闸门进行控制。

设置闸门的作用主要有以下几个方面:

(1)有闸门的溢洪道的堰顶高程低于防洪限制水位,当水库水位相同时,有闸溢洪道的泄流能力大于无闸溢洪道的泄流能力。

(2)在同样满足下游河道安全泄量的情况下,有闸溢洪道比无闸溢洪道可以减少大坝投资和水库上游淹没损失。

(3)当下游有较大区间洪水时,有闸控制泄流可以使河道上游洪水与区间洪水错开,避免洪峰遭遇,有效地削减下游河道的最大流量。

(4)溢洪道设置闸门可以使正常蓄水位高于防洪限制水位,从而使调洪库容和兴利库容结合,提高了水库的综合利用效益。

(5)溢洪道设置闸门后,便于洪水预测,可以提前腾空库容,以减小最大下泄流量或水库群防洪调度等情况。

二、满足水库防洪要求的调洪计算

水库的防洪要求,主要是当出现枢纽建筑物的设计(或校核)标准洪水时,为确保水库的安全,一般水工建筑物的设计洪水标准高于下游防护区的设计洪水标准。这时就需要进行两级调洪计算:一级调洪计算,以相应于下游防护标准的设计洪水作为入库洪水,控制水库的下泄流量 $q\leqslant q_{安}$,进行调洪计算,求出水库的防洪库容 $V_{防}$ 和防洪高水位 $Z_{防}$;二级调洪计算时用大坝的设计标准洪水作为入库洪水,进行调洪计算。

二级调洪计算的过程,开始时下泄流量以 $q\leqslant q_{安}$ 控制,其泄流过程如图 3-13 中的 Oab 段,当水库蓄洪量蓄满 $V_{防}$ 后,水库水位达到防洪高水位 $Z_{防}$(图 3-13 中 t_2 时刻),因来水量仍

大于所控制的泄流量$q_{安}$,水库水位将继续上升,说明该次洪水超过了下游防洪标准相应的洪水,已不能再满足下游防洪要求,需作第二级调洪计算,以保证水库大坝的安全。因此,将闸门全部打开,形成自由泄流,下泄流量$q>q_{安}$,泄流过程线由b点突增到c点(图3-13中t_2时刻或稍后),再增加到d点,下泄流量q和库水位均达到最大值,此时的库水位为设计洪水位。d点之后下泄流量变小,库水位逐渐下降。从图3-13中可见防洪库容增加了ΔV。

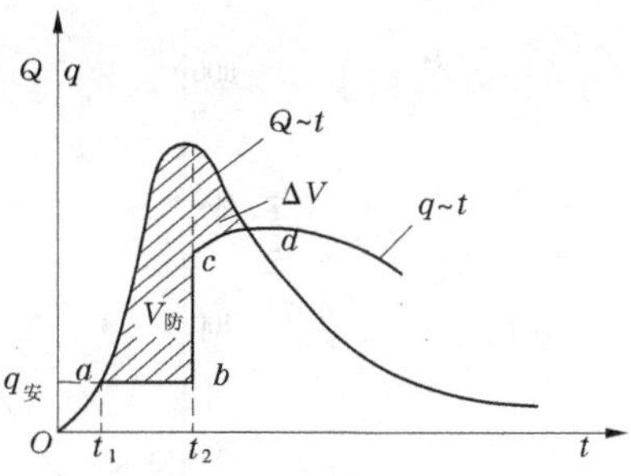

图3-13　水库二级调洪示意图

上述调洪计算方法是首先考虑其下游的防护要求,当洪水超过了保护对象的洪水标准时,就应只考虑大坝的安全。这样的两级防洪调节所需要的调洪库容为$V_{防}+\Delta V$,具体计算方法详见例3-4。

【例3-4】　大坝的设计洪水标准为$P=1\%$,要求水库既考虑下游防洪($P=10\%$标准的洪水)要求,又要保证大坝安全。溢洪道净宽$B=28$ m,流量系数$m=1.77$,求所需要的拦洪库容$V_{拦}$及设计洪水位$Z_{设}$。

解:用水量平衡与单辅助曲线相结合的方法,进行调洪计算。

(1)计算并绘制单辅助曲线。计算成果列于表3-7。其中,第①、②栏查图3-4得出,$\Delta t=3\ 600$ s,$q=mBH^{\frac{3}{2}}=1.77\times28H^{\frac{3}{2}}$,第⑨栏将在例3-5中应用,由第⑥、⑨栏绘制$q=f\left(\frac{V}{\Delta t}+\frac{q}{2}\right)$单辅助曲线,由第②、⑥栏绘制曲线$q=f(v)$,如图3-14所示。

表3-7　调洪辅助曲线计算表

水库水位 Z(m)	库容 $V_{总}$ (万 m^3)	$\frac{V}{\Delta t}$ (m^3/s)	堰上水头 H(m)	$H^{\frac{3}{2}}$	q (m^3/s)	$\frac{q}{2}$ (m^3/s)	$(\frac{V}{\Delta t}-\frac{q}{2})$ (m^3/s)	$(\frac{V}{\Delta t}+\frac{q}{2})$ (m^3/s)
①	②	③	④	⑤	⑥	⑦	⑧	⑨
57.48	647	1 797	0	0	0	0	1 797	1 797
58.00	770	2 139	0.52	0.375	18.6	9.3	2 130	2 148
58.50	885	2 458	1.02	1.030	51.0	25.5	2 433	2 484
59.00	1 017	2 825	1.52	1.874	92.9	46.5	2 779	2 872
59.50	1 160	3 222	2.02	2.871	142.3	71.2	3 151	3 293
60.00	1 300	3 611	2.52	4.00	198.2	99.1	3 512	3 710
61.00	1 621	4 503	3.52	6.60	327.1	163.6	4 339	4 667
62.00	1 980	5 500	4.52	9.61	476.3	238.1	5 262	5 738
63.00	2 378	6 606	5.52	12.97	642.8	321.4	6 285	6 927
64.00	2 817	7 825	6.52	16.65	825.2	412.6	7 412	8 238

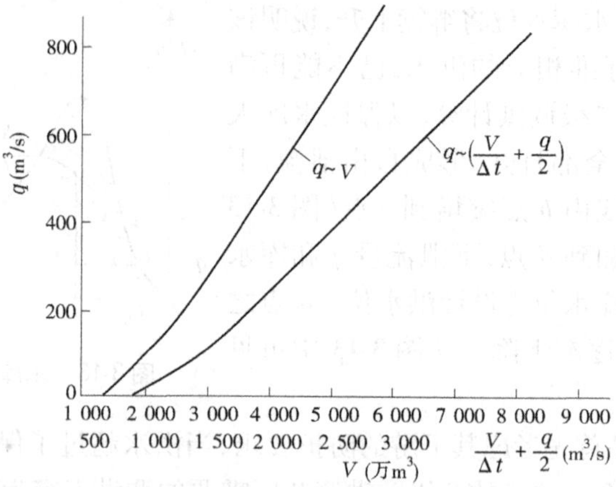

图 3-14　单辅助曲线图

(2)计算各时段的平均入库流量。表 3-8 中第①、②、③栏为 $P=1\%$ 入库洪水过程线。

(3)满足下游防洪要求控制泄量的调洪计算。

首先,以 $P=1\%$ 洪水进行防洪调节计算得出 $\frac{V}{\Delta t}$ 的最大值 5 412 m^3/s 为控制值。然后,进行表 3-8 的调洪计算。初始仍采用有闸控制流量泄流方式,当 $Q \leqslant q_{允}$($q_{允}$ 为河道下游允许的下泄流量)时,依据来多少泄多少的原则;当 $Q > q_{允}$ 时,下泄流量 q 控制在 $q_{允}$ 内。到第 5 时段末出现 $\frac{V}{\Delta t} > 5\ 412$ m^3/s,说明入库洪水已超过下游防护区的防洪标准,$V_{防}$ 已蓄满,应进行第二级洪水调节,将闸门全开,成为自由泄流,以保证大坝安全。

(4)满足水库大坝防洪标准的调洪计算。

第 5 时段末为控制泄流转变为自由泄流的时刻,故调洪计算的水量平衡方程式应进行如下转变:

$$\frac{V_1}{\Delta t} + \overline{Q} - \overline{q} = \frac{V_2}{\Delta t} \qquad \text{转变为} \qquad \left(\frac{V_1}{\Delta t} + \frac{q_1}{2}\right) + \overline{Q} - \overline{q} = \left(\frac{V_2}{\Delta t} + \frac{q_2}{2}\right)$$

第 5 时段末,q 由 50 m^3/s 突增到自由泄量 q'。由已知的 $\frac{V}{\Delta t} = 5\ 823$ m^3/s,求出相应库容 $V = 5\ 823 \times 3\ 600 = 2\ 096$(万 m^3),查图 3-14 的曲线 $q \sim V$,得 $q' = 524$ m^3/s。

第 6 时段,按自由泄流用单辅助曲线法进行调洪计算:$6\ 085 + 738 - 524 = 6\ 299$($m^3/s$),填入第⑥栏,查图 3-14 中的曲线 $q \sim \left(\frac{V}{\Delta t} + \frac{q}{2}\right)$ 得 $q = 554$ m^3/s,填入第⑦栏。依此类推,结果见表 3-8。

(5)求设计洪水位和拦洪库容。以第⑦栏的最大泄流量 $q_m = 558$ m^3/s 查图 3-14 的曲线 $q \sim V$,得设计洪水位相应的总库容 $V_{总} = 2\ 170$ 万 m^3,再以 2 170 万 m^3 查库容曲线,得设计洪水位 $Z_{设} = 62.52$ m,拦洪库容 $V_{拦} = 2\ 170 - 852 = 1\ 318$(万 m^3)。

表 3-8　某水库单辅助曲线调洪计算($P=1\%$)

时间 t (h)	流量 Q (m^3/s)	时段 Δt (1 h)	平均流量 $\overline{Q}$ (m^3/s)	$\frac{V}{\Delta t}$ (m^3/s)	$\frac{V}{\Delta t}+\frac{q}{2}$ (m^3/s)	时段末的 q (m^3/s)	总库容 $V_{总}$ (万 m^3)	库水位 Z (m)
①	②	③	④	⑤	⑥	⑦	⑧	⑨
0	0	0	0	2 367		0(47.32)	852	58.38
1	390	0~1	195	2 512		50		
2	770	1~2	580	3 042		50		
3	1 150	2~3	960	3 952		50		
4	986	3~4	1 068	4 970		50		
5	820	4~5	903	5 823	6 085	50(524)		
6	656	5~6	738		6 299	554		
7	492	6~7	574		6 319	558	2 170	62.52
8	326	7~8	409		6 170	536		
9	162	8~9	244		5 878	497		
10	0	9~10	81		5 462	436		
11		10~11	0		5 026	376		
12		11~12			4 650	324		
13		12~13						

第六节　水库的防汛调度

为了确保水库安全,实现水库防洪要求,充分发挥水库综合效益的水库控制运用方式,称为水库的防汛调度。

一、水库防汛调度方案编制的依据

水库的防汛调度方案是水库防汛调度的总计划和总安排,应根据水库的实际情况每隔若干年重新进行编制。

编制防汛调度方案的主要依据是:国家的有关方针政策以及各用水部门的要求,上级主管部门对防汛的要求,水库的防洪任务,水库枢纽的有关设计参数,各建筑物的操作和管理规程,建筑物运用情况及存在的问题,水库的特性曲线,有关的水文、气象资料,水库的设计洪水位和水库防护对象的有关资料。

二、水库防汛调度方案的内容

水库防汛调度方案的内容取决于各个水库的具体情况,一般包括以下几个方面:

(1)防汛调度方案编制的目的、原则及基本依据。

(2)工程概况。包括水库大坝的坝型、坝高、泄水建筑物情况、输水建筑物情况、水库库容、水电站机组容量、正常高水位、设计洪水位、校核洪水位及其各种水位相对应的库容。

(3)水库的运用原则。包括水库的防洪能力及其防洪标准、水库上下游的防洪标准及对水库泄流量的要求、防汛调度的原则等。

(4)有关的防洪标准。包括各种频率下洪水的最高调洪水位和经水库调节后的下泄量、各种频率洪水下的允许泄量、考虑下游区间洪水时有关错峰的规定。

(5)在保证水库本身及下游安全、充分发挥水库综合效益的前提下,制定水库洪水调度规则。

(6)防汛调度图。

三、水库防汛调度图

当水库发生洪水时,可以利用水库的防洪库容,由水库及下游防洪的设计标准,合理解决入库洪水、水库拦洪与水库泄洪关系,进行水库防汛调度的依据,就是水库防汛调度(见图 3-15)。

防洪调度图由校核洪水位 $Z_{校}$、设计洪水位 $Z_{设}$、防洪高水位 $Z_{防}$ 及汛期防洪限制水位 $Z_{限}$ 线的连接线所组成。此连接线又称为防汛调度线。各分期汛限水位线以上的空间,是水库在汛期所必须预留出的防洪库容。

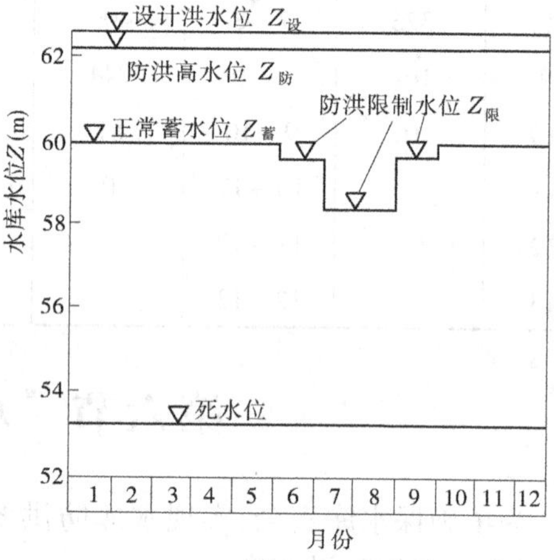

图 3-15　水库防汛调度

四、分期汛期限制水位的确定

根据我国多数地区汛期水文特性和当地暴雨发生的规律,水库防洪运用一般可分为初汛期、主汛期、尾汛期(也可分为两期或四期)进行控制蓄泄。初汛期和尾汛期洪水较小,$Z_{限}$ 可以适当抬高一些,以增加兴利蓄水量,主汛期洪水较大,$Z_{限}$ 可低一些,以提高水库的抗洪能力。

分期抬高汛期防洪限制水位,是解决防洪与兴利矛盾的有效办法。我国绝大多数河流的洪水由降雨产生,一般可由水库所在流域上的暴雨或洪水发生的时间和次数,统计分析洪水出现的规律性,以确定汛期洪水的分期。例如,某中型水库统计 1962 ~ 1982 年日降雨量超过 50 mm 的次数,列于表 3-9,从表中的统计可以得出初汛期、主汛期、尾汛期出现的时期。

表 3-9　某水库日降雨量大于 50 mm 的次数统计

月	六			七			八			九		
旬	上	中	下	上	中	下	上	中	下	上	中	下
次数	0	2	3	6	11	8	9	12	9	5	3	2
洪水分期	初汛期				主汛期					尾汛期		

分析出洪水发生的规律后，推求汛期分期防洪限制水位 $Z_{限}$，大体上有两种途径：

(1)各分期采用不同的防洪设计标准。如上述中型水库主汛期水库设计洪水标准 $P=1\%$，初汛期、尾汛期 $P=2\%$，而汛期各分期选用同一洪水理论频率曲线。根据汛期各分期的设计洪水，分别进行调洪演算，得出各分期的防洪限制水位 $Z_{限}$。由于主汛期洪水标准较高，则 $Z_{限}$ 较低；非主汛期洪水标准较低，则 $Z_{限}$ 较高。这种途径常用于缺乏资料的中小型水库分期 $Z_{限}$ 的推求。

(2)各分期采用相同的防洪设计标准。由流量资料或暴雨资料推求汛期各分期的设计洪水，如初汛期为6月10日至7月10日，将每年这个时期中的洪峰流量最大值选出，组成系列作频率分析，得出初汛期的设计洪峰流量。同理，分别求出其他时期的设计洪峰流量。虽然洪水的频率相同，但主汛期的洪水大于其他时期，故主汛期推求的 $Z_{限}$ 较低。而非主汛期相同标准的设计洪水较小，推求的 $Z_{限}$ 较高，也就是抬高了汛期限制水位，可多蓄水兴利。这种途径常用于有实测资料的大中型水库。

在水库的防洪运用中，需根据水库工程检查观测的结论确定水库允许的最高水位 $Z_{允}$，然后推求 $Z_{限}$。$Z_{限}$ 可能大于、等于或小于水库设计洪水位。为了避免试算，可从 $Z_{允}$ 开始向下调洪计算，这种方法称为调洪逆运算。若采用调洪逆运算，则需先假设起调水位并往上调洪计算，看所得最高水位与 $Z_{允}$ 是否相符，如果不符则重新假设起调水位再进行试算，直到两者相符，此时所假设的起调水位即为 $Z_{允}$ 条件下的 $Z_{限}$。

【例3-5】 某年调节水库，100年一遇设计洪水过程线资料列入表3-10中前两行，水位库容关系曲线见图3-16。水库溢洪道为无闸门控制的实用堰，堰宽 $B=28$ m，堰顶高程与正常蓄水位59.98 m齐平。当 $Z=62.52$ m，水库溢洪道自由泄流时，试用调洪逆运算法推求相应于 $Z_{允}$ 的防洪限制水位 $Z_{限}$。

表3-10　某水库 $q=f(V)$ 关系曲线

水库水位 Z(m)	59.98	60.5	61.0	61.5	62.0	62.5	63.0	63.5	64.0	64.5
总库容 V(万 m^3)	1 296	1 460	1 621	1 800	1 980	2 180	2 378	2 598	2 817	3 000
堰上水头 H(m)	0	0.52	1.02	1.52	2.02	2.52	3.02	3.52	4.02	4.52
下泄流量 q(m^3/s)	0	46.5	127.6	232.2	356	496	650	818	999	1 191

解：(1)计算并绘制调洪逆运算辅助曲线如图3-16所示。图3-16中1线为 $Z\sim q$ 关系曲线，2线为 $Z\sim\left(\frac{V}{\Delta t}-\frac{q}{2}\right)$ 关系曲线，3线为 $Z\sim\left(\frac{V}{\Delta t}+\frac{q}{2}\right)$ 关系曲线。

(2)应用辅助曲线，由 $Z_{允}$ 开始作调洪逆运算求 $Z_{限}$，见表3-11，具体计算步骤如下：

①若水库 $Z_{允}=62.52$ m，相应的 $q_{允}=588\ m^3/s$。因在 $q_{允}$ 时库水位最高，且入库流量等于出库流量，故应将 $Z_{允}$ 填写在第⑦栏中 $q_{允}$ 与 $\overline{Q}$ 相近的时段，即6~7时段。库水位6~7时段达到 $Z_{允}$，因此从6~7时段末库水位为62.52 m开始逆运算。

②逆运算的公式仍采用水量平衡方程式 $\left(\frac{V_2}{\Delta t}+\frac{q_2}{2}\right)-\overline{Q}_1=\left(\frac{V_1}{\Delta t}-\frac{q_1}{2}\right)$。式中 V_2、q_1、V_2、q_2 分别表示时段初和时段末的蓄水量与泄流量，$\overline{Q}$ 为该时段的平均入库流量。

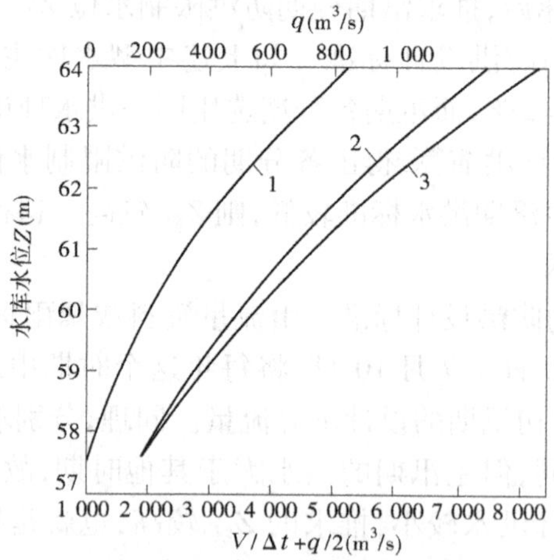

图 3-16 调洪逆运算辅助曲线

表 3-11 某水库推求防洪限制水位的调洪逆运算表(自由泄流, $P=1\%$)

时间 t (h)	流量 Q (m^3/s)	时段 Δt (1 h)	平均流量 $\overline{Q}$ (m^3/s)	$\frac{V}{\Delta t}+\frac{q}{2}$ (时段末) (m^3/s)	$\frac{V}{\Delta t}-\frac{q}{2}$ (时段初) (m^3/s)	库水位 Z(m)
①	②	③	④	⑤	⑥	⑦
10	0	9 ~ 10	81			
9	162	8 ~ 9	244			
8	326	7 ~ 8	409			
7	492	6 ~ 7	574	6 318	5 744	(62.52)62.45
6	656	5 ~ 6	738	6 250	5 512	62.25
5	820	4 ~ 5	903	6 030	5 127	61.85
4	986	3 ~ 4	1 068	5 550	4 482	61.13
3	1 150	2 ~ 3	960	4 750	3 790	60.30
2	770	1 ~ 2	580	4 020	3 440	59.90
1	390	0 ~ 1	195	3 630	3 435	59.87
0	0		0	3 670	3 670	60.12

逆运算的方法是:由 $Z=62.52$ m,查 $Z\sim\left(\frac{V}{\Delta t}+\frac{q}{2}\right)$ 曲线,得 $\left(\frac{V_2}{\Delta t}+\frac{q_2}{2}\right)$, $\left(\frac{V_2}{\Delta t}+\frac{q_2}{2}\right)=$ 6 318 m^3/s 填在第⑤栏。

6 ~ 7 时段:由 $(\frac{V_2}{\Delta t}+\frac{q_2}{2})-\overline{Q}_1=6\ 318-574=5\ 744(m^3/s)$,得时段初的 $(\frac{V_1}{\Delta t}-\frac{q_1}{2})$ 值,填在第⑥栏;由 $(\frac{V_1}{\Delta t}-\frac{q_1}{2})=5\ 744\ m^3/s$,在 $Z\sim\left(\frac{V}{\Delta t}-\frac{q}{2}\right)$ 曲线上查得时段初的库水位 $Z_{下}=$

62.45 m,填写入第⑦栏。

③进行下一个时段的计算。重复上述方法,将62.45 m当成下一个时段末的库水位 $Z_下$;查 $Z \sim \left(\frac{V}{\Delta t}+\frac{q}{2}\right)$ 曲线得 $\left(\frac{V_2}{\Delta t}+\frac{q_2}{2}\right)=6\ 250\ m^3/s$,填入第⑤栏中5~6时段;由 $6\ 250-738=5\ 512(m^3/s)$,查 $Z \sim \left(\frac{V}{\Delta t}-\frac{q}{2}\right)$ 曲线,得 $Z_1=62.25$ m,填入第⑦栏。

④依上述步骤计算至库水位上升为止。第⑦栏中的最低水位即为防洪限制水位 $Z_限=59.87$ m,该值就是相应于 $Z_允=62.52$ m在自由泄洪情况下的 $Z_限$。

【例3-6】 由例3-5的资料,若 $Z_允=62.52$ m,相应于下游防洪要求的水库防洪高水位 $Z_防=62.26$ m,下游防护对象要求按 $q_安=50\ m^3/s$ 控制泄流,当水库溢洪道分级防洪控制时,用调洪逆运算法推求分期防洪限制水位 $Z_限$,并绘制防洪调度图。

解:本例属中型水库缺乏资料情况,推求分期防洪限制水位采用不同防洪设计标准的途径。汛期划分为初汛期、主汛期、尾汛期,见表3-9。水库设计洪水标准主汛期 $P=1\%$,初汛期、尾汛期 $P=2\%$;水库下游防洪标准为10%。

当库水位高于 $Z_防$ 时,溢洪道自由泄流;当库水位低于 $Z_防$ 时,溢洪道泄流控制为 $q_安=50\ m^3/s$。

(1)推求主汛期 $P=1\%$ 洪水时的 $Z_限$。调洪逆运算见表3-12,其具体计算步骤如下:

①从库水位 $Z_允=62.52$ m开始向下运算,溢洪道为自由泄流,计算方法同表3-11。

②当库水位算至62.25 m时,即将接近 $Z_防=62.26$ m,则应按下游防洪要求 $q_安=50\ m^3/s$ 控制泄流。由62.25 m查图3-16中曲线 $Z \sim q$ 得 $q_1=512\ m^3/s$,则 $\frac{V_1}{\Delta t}=\left(\frac{V_1}{\Delta t}-\frac{q_1}{2}\right)+\frac{q_1}{2}=5\ 512+\frac{512}{2}=5\ 768(m^3/s)$,即下一个时段末的 $\frac{V}{\Delta t}$ 值,填入第⑧栏中。

③按水量平衡方程式 $\frac{V_1}{\Delta t}=\frac{V_2}{\Delta t}-\overline{Q}+\overline{q}=5\ 768-903+50=4\ 915(m^3/s)$ 填入第⑧栏下一个时段末;$4\ 915-1\ 068+50=3\ 897(m^3/s)$,连续运算得出第⑧栏中的最小值 $\frac{V}{\Delta t}=2\ 312\ m^3/s$。

④最小库容 $V=2\ 312\Delta t=2\ 312\times 3\ 600=832$(万 m^3),查库容曲线得 $Z_限=58.28$ m。

(2)推求初汛期、尾汛期 $P=2\%$ 入库洪水的 $Z_限$。用分级防洪控制,从 $Z_允=62.52$ m开始向下调洪逆运算,其计算方法同表3-12,求得初、尾汛期的 $Z_限=59.72$ m。

(3)绘制防汛调度图,见图3-15,设计洪水位62.52 m、防洪高水位62.26 m、正常蓄水位59.98 m为已知,初、主、尾汛期的 $Z_限$ 为本例计算成果。以防洪调度图作为指导水库汛期防洪运用的基本依据,一般情况下,当库水位低于防洪限制水位时,按兴利要求供水不泄洪;当库水位在 $Z_限$ 与 $Z_防$ 之间时,按下游防洪控制点的安全泄流量泄洪;当库水位高于 $Z_防$ 时,则按第二级防洪要求,以确保水库安全,自由泄流。由于防汛调度图是在一定设计条件下制定的,它不能包括防汛调度中的许多细节情况和具体措施,故还需拟定各种频率洪水在不同库水位时相应的蓄水、泄水、闸门开启操作程序等调度规则。

表 3-12　某水库推求防洪限制水位的调洪逆运算表(分级控制泄流,$P=1\%$)

时间 t (h)	流量 Q (m^3/s)	时段 Δt (1 h)	平均流量 $\overline{Q}$(m^3/s)	$\frac{V}{\Delta t}+\frac{q}{2}$ (时段末) (m^3/s)	$\frac{V}{\Delta t}-\frac{q}{2}$ (时段初) (m^3/s)	库水位 (时段初) Z(m)	$\frac{V}{\Delta t}$ (时段末) (m^3/s)	泄流量 q (时段初) (m^3/s)
①	②	③	④	⑤	⑥	⑦	⑧	⑨
10	0	9 ~ 10	81					
9	162	8 ~ 9	244					
8	326	7 ~ 8	409					
7	492	6 ~ 7	574					
6	656	5 ~ 6	738	6 318	5 744	(62.52)62.45		(512)50
5	820	4 ~ 5	903	6 250	5 512	62.25	5 768	50
4	986	3 ~ 4	1 068				4 915	50
3	1 150	2 ~ 3	960				3 897	50
2	770	1 ~ 2	580				2 987	50
1	390	0 ~ 1	195				2 457	50
0	0		0				2 312	50
			0				2 362	50

思考题

3-1　水库的调洪作用是什么?

3-2　水库调洪计算的基本原理是什么?

3-3　列表试算法的方法和步骤如何?

3-4　双辅助曲线法调洪计算的原理与步骤是什么?

3-5　单辅助曲线法调洪计算的原理与步骤是什么?

3-6　两级调洪计算,如何确定水库的设计洪水位?

3-7　简述防洪调度图的形式与内容。

3-8　调洪逆运算的水量平衡方程式如何表达? 应用于何处?

第四章 土质堤坝抢护

学习目标

了解土质堤坝的特点和常见险情、抢险要点及特点；重点了解和掌握各种险情的现场特征、观测方法和正确分析判断险情的方法；理解和掌握各种险情产生的原因、抢护原则和抢护方法；通过抢险工程实例，加强警示，提高防范意识，学习成功的险情处理方法和经验。

第一节 概 述

一、土质堤坝的特点和常见险情

(1)散粒体结构。土质堤坝一般利用当地土石料建成，其工作条件、工作特点与混凝土及砌石建筑物有明显区别，在汛期易发生险情。

(2)抗剪强度低。土质堤坝由松散土石料压实填筑而成，边坡过陡时易产生滑坡。

(3)透水性大。易发生由渗透水压力引起的渗透变形，如管涌、流土、渗水等。浸润线出逸点过高，渗流出逸区易产生滑坡。

(4)变形量大。在坝体自重及水压力作用下，堤坝坝体或基础一旦发生沉降过大与不均匀沉降，易产生沉陷裂缝。

(5)抗冲刷能力低。护坡易遭破坏，绝不允许堤坝坝顶过水，否则会产生漫溢，导致溃坝决堤。

(6)施工质量影响大。施工质量、填筑土料如控制不严，在持续高水位情况下，易发生漏洞、裂缝、塌坑等。

(7)其他条件影响作用也很大。例如：堤坝体内存在动物巢穴，易产生漏洞、塌坑；地震、冰冻、雨水冲刷等自然条件作用，也会使堤坝发生险情。

二、土质堤坝抢险要点

(1)汛期巡查很重要。

(2)险情成因要判断正确。

(3)抢险方案要得当。

(4)抢险要及时。

(5)物料准备应充足。

(6)组织领导是关键。

(7)抢险后要监护。

三、土质堤坝抢险特点

土质堤坝汛期抢险与非汛期工程养护维修、除险加固，不论在方案制定的着眼点，还是在施工条件上，都有着明显区别。在非汛期对工程隐患处理时，一般允许我们制定方案尽善尽美，采用永久性工程措施，一劳永逸。方案实施过程按部就班、有条不紊地进行，且施工条件较好。但在汛期抢险时，往往时间紧迫，人多手杂，人心浮躁，施工条件恶劣（黑夜或暴雨）。此时，争时间抢速度，控制险情是我们抢险工作的第一要务。抢险方案允许采取临时性工程措施，在汛期后再行彻底处理。制定抢险方案要切实可行，讲究实效。如裂缝的抢护，在非汛期我们可以采用黏土灌浆处理，但在坝前水位较高时，我们常用开挖回填方法进行抢护。

四、土质堤坝渗流基础知识

在上下游水位差作用下，水通过土中孔隙发生的流动现象，称为水的渗透。土体能被水透过的性质，称为土的渗透性。

在汛期或持续高水位情况下，堤坝前的水体向堤坝内渗透，堤坝体内形成上干下湿两部分，其分界线称为浸润线，浸润线与背水坡的交点称为浸润线的出逸点（见图4-1）。对土的含水量而言，浸润线以上土体的容重为湿容重，浸润线以下土体的容重为饱和容重。堤坝前水位愈高，浸润线位置也愈高。

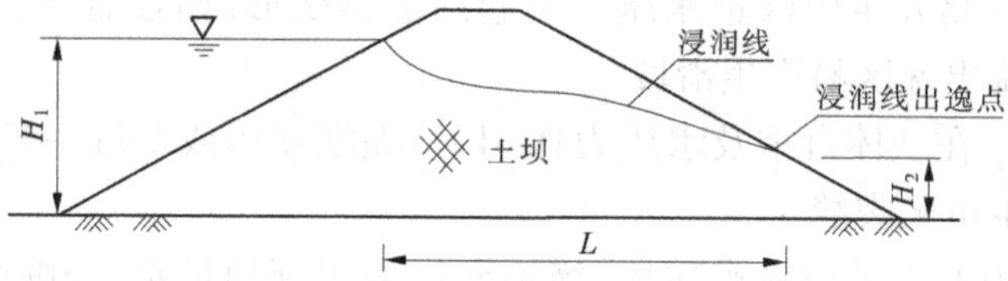

图4-1　土质堤坝体渗流示意图

达西定律。水流呈层流状态时，水的渗流速度 v 与渗透比降 J 成正比，这就是水在土体中渗透的基本定律，常称为渗透定律或达西定律，其表达式如下：

渗透比降　$J=\dfrac{H_1-H_2}{L}$

渗透速度　$v=KJ$

渗透流量　$Q=KJA$

式中　H_1-H_2——渗透水头；

L——渗径长度；

K——渗透系数，当 $J=1$ 时，则 $v=K$，表明渗透系数 K 是单位渗透比降时的渗透速度，是土的透水性强弱指标；

A——垂直于渗透方向的土的截面面积，如计算单宽渗流量，则 $A=\dfrac{1}{2}(H_1+H_2)$。

第二节 渗水抢护

一、险情

堤坝在汛期持续高水位情况下，浸润线较高，而浸润线出逸点以下的背水坡及堤坝脚附近易出现土壤潮湿或发软，并有水渗出的现象，称为渗水或散浸、洇水。如不及时处理，可能发展成管涌、流土、滑坡等险情。渗水是堤坝常见险情。如 1954 年长江发生洪水时，荆江堤段发现渗水 235 处，长达 53.45 km。

二、产生原因

(1)高水位持续时间长。

(2)堤坝断面不足或缺乏有效防渗、排水措施。

(3)堤坝土料透水性大、杂质多或夯压不实。

(4)堤坝本身有隐患，如白蚁、鼠、蛇巢穴等。

三、抢护原则

堤坝渗水抢护的原则是"临水截渗，背水导渗"。临水截渗，就是在临水面采取防渗措施，以减少进入堤坝坝体的渗水。背水导渗，就是在背水坡采取导渗沟、反滤层、透水后戗等反滤导渗措施，以降低浸润线，保护渗流出逸区。

当堤坝发生险情后，应当查明出险原因和险情严重程度。如渗水时间不长且渗出的是清水，水情预报水位不再大幅上涨时，只要加强观察，监视险情变化，可暂不处理；如渗水严重，则必须迅速处理，防止险情扩大。

四、抢护方法

(一)临水截渗

通过加强迎水坡防渗能力，减小进入堤坝内的渗流量，以降低浸润线，达到控制渗水险情的目的。

1. 黏土前戗截渗

当堤坝前水不太深，流速不大，附近有丰富黏性土料时，可采用此法。

具体做法是：根据堤坝前水深和渗水范围确定前戗修筑尺寸。一般顶宽 3 ~ 5 m，戗顶高出水位约 1 m，长度至少超过渗水段两端各 5 m 左右。抛填黏土时，可先在迎水坡肩准备好黏土，然后将土沿迎水坡由上而下、由里而外，向水中慢慢推入。由于土料入水后的崩解、沉积和固结作用，即筑成黏土前戗。

2. 土工膜截渗

当堤坝前水不太深，附近缺少黏性土料时，可采用此法。

具体做法是：①先选择合适的防渗土工膜，并清理铺设范围内的坡面和坝基附近地面，以免损坏土工膜。②根据渗水严重程度，确定土工膜沿边坡的宽度，预先黏结好，满铺迎水坡面并伸到坡脚后外延 1 m 以上为宜。土工膜长度不够时可以搭接,其搭接长度应大于 0.5 m。③铺设前,一般将土工膜卷在 8 ~ 10 m 的滚筒上,置于迎水坡肩上,每次滚铺前把土工膜的下边折叠粘牢形成卷筒,并插入直径 4 ~5 cm 的钢管加重,使土工膜能沿坡紧贴展铺。④土工膜铺好后,应在上面满压一层土袋。从土工膜最下端压起,逐渐向上,平铺压重,不留空隙,以作为土工膜的保护层。土工膜截流示意图如图 4-2 所示。

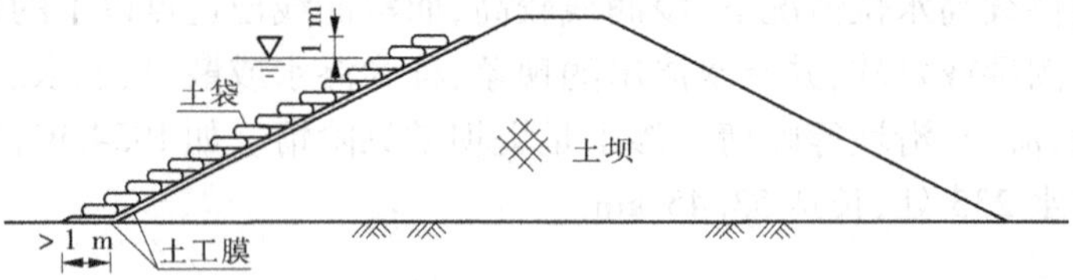

图 4-2　土工膜截流示意图

3. 土袋前戗截流

当堤坝前水不太深,流速较大,土料易被冲走时可采用此法。

具体做法是:在迎水坡坡脚以外用土袋筑一道防冲墙,其厚度与高度以能防止水流冲刷戗土为度,然后抛填黏土,即筑成截流戗体,如图 4-3 所示。

图 4-3　土袋前戗截流

4. 桩柳前戗截渗

当堤坝前水较深,在水下用土袋筑防冲墙有困难时,可采用此法。

具体做法是:首先在迎水坡坡脚前 0.5 ~1.0 m 处打木桩一排,排距 1 m,桩长以入土 1 m,桩顶高出水面 1 m 为度。其次用竹竿、木杆将木桩串联,上挂芦席或草帘,木桩顶端用 8 号铅丝或麻绳与堤坝上的木桩栓牢。最后在桩柳墙与堤坝迎水坡之间填土筑戗体,如图 4-4 所示。

(二)反滤导渗沟

当堤坝前水较深,背水坡大面积严重渗水时,可采用此法。导渗沟的作用是反滤导渗、保土排水,即在引导堤坝体内渗水排出的过程中不让土颗粒被带走,从而降低浸润线稳定险情。反滤导渗沟的形式,一般有纵横沟、Y 字形沟和人字形沟,如图 4-5 所示。

在导渗沟内铺垫滤料时,滤料的粒径应顺渗流方向由细到粗,即掌握下细上粗、边细中粗、分层排列的原则铺垫,严禁粗料与土体直接接触。根据铺垫的滤料不同,导渗沟做法有以下几种。

1. 砂石料导渗沟

顺堤坝边坡的竖沟一般每隔 6 ~ 10 m 开挖一条,沟深和沟宽均不小于 0.5 m。再顺

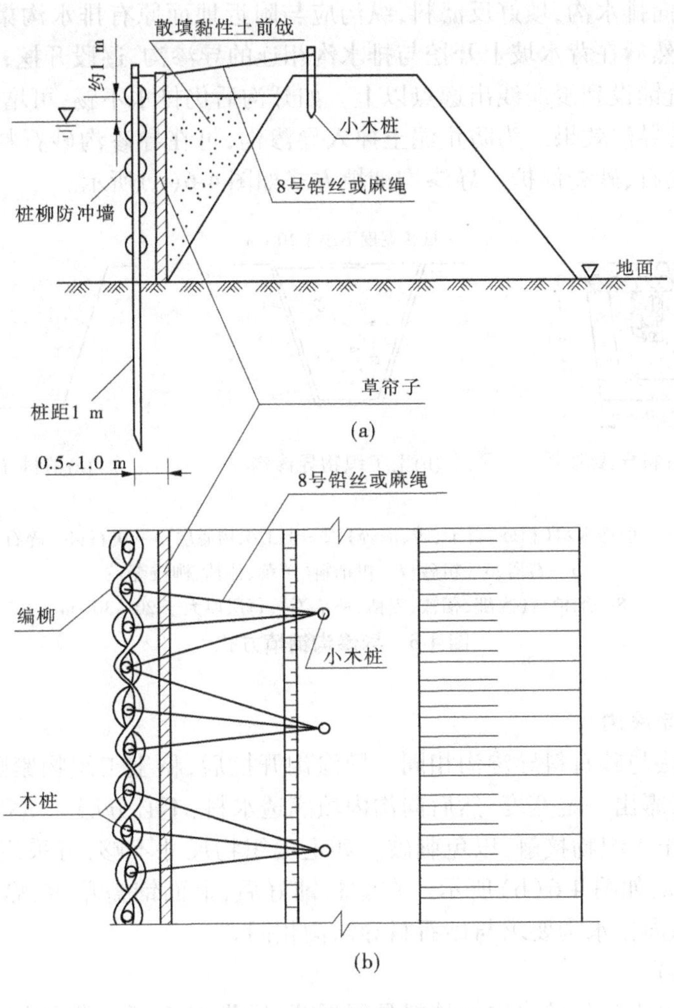

图 4-4　桩柳前戗截流示意图

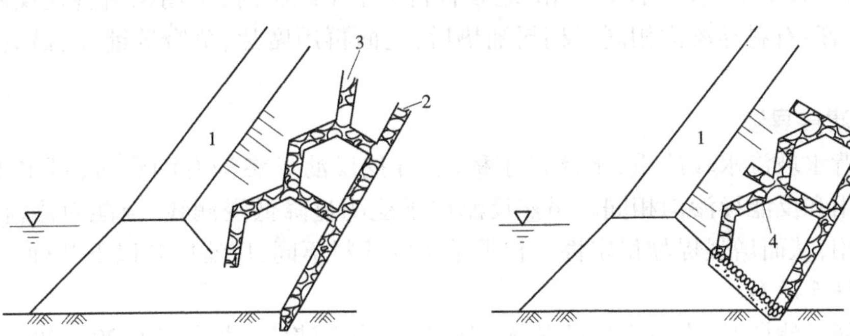

(a)Y字形沟　　(b)人字形沟

1—堤坝顶;2—排水沟;3—Y 字形沟;4—人字形沟

图 4-5　导渗沟开挖示意图

坡脚开挖一条纵向排水沟，填好反滤料，纵沟应与附近地面原有排水沟渠相连，将渗水排至远离坡脚外。然后在背水坡上开挖与排水沟相连的导渗沟，逐段开挖，逐段按反滤层要求铺设滤料，一直铺设到浸润线出逸点以上。如开沟后仍排水不畅，可增加竖沟密度或开斜沟，以改善反滤导渗效果。为防止泥土掉入导渗沟，可在导渗沟砂石料上面覆盖草袋、席片等，然后压块石、砂袋保护。导渗沟铺填方式如图 4-6(a)所示。

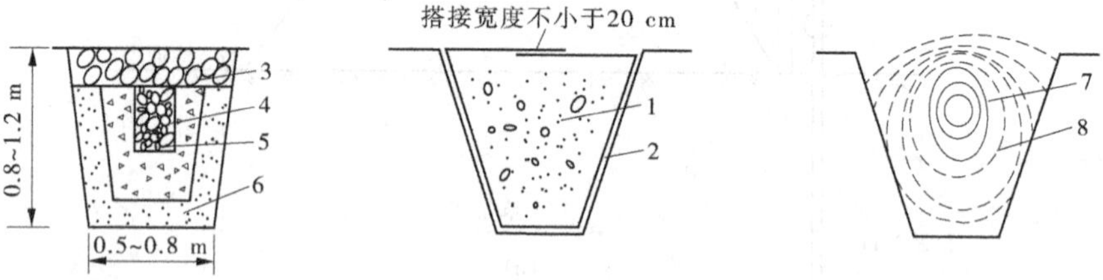

(a)砂石料导渗沟　(b)土工织物导渗沟　(c)梢料导渗沟

1—一般透水料(粗砂、石子、砖、渣等)；2—土工织物滤层；3—块石；4—碎石；
5—石屑；6—粗砂；7—粗梢料(芦苇、秫秸、柳枝等)；
8—细梢料(麦糠、稻糠、麦秸、稻草等)，每层厚大于 20 ~ 30 cm

图 4-6　导渗沟铺填方式

2. 土工织物导渗沟

沟的开挖方法与砂石料导渗沟相同。导渗沟开挖后，将土工织物紧贴沟底和沟壁铺好，并在沟口边沿露出一定宽度，然后向沟内填满透水料，不必分层。填料时，要防止有棱角的滤料直接与土工织物接触，以免刺破。如土工织物尺寸不够，可采用搭接形式，搭接宽度不小于 20 cm，如图 4-6(b)所示。在滤料铺好后，上面铺盖草帘、席片等，并压以砂袋、块石保护。纵向排水沟要求与砂石料导渗沟相同。

3. 梢料导渗沟

梢料导渗沟也称芦柴导渗沟。梢料是用稻糠、稻草、麦秸等当做细梢料，用芦苇、树枝等当做粗梢料，如图 4-6(c)所示。当缺乏砂石料和土工织物时，可用梢料替代反滤材料。其开沟方法与砂石料导渗沟相同。梢料铺垫后，上面再用席片、草帘等铺盖，最后用块石或砂袋压实。

(三)反滤层导渗

当堤坝背水坡渗水较严重，土体过于稀软，开挖反滤导渗沟有困难时，可采用此法。反滤层的作用和反滤导渗沟相同。虽然反滤层不能明显降低浸润线，但能对渗流出逸区起到保护作用，从而增强堤坝稳定性。根据铺垫的滤料不同，反滤层有以下几种。

1. 砂石料反滤层

筑砂石料反滤层时，先将表层的软泥、草皮、杂物等清除，清除深度 20 ~ 30 cm，再按反滤要求将砂石料分层铺垫，上压块石，如图 4-7(a)所示。

2. 土工织物反滤层

按砂石料反滤层要求对背水坡渗水范围内进行清理后，先满铺一层合适土工织物，若宽度不够，可以搭接，搭接宽度应大于 20 cm。然后铺垫透水材料(不需分层)厚 40 ~ 50

cm,其上铺盖席片、草帘,最后用块石、砂袋压盖保护,如图 4-7(b)所示。

3. 梢料反滤层

梢料反滤层又称柴草反滤层。用梢料代替砂石料筑反滤层时,先将渗水范围按砂石料反滤进行清理,再按下细上粗反滤要求分层铺垫梢料,最后用块石、砂袋压盖保护,如图 4-7(c)所示。

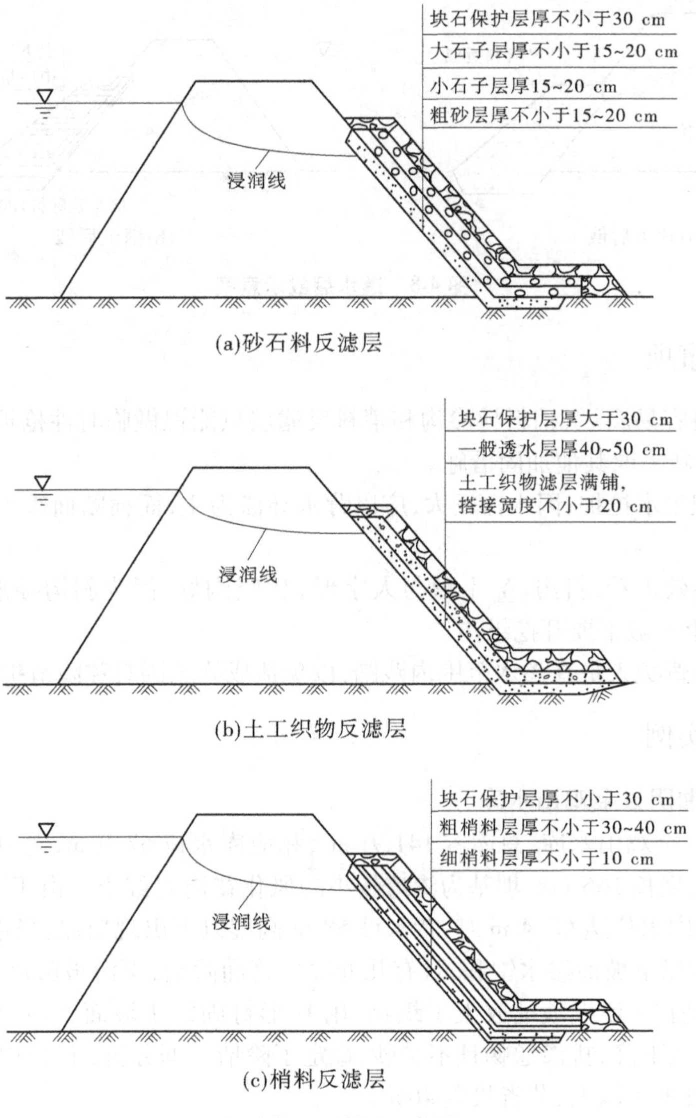

图 4-7　反滤层示意图

(四)透水后戗(透水压浸台)

透水后戗(透水压浸台)适用于堤坝断面单薄,背水坡较陡,渗水严重,砂土料源充足情况。优点是既能排出渗水防止渗透破坏,又能加大堤坝断面,达到稳定边坡的目的。缺点是工程量大。

在修筑时,先将渗水范围进行清理,深度 10 ~ 20 cm,再用砂土分层夯实。后戗一般高于浸润线出逸点0.5～1 m，顶宽2～4 m，戗坡1∶3～1∶5，长度超过渗水段两端各3 m以上，砂土后戗如图4-8(a)所示。若当地缺乏砂土料源，也可筑梢料后戗。先在清理后的地面上铺设三层梢料，中层为粗梢料，上下层为细梢料，再在梢料层上用砂土分层填土夯实，上面再铺梢料层，以此类推，直到设计高度。梢料层要求铺放平顺，梢料垂直于堤坝轴线方向，注意做成顺坡，以利排水。梢土后戗如图4-8(b)所示。

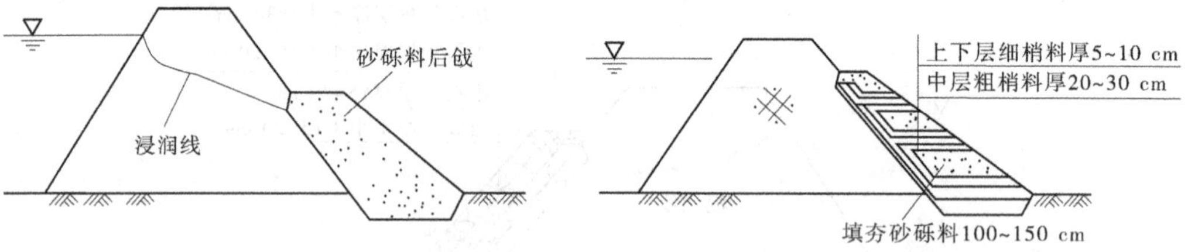

(a)砂土后戗　　(b)梢土后戗

图4-8　透水后戗示意图

五、注意事项

(1)因梢料容易腐烂，梢料导渗沟和梢料反滤层只能视做临时性抢护方法，在汛期后应予以拆除，重新采取其他加固措施。

(2)对土坝渗水抢护，因水深较大，应以背水导渗为主，而横断面较小的堤防，则应以临水截渗为主。

(3)从导渗效果看，斜沟(Y字形与人字形)比竖沟好，因为斜沟导渗面积比竖沟的大。背水坡面上一般不要开挖纵沟。

(4)应尽量避免人员在渗水范围内践踏，以免造成施工困难和险情扩大。

六、抢险实例

(一)湖南湘阴县金鸡山水库

湖南湘阴县金鸡山水库，总库容141万m^3，相应库水位67.9 m，大坝为均质土坝，最大坝高13.4 m，坝长166 m。坝基为渗透较小的风化花岗岩红土。由于土料及施工中存在质量问题，当库水位达66.4 m时，背水坡58 m高程以下出现散浸，当水位上升到67.4 m时，59 m高程以下坡面渗水饱和，且有几处发生管涌险情，下游坡脚已成沼泽，险情危急。抢护方法是在下游贴坡铺放土工织物，用U形钉固定于坡面上，其上用砂覆盖。工程实施后，浸润线下降，排渗通畅且不带砂，稳定了险情。据分析，土工织物排渗比砂石料反滤体节省工日1/3以上，节省投资46%。

(二)湖北省长江干堤汪家堤段渗水抢护

1.出险情况

汪家堤段位于长江中游末端左岸的黄广大堤，桩号31+000～35+000，全长4 km。河段深泓近岸，河床变形幅度大，崩岸时有发生，处于少滩或无滩状态。

1995年6月26日长江水位达20.75 m时，在桩号33+100～35+050堤段背水坡平台，距堤脚22 m均出现散浸，出逸点高程多在18～18.5 m，尤为严重的是33+100～34+

000 和 34 +600 ~35 +050 两段，随着江水位上涨，散浸险情也随之发展增多，凡高程在 18 m 左右的平台，都出现大面积的散浸，地表以上有深 0.2 m 的一层清水，总面积达 34 000 m^2，平台以下 0.3 m 形成沼泽泥泞地段，人站上去有明显的下沉感觉。

2. 出险原因

汪家堤段滩岸宽仅 20 ~40 m，渗径短，渗透坡降达 0.91，抗渗能力差，上部覆盖层仅 5 ~7 m，下部多为粉细砂层，渗流系数在 3×10^{-3} cm/s 左右，每逢长江水位高出堤背水坡地面后，堤脚及平台即出现散浸险情。

3. 抢护措施及效果

在散浸严重的局部堤段，开挖导渗沟，面宽 1 m，底宽 0.6 m，深 0.8 m，沿沟壁依次为砂、瓜米石、碎石铺满，每层厚在 0.15 ~0.20 m，大量清水从沟内排出，水流是由浑水逐渐变清，平台表面迅速固结，达到预定的效果。同时，对桩号 33 +100 ~35 +050 的全线散浸严重地段进行开沟导渗处理，共开挖导渗沟长 7 625 m，平铺导滤层 1 120 m^2，共耗用砂石料 43 000 m^3，挖填土方 17 000 m^3。凡经处理的平台表面都能保持干燥，大量渗水均从沟内排出。其中，桩号 33 +580 ~33 +750 堤段，因导滤沟难以开挖成型，影响导渗效果，经研究决定，由开沟导滤层改为分层（砂、瓜米石、碎石）平铺，经处理后，基土未见流失，出水变清，也达到了预计效果。

第三节　管涌、流土抢护

一、险情

由渗流知识知道，当堤坝体或基础的渗透比降 J 大于允许渗透比降 $[J]$ 时，土体就可能发生渗透变形。在汛期，堤坝处于高水位运行，渗透比降增大，在堤坝下游坡脚附近或以外，往往会产生渗透变形。渗透变形常见形式有以下两种。

（一）管涌

管涌是指在具有一定渗透比降的渗流作用下，土体中的细颗粒在粗颗粒空隙中移动并被带出土体以外的现象。一般发生在砂性土或黏性很小的土中。管涌也叫翻砂鼓水，一般发生在背水坡脚附近或较远的潭坑、池塘或稻田中。险情多呈冒水冒砂现象，冒砂处形成砂环，或称土沸和砂沸。管涌孔径在初期如蚁道，后期发展至数十厘米，少则出现一两个，多则出现管涌群。对堤防而言，管涌是最常见的多发性险情。以长江江堤为例，荆江大堤在 1954 年发生管涌险情达 68 处；1998 年洪湖长江干堤 53 处大险情中，管涌险情有 42 处，占全部险情的 79.2%。

（二）流土

流土是指在具有一定渗透比降的渗流作用下，使一定范围的土体从堤坝坝体或地基表面被掀起浮动的现象。在初期呈“牛皮包”，一般发生在黏性土或较均匀的砂性土中。

发生管涌或流土时，不论距堤坝多远，均不能掉以轻心，必须尽力迅速抢护。如不及时处理，在堤坝基础会产生集中渗水通道，可能会引起堤坝坍塌、裂缝、漏洞、滑坡，甚至溃坝决堤。如 1985 年 8 月 20 日，辽河支流小柳河陈家乡堤段，在背水坡坡脚 3 ~7 m 范围内发生管涌,23 日管涌孔增至 20 多个形成管涌群,因未及时处理,24 日堤防决口,口门从 10 m 很快发展至 70 余 m。

二、产生原因

(1)地基为强透水的砂砾层或透水地基表面虽有黏性土覆盖,但由于天然或人为的原因土层被破坏,在水位升高时,渗透坡降变陡,渗透流速和渗透压力加大,当渗透比降大于堤坝自身或地基土体允许的渗透比降时,即发生渗透变形。

(2)地基土层中含有透水层,背水覆盖层的压重不足,地基土体在渗透水压力作用下,从薄弱处冲破土层。

(3)工程防渗止水或排水设施效能低或损坏失效。管涌险情示意图如图 4-9 所示。

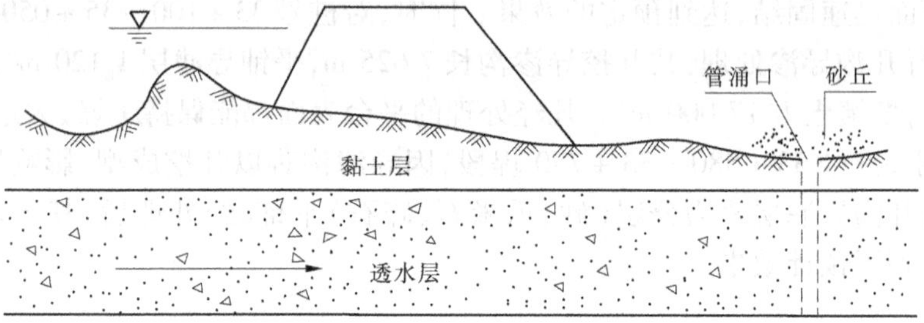

图 4-9 管涌险情示意图

三、抢护原则

管涌、流土险情的发生,是由于地基强透水层渗透水压力引起的,其渗流入渗点一般在临水面地基下的强透水层,汛期水深流急,难以在迎水坡或地基采取堵截渗流的办法。所以,管涌、流土抢护的原则是“临截背导,以导为主,保土排水,降低渗压”,即将渗水导出,不让土颗粒带出,降低渗透水压力,以控制险情。

四、抢护方法

(一)反滤围井

反滤围井一般适用于险情发生初期管涌数目不多时,或者是可以分片处理的管涌群。具体做法有以下几种。

1. 砂石料反滤围井

抢护时,在管涌出口周围先将杂物清除干净,并挖去软泥约 20 cm 深,周围用土袋排垒筑成围井,井壁底与地面接触处用黏土封堵严密,井内按反滤要求分层铺垫滤料。围井高度以能使水不挟带泥砂从井口冒出为度。当井内渗水由浑浊变清时,说明险情趋于稳定,此时可用竹管、钢管穿过井壁,将井内水位适当降低,以免围井倒塌。砂石料反滤围井示意图如图 4-10 所示。

当管涌出口涌水过大时,可先用块石、砖块填塞,待消杀水势后再筑围井。对于小的管涌,也可用无底汽油桶、木桶、粮囤等套住管涌出口,再在其中铺垫砂石滤料,亦能起到反滤围井的作用。

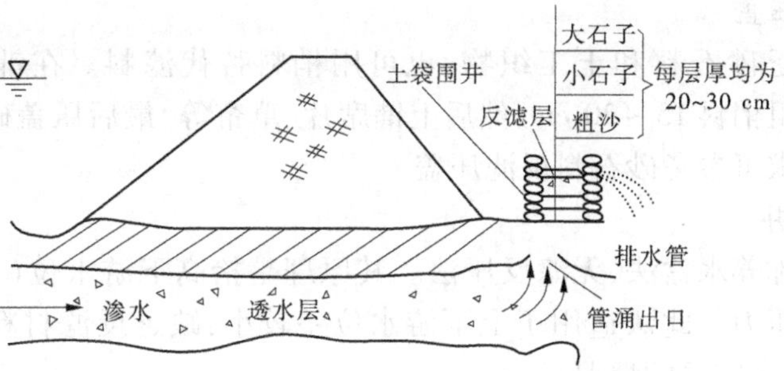

图 4-10　砂石料反滤围井示意图

2. 土工织物反滤围井

土工织物反滤围井要求可参见砂石料反滤围井。在清理地面时应注意平整，清除有棱角的石块和杂物。土工织物铺好后，其上修筑土袋围井，井内铺垫透水滤料 40 ~ 50 cm。

3. 梢料反滤围井

梢料反滤围井要求可参见砂石料反滤围井。先铺垫厚 20 ~ 30 cm 细梢料层，再铺垫厚 30 ~ 40 cm 粗梢料层，其上用块石或砂袋压盖，以免梢料漂浮。

（二）反滤压盖

反滤压盖一般适用于管涌出口较多且成群成片时。如有管涌出口涌水涌砂严重，可先行抛石，消杀水势后再筑反滤压盖，效果会更好。具体做法有以下几种。

1. 砂石料反滤压盖

由于此法需要铺设反滤料面积较大，相对用砂石料较多，在料源充足前提下，应优先选用。在抢筑前，先清理铺设范围内的软泥和杂物，对其中涌水带砂较严重的管涌出口，用块石或砖块抛填，以消杀水势。同时，在已清理好的范围内，全部盖压一层粗砂，厚约 20 cm，其上再铺小石子或大石子各一层，厚度均约 20 cm，最后压盖块石一层，予以保护，如图 4-11(a)所示。

2. 土工织物反滤压盖

土工织物反滤压盖修筑方法与砂石料反滤压盖大致相同。在清理好地基后，先铺一层土工织物，再铺一层厚 40 ~ 50 cm 的砂石透水料，最后压盖块石保护，如图 4-11(b)所示。

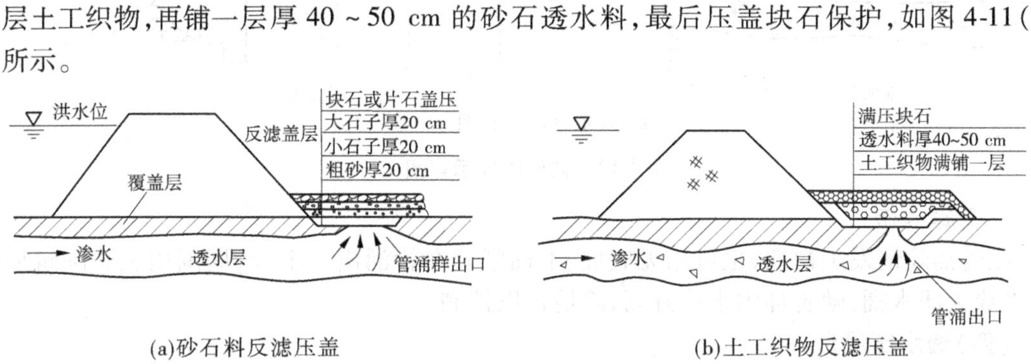

(a)砂石料反滤压盖　　(b)土工织物反滤压盖

图 4-11　反滤压盖示意图

3. 梢料反滤压盖

抢护时如缺乏砂石料和土工织物,也可用梢料替代滤料。在铺筑时,先铺细梢料 10 ~15 cm,后铺粗梢料 15 ~20 cm,然后上铺席片、草帘等,最后压盖砂袋、块石保护。具体修筑方法和要求可参考砂石料反滤压盖。

(三)减压围井

减压围井也称养水盆法、无滤反压法。其原理是抬高下游水位(围井水位),降低渗透比降和渗透水压力。此法适用于上下游水位差较小,缺乏反滤材料,管涌险情发生初期,周围地表较结实完整的情况。

1. 无滤层围井

修筑时,用土袋排垒筑成围井,围井内不填滤料,井壁不能漏水,随着围井内水位升高,对井壁逐步加固加高,直到制止涌水带砂,险情稳定。此时,在井壁插入排水管,将多余水量排出,如图 4-12(a)所示。

2. 背水月堤

当背水坡脚附近发生分布范围较大的管涌群时,可用土袋筑成月堤将管涌群包裹在内,月堤随堤内水位升高而加固加高,直到险情稳定,最后用排水管将多余水量排出,如图 4-12(b)所示。

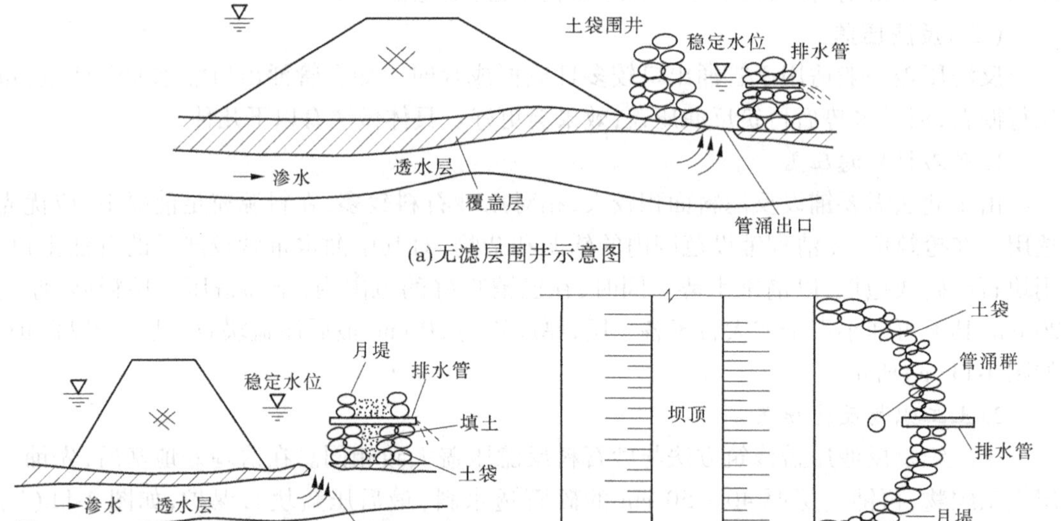

(a)无滤层围井示意图

(b)背水月堤示意图

图 4-12 减压围井示意图

3. 无滤水桶

在管涌险情发生初期,也可用无底桶、木桶紧套在管涌出口上面,周围用土袋围筑加固,做成无滤水桶,随着桶内水位升高,险情得以控制。

(四)透水压浸台

在堤坝背水坡坡脚抢护透水压浸台,可平衡渗压、延长渗径、降低渗透比降、反滤导渗,从而控制险情。此法适用于管涌险情严重,反滤材料缺乏,而砂土料源丰富情况。具体做法参见前述“渗水抢护技术”中的透水后戗法。

(五)水下管涌抢护方法

在背水坡坡脚以外的潭坑、池塘、洼地等水下出现管涌时,可采用以下方法抢护:

(1)填塘法。

(2)水下反滤层法。

(3)抬高坑塘水位法。

(六)流土抢护方法

在堤坝背水坡坡脚附近,当渗透水压力未能顶破表土而形成鼓包(“牛皮包”),即流土险情时,可在隆起部位铺 10 ~ 20 cm 厚的细梢料,再铺 20 ~ 30 cm 厚的粗梢料。铺好后,用钢锥戳破鼓包表层,让包内水分和空气排出,然后压砂袋、石块保护。

五、注意事项

(1)因梢料容易腐烂,梢料反滤围井和梢料反滤压盖为临时性抢护方法,在汛期后应予以拆除。

(2)对严重的管涌险情抢护,应以反滤围井为主。减压围井只压不导,除险不彻底,应与反滤围井结合使用。

(3)修筑围井时,要保证井壁有足够强度和高度。

(4)对水下管涌抢护,切忌抽干水再填筑。

六、抢险实例

1987 年淮河连续出现 5 次洪峰,高水位持续时间长,蒙洼圈堤、城西湖蓄洪大堤多处出现翻砂鼓水险情。在紧急情况下,均采用土工织物覆盖泉眼,匝住冒砂形成反滤,效果十分显著,一般土工织物铺放 30 min 到 1 h 后便冒清水。抢险堤段土质属轻粉质壤土、砂和砂壤土,采用的土工织物渗透系数为 2.5×10^{-2} cm/s,织物有效孔径 O_{95} 为 0.047 mm。

使用土工织物抢护管涌险情的施工方法如下:

(1)将管涌范围地面整平,清除草皮、杂物及尖锐之物。

(2)如泉眼较小,可用整块土工布盖住泉眼;如泉眼较大或连片,则用线缝或黏结剂搭接 15 ~ 20 cm,在松软地基或水下施工时,搭接宽度应为 0.4 ~ 0.6 m。

(3)将土工织物盖在泉眼上后,用重物将其固定,再由四周向中央压 2 ~ 4 cm 粒径的小卵石或小石子,厚 30 ~ 50 cm。石子上面再压块石或混凝土块(注意不要使有棱角的块石刺破织物),最后形成中心高、四周低的压重体。

(4)铺放土工织物的面积要大于需保护的渗水范围,四周应超出 0.5 m 以上。

(5)如管涌水压力较大,覆盖的土工布被水顶起来,应继续压石子或草袋装石,直至压平;若冒砂孔直径较大,土工布上加压后下凹,甚至将土工布撕破,此时,应在孔内填充大、小石子或石屑,略高于附近地面,以分散渗流,石子上面再铺放土工织物并压重。

第四节 防漫溢抢护

一、险情

在汛期,水位骤升,洪水漫过堤坝顶发生溢流的险情,称为漫溢。由于土质堤坝抗冲刷能力很差,一旦发生漫溢,冲塌速度很快,如抢护不及时将酿成溃坝决堤后果。漫溢是造成土质堤坝失事的主要险情之一。据安徽省统计,1960~1987 年全省小型水库垮坝 64 座,其中漫溢溃坝占 53.8 %。

二、产生原因

(1)流域发生超标准洪水,水位超过堤坝设计防洪标准。

(2)设计计算与实际不符或施工未达设计高程,致使在高水位时洪水漫过堤坝坝顶。

(3)河道内存在阻水障碍物或河道严重淤积,致使行洪断面缩减,水位抬高。

三、抢护原则

大坝防漫溢抢护的原则为"水涨加堤,水多分流"。即洪水位有可能超过堤坝坝顶时,临时加高堤坝或抢筑子堰(子堤),力争在洪水到来之前完成。如有可能,利用分(滞、蓄)洪区分洪,降低水位,减缓险情。

四、抢护方法

为防止洪水漫溢溃决,应根据洪水预报和河库实际情况,选用合适抢护方法,抓紧时机,力争在洪水到来之前完成。常用抢护方法有以下几种。

(一)加高堤坝

根据水情预报及当地人力、机具、物料等情况,在洪水到来之前能竣工的可采用此法。堤坝加高应与背水坡加土培厚同步进行。

(二)抢筑土料子堰

抢筑土料子堰是堤坝防漫溢抢护的优先考虑方案。土料子堰筑于堤坝顶靠近迎水面一侧,距堤肩 0.5~1 m,堰顶宽度大于 0.6 m,边坡不陡于 1:1,堰顶应高于预报洪水位 0.5~1 m。抢筑时,应先沿堤坝轴线开挖一条结合槽,槽深 0.2 m,底宽 0.3 m,边坡 1:1,填土夯实至堤坝顶平,以利新老土结合,然后按设计断面分层填土夯实成子堰,如图 4-13(a)所示。

(三)抢筑土袋子堰

土袋子堰的优点是防冲刷能力较强,施工速度快。抢筑时,土袋装黏性土七八成满后,将袋口缝严,不要用绳扎口,以利铺砌。土袋子堰距迎水堤坝肩 0.5~1 m,袋口朝向背水,排砌紧密,袋缝错开,迎水面边坡为 1:0.3~1:0.5。如子堰高于 1 m,土袋底层可加宽为两排。土袋后面修筑土戗,与铺筑土袋同步分层铺土夯实,土戗边坡不陡于 1:1,结合槽要求同土料子堰,如图 4-13(b) 所示。

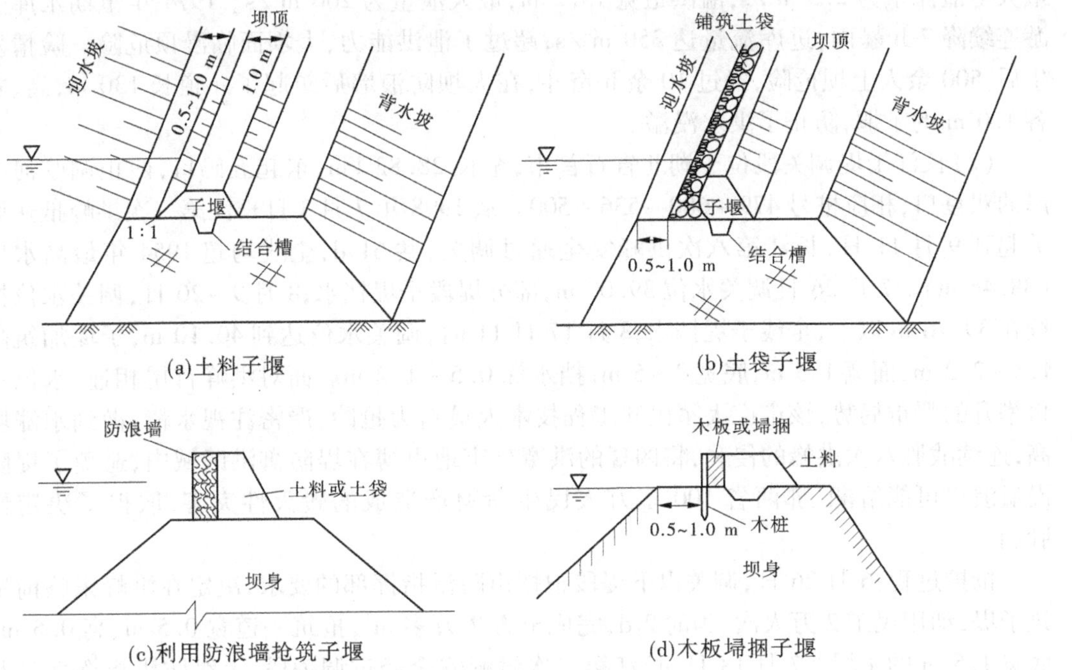

图4-13　抢筑子堰示意图

(四)利用防浪墙抢筑子堰

如土坝顶筑有防浪墙,抢护时可用墙身作为子堰迎水面,在墙后修筑土戗,或墙后铺筑土袋加固加高,如图4-13(c)所示。

(五)木板埽捆子堰(桩柳子堤)

在距迎水堤肩0.5~1 m处沿轴线打一排木桩,架立木板,其后修筑土戗。或将梢料捆成长2~3 m、直径0.2 m的埽捆,绑扎于木桩后,紧靠木桩逐层叠放。在放置第一层埽捆时,应先在堤坝上挖深约0.1 m沟槽,埽捆后应散放秸料一层,厚约0.2 m,然后分层铺土夯实筑土戗,如图4-13(d) 所示。

(六)铺防水布

当预计洪水漫顶时间短,且来不及修筑子堰时,可在堤坝坝顶和背水坡铺一层防水布(篷布、彩条塑料布等),允许洪水短时漫溢。

五、注意事项

(1)抢筑子堰务必全线同步施工,在洪水到来前全线完工。

(2)抢筑子堰时,在万不得已情况下可在背水坡堤坝坝肩处临时借土筑堰,在险情缓和后抓紧修复。

(3)抢修完成的子堰质量一般较差,应加强巡查防守。

六、抢险实例

(1)河北省海流图水库,总库容580万 m^3,大坝为土石混合坝。放水洞直径1.0 m,

最大下泄流量为 2.3 m^3/s，溢洪道宽 13.2 m，最大泄量为 206 m^3/s。1974 年汛期水库上游连续降 7 h 暴雨，进库流量达 350 m^3/s，超过了泄洪能力，大坝面临漫顶危险。险情发生后，500 余人上坝抢险，经过 10 余 h 奋斗，在大坝防浪墙后筑起了一道长 130 m，高、宽各 1.0 m 的子堰，防止了洪水漫溢。

(2)长江干堤调关段位于湖北省石首市，全长 28.82 km，东起五码口，西止调弦河左岸的双豆口，相应桩号 479+680~536+500。从 1998 年 7 月 3 日长江第一次洪峰抵达调关起到 9 月 11 日，长江第八次洪峰安全通过调关，共 61 d，全线均超 1954 年最高水位(38.44 m)。7 月 26 日调关水位 39.00 m，部分堤段子堤挡水；8 月 9~20 日，调关水位持续在 39.76 m 以上，全线子堤挡水；8 月 17 日 11 时，调关水位达到 40.10 m，子堤加筑高 1.5~2.2 m，面宽 1.5 m，底宽 4~5 m，挡水深 0.5~1.2 m。面对洪峰首尾相连、水位一再攀升的严重局势，该市广大军民和工程技术人员奋力抢险，严密注视水情，做到水涨堤高，连续战胜八次洪峰的侵袭，将凶猛的洪魔牢牢地束缚在堤防御洪区域内，避免了堤防漫溢溃口可能给湘、鄂两省 100 多万人民生命财产造成的毁灭性灾害，取得了决定性胜利。

抢护过程：6 月 26 日，调关以下堤段根据市防汛指挥部的要求，决定在洪峰来临前抢筑子堤，动用民工 2 万人次，为时 2 d，完成土方 2 万多 m^3，抢筑一道宽 0.5 m、高 0.5 m、底宽 1.5 m 的子堤。7 月 18 日，长江第二次洪峰安全经过调关段，上级防汛指挥部又及时对第三次洪峰进行了准确的预报，预报调关水位将达到或接近 39.00 m，部分堤段子堤将挡水，子堤必须相应加高到 0.8 m，面宽 0.6 m，底宽 2 m。7 月 26 日，长江第三次洪水顺利通过调关，洪峰水位 39.00 m，干堤鹅公凸段 4 000 m 子堤挡水。

7 月 29 日，接荆州市防汛指挥部水情预报，长江第四次洪峰将于 8 月 9 日左右到达调关，预报水位将达 39.80 m，子堤再次加高到 1.2 m，面宽 1 m，底宽 2.5 m。8 月 9 日 8 时，第四次洪峰通过调关，洪峰水位 39.76 m，子堤挡水深 0.2~0.6 m。紧接着与第四次洪峰强度相当的第五次洪峰接踵而至，又对全线子堤进行了加固。8 月 13 日 19 时，调关水位 39.74 m，水位仍在缓慢上涨，长江第五次洪峰尚未通过，长江上游第六次更大的洪峰已经形成，预报水位将达到 40.40 m。调关、桃花两个乡(镇)紧急动员全部劳动力上堤，加上解放军官兵共 3 万多人，奋战两昼夜，抢运土方近 10 万 m^3，再一次将子堤加高到 1.7~2.2 m，面宽 1.5~2 m，底宽 2~4 m。8 月 17 日 11 时，长江第六次特大洪峰抵达调关，洪峰水位 40.10 m，子堤挡水深 0.5~1.2 m。

第五节　漏洞抢护

一、险情

在汛期或高水位情况下，堤坝背水坡及坡脚附近出现横贯堤坝坝体或基础的漏水孔洞，称为漏洞。如漏洞流出浑水，或由清变浑，或时清时浑，表明险情在恶化，堤坝有可能发生塌陷，甚至有溃坝决堤的危险。漏洞是最常见也是最危险的险情之一。1996 年，湖北省发生溃口性大险情 7 处，其中漏洞险情就有 5 处。

二、产生原因

(1)堤坝施工质量差,碾压不实。

(2)堤坝内部有蚁穴、兽洞等。

(3)堤坝与刚性建筑物结合不好。

(4)渗水严重,产生集中渗流,土料被带出。

三、抢护原则

漏洞抢护原则是"前堵后导,临背并举"。强调要抢早抢小,一气呵成。在抢护时应首先在迎水坡找到漏洞进水口,及时堵塞,截断水源。同时,在背水坡漏洞出水口采取滤水导渗措施,制止土粒流失,防止险情扩大。切忌在背水坡出水口用不透水物料强塞硬堵。

在漏洞险情抢护时为了截断水流,必须先探查到漏洞进水口的位置,常用的探查方法有以下几种:

(1)水面观测。

(2)潜水探查。

(3)篷布、席片探查。

(4)麻杆探查,如图 4-14 所示。

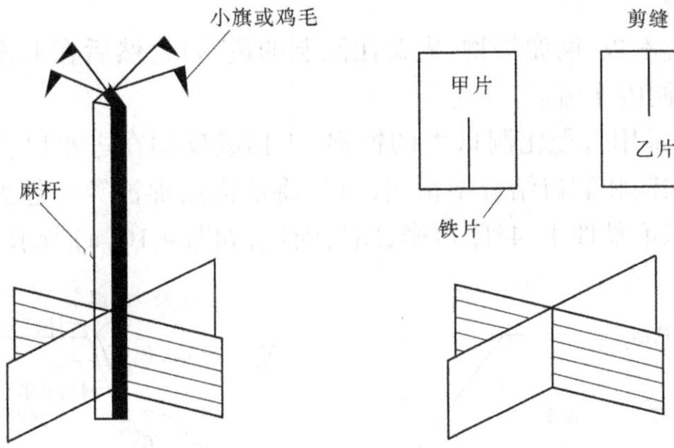

图 4-14　麻杆探洞示意图

(5)借助仪器探查。在漏洞进水口探查时,也可借助浮漂自动报警器、堤防隐患漏洞探测仪、水轮探洞器、97.7LTA 型水下探测自动报警器等进行探查,在黄河堤防漏洞抢护中有很多成功范例。

四、抢险方法

(一)临水截堵

1. 塞堵法

当漏洞进水口较小,周围土质较硬时,可用棉衣、棉被、草包等软性材料填塞,或用预制草捆堵塞。此法适用于水浅,洞口接近水面,便于抢护的情况。

(1)软楔塞堵。用绳结成网格约 10 cm 见方的圆锥形网罩,网内填麦秸、稻草等,为了防止入水后漂浮,软楔中可包裹黏性土料。软楔大头直径 40 ~ 60 cm,长 1.0 ~ 1.5 m,如图 4-15 所示。

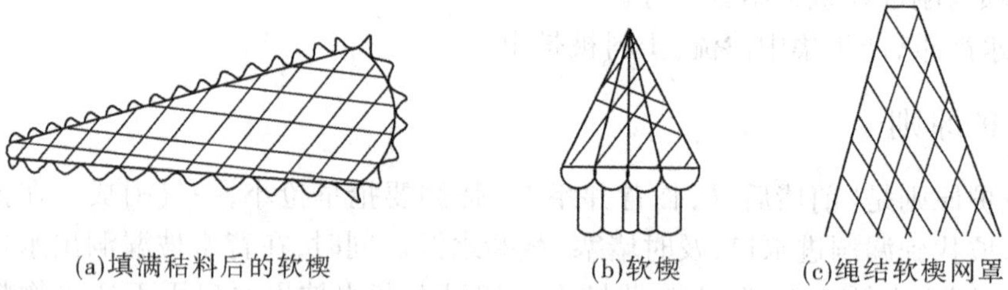

(a)填满秸料后的软楔　(b)软楔　(c)绳结软楔网罩

图 4-15　软楔塞堵示意图

(2)草捆塞堵。稻草、麦秸等用绳捆扎成圆锥体,大小可参照软楔尺寸,也应包裹黏性土料。

在塞堵软楔或草捆前,先将洞口杂物清除,再将草捆或软楔塞入进水口,塞时小头向洞口,如洞口较大,也可用多个草捆或软楔塞入,再用棉被、篷布覆盖上面,用土袋压牢,最后用黏性土封堵闭气。

2. 盖堵法

用铁锅、软帘、薄木板、网兜等物,先盖住漏洞的进水口,然后在上面再抛压黏土或土袋进行闭气,以截断洞内水流。

(1)铁锅盖堵。采用直径比洞口大的铁锅,正扣或反扣在进水口,周围用胶泥封闭,可立即截断水流。如锅和洞口结合不密实,可先将铁锅用棉被等物包裹起来。待铁锅扣紧后,盖压土袋,并抛填黏性土,封闭严密,闭气断流,如图 4-16(a)所示。

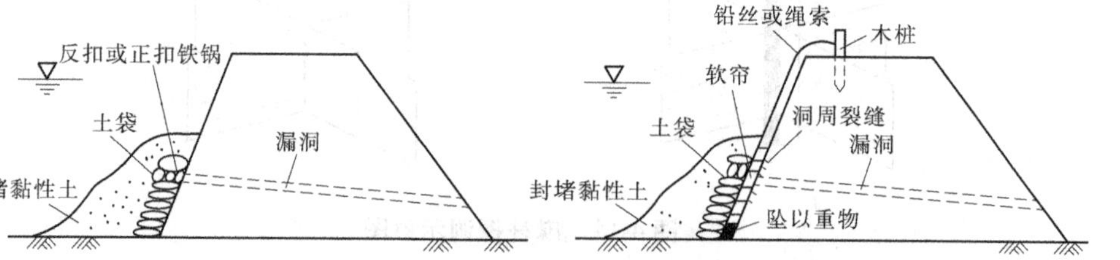

(a)铁锅盖堵　(b)软帘盖堵

图 4-16　盖堵截流示意图

(2)软帘盖堵。适用于洞口附近流速较小、土质松软的情况。选用草帘、篷布、土工膜等重叠数层做成软帘,软帘上边用铁丝固定在坝顶木桩上,下边坠以重物,使软帘贴紧边坡并顺坡往下滚动,把洞口盖堵严密后,再盖压土袋,并抛填黏土,封堵闭气,如图 4-16(b)所示 。如用复合土工膜做软帘,其盖堵方法有手动助推杆式和电动式两种,如图 4-17 所示。

(a)手动助推杆式盖堵法

(b)电动式盖堵法

图 4-17　软帘抢堵漏洞

3. 戗堤法

当堤坝迎水坡漏洞口较多,范围又较大,进水口难以找准时,可采用抛黏土填筑前戗或筑月堤的方法进行抢护。

(1)黏土前戗。可参见本章第二节前戗截渗法。如遇漏水流速大,填土从洞口冲出的情况,可先填筑洞口两侧的土,同时筹集一部分土袋集中抛投,初步堵住洞口后,再抛填黏土,一气呵成。

(2)临河月堤法。如水不太深,可在洞口范围用土袋筑成月牙围堰,将漏洞进口围护在围堰内,再抛填黏土封闭,如图 4-18 所示。

(a)剖面图

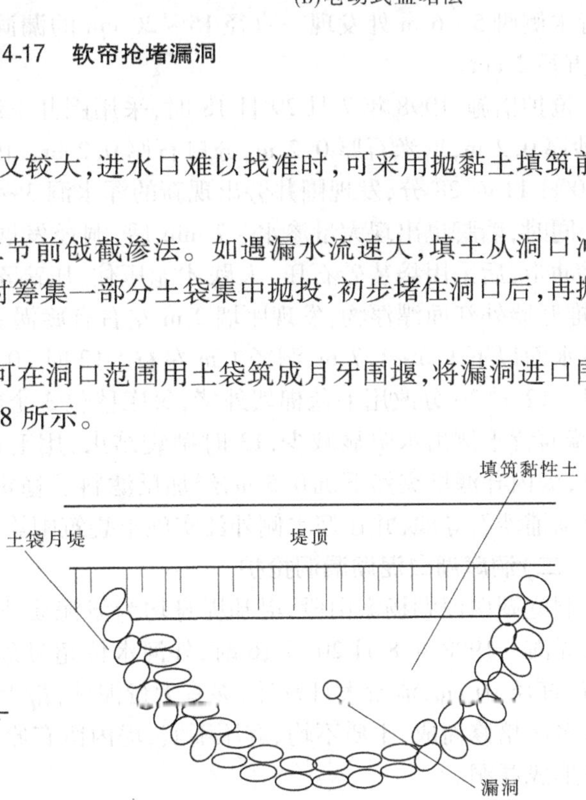

(b)平面图

图 4-18　临水月堤堵漏示意图

(二)背水导渗

为了保证工程安全,在迎水坡堵截漏洞进水口的同时,还必须在漏洞出口处抢筑反滤导渗,以进一步稳定险情。采用的方法有反滤压盖、透水压浸台和反滤围井等,这些方法在前面管涌抢险中已详述,此处从略。

五、注意事项

(1)用临水截堵抢护漏洞险情成败与否,关键在于封堵闭气能否成功,真正使漏洞内闭气断流。

(2)凡发生漏洞险情的堤坝,汛后应采用灌浆法、套井回填法或开挖回填法等予以彻底的处理。

(3)在漏洞出口处切忌用不透水料强塞硬堵。

六、抢险的实例

(一)湖北省武汉市长江干堤漏洞抢护

出险情况:1998 年 7 月 29 日 17 时 25 分,长江水位 29.02 m(汉口水文站),武汉市汉口长江干堤丹水池堤段,中国石化中南武汉公司油库院内沿江堤桩号 50 + 300 处,距挡水墙背水侧脚 5 ~ 6 m 处发现一直径 15 ~ 20 cm 的漏洞,水柱高 3 ~ 4 cm,旁边还有两个小洞,直径 2 cm。

抢护措施:1998 年 7 月 29 日 18 时,采用围井三级导滤层处理,围井直径 2 m、高 0.8 m,沙厚 0.2 m,瓜米石厚 0.2 m,分口石厚 0.2 m。19 时 20 分处理完毕后,渗出清水。7 月 30 日 11 时 28 分,发现围井旁出现新的浑水洞 3 ~ 4 个,洞径 2 ~ 3 cm,涌水高 20 cm 左右。同时,墙脚也出现大量渗水。7 min 后,洞径发展到 30 ~ 40 cm,涌水量加大,导滤料被水冲走,后采用袋装砂石压,人踩才能压住,压高至 1.6 m 左右才刹住水势。30 日 12 时,推开墙外江面漂浮物,发现距墙 2 m 左右有旋涡。经潜入江中用脚踩探,发现墙外洞口在水面以下 1.6 ~ 1.7 m,洞径 1 m 左右。12 时 20 分,用袋装土 40 ~ 50 袋外堵,效果不明显。12 时 30 分改用毛毯棉絮外堵,每床毯包 3 个编织土袋下沉,抛 7 ~ 8 床毛毯、棉絮后,墙面背水侧出水明显减少,13 时抛袋结束,用毛毯、棉絮 44 床,墙后出水基本停止。此时,堤内导滤堆突然下沉 0.5 m,经加反滤料后稳定。为巩固成果,对堤后有疑点的 20 m 范围铺沙石导滤,并在迎水侧外江实施土袋筑围埝。

(二)洞庭湖白泥湖漏洞抢护

洞庭湖白泥湖杨家山段,堤基堤身均为淤泥质或砂质黏土,堤高 11.5 m,断面单薄,堤外无滩。1998 年 8 月 20 日 16 时,外河水位超过危险水位 1.06 m,在内平台发现漏洞险情,直径 10 cm,流量大且冒沙,夹有大量泥球,最大直径达 2.5 cm。险情原因主要是该堤系多次培修而成,土质不均、夯压不实,堤内留有原公路基的砖渣石块及树根杂物,高水位时形成漏洞。

抢护措施:麻袋装土和卵石在堤外抢筑围堰,堰堤之间倒黏土堵漏闭浸。为了确保安全,在土袋围堰外,又打木桩、围垫等修第二道围堰;在漏洞出口按级配铺筑反滤堆;同时,在内坡筑一长 20 m、宽 10 余 m、高 2.5 m 的砂卵石导滤压浸台。经过 1 200 人 30 多 h 奋战,耗用砂卵石 4 000 t、编织袋 40 000 条、麻袋 6 000 条、彩条塑料布 3 000 m^2、土方 1 000 多 m^3,使险情转危为安。

第六节　裂缝抢护

一、险情

对于土质堤坝而言,裂缝是最常见的险情。裂缝有时可能是其他险情的预兆,如内部横向裂缝有可能发展为漏洞,而滑动性裂缝则是滑坡险情的初始阶段,须高度重视。裂缝有以下几种分类方法：

(1)按裂缝走向可分为横向裂缝、纵向裂缝、龟裂缝。

(2)按产生原因可分为沉陷裂缝、滑坡裂缝、干缩裂缝、振动裂缝。

(3)按所在部位可分为表面裂缝、内部裂缝。

(4)按滑动性质可分为滑动性裂缝、非滑动性裂缝。

其中，对堤坝安全威胁最大的是滑坡裂缝和贯穿堤坝的横向裂缝。

二、非滑动性裂缝产生的原因

(1)堤坝坝体或基础不均匀沉陷。

(2)施工质量差，夯压不实，土料含水量大。

(3)堤坝与刚性建筑物结合不良。

(4)边坡过陡，堤坝失稳。

(5)强烈震动。

三、抢护原则

裂缝的抢护，首先应判断裂缝的类型，分析裂缝产生的原因，然后根据裂缝所在部位和严重程度，选择合适的抢护方法。对于因不均匀沉陷产生的横向裂缝，或是滑坡裂缝，或是较宽较深的纵向裂缝，都应及时抢护，以免危及堤坝安全。对于较窄的纵向裂缝，可用干细砂封堵缝口，以免雨水进入，也可暂不处理。

四、抢护方法

对于非滑动性裂缝，在抢护时一般采用开挖回填的方法，处理较彻底，抢护速度快。

（一）梯形楔入法

梯形楔入法适用于堤坝坝顶或背水坡的纵向裂缝。开挖时采用梯形断面，或呈阶梯状，回填前先削坡并将结合面凿毛，回填时分层夯实，使新老土体紧密结合，如图4-19(a)所示。

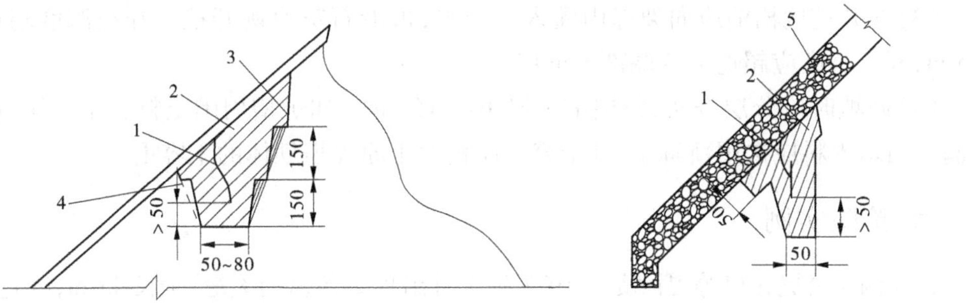

1—裂缝；2—回填土；3—开挖线；4—回填线；5—块石护坡

图4-19　裂缝开挖回填示意图　(单位：cm)

(二)梯形加盖法

梯形加盖法适用于堤坝迎水坡的纵向裂缝。开挖要求可参见梯形楔入法,但为满足防渗要求,坑槽上部应适当加大开挖范围,如图 4-19(b)所示。

(三)横墙隔断法

横墙隔断法适用于堤坝顶部的横向裂缝。在开挖时,除顺裂缝走向开挖直槽外,为了防止渗水沿新老土体结合处产生渗流,在垂直渗流方向每隔 2 ~ 4 m 加挖结合槽,在平面上呈十字形。

为了施工安全,可在迎水坡做挡水围堰,如图 4-20 所示。

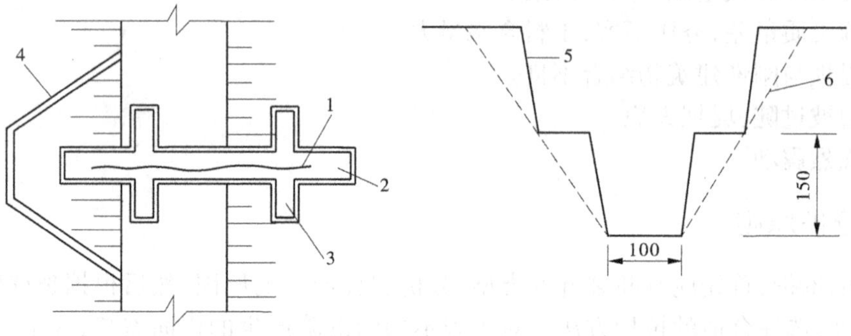

(a)裂缝开挖平面图　　(b)裂缝开挖横断面图

1—裂缝;2—坑槽;3—结合槽;4—挡水围堰;5—开挖线;6—回填线

图 4-20　横墙隔断法示意图　(单位:cm)

五、注意事项

(1)发现裂缝后,应尽快用土工膜等加以覆盖,不让雨水流入,并加强观察。

(2)对伴随有滑坡、坍塌险情的裂缝,应先抢护滑坡、坍塌,待脱险并趋于稳定后再按上述方法抢护裂缝。

(3)在开挖坑槽前应向裂缝内灌入石灰水,再沿石灰痕迹开挖。开挖深度超过缝深 0.5 m,开挖长度应超过裂缝端部 1 m 以上。

(4)回填时应分层夯实,每层虚土厚 10 ~ 15 cm。如坑槽周围土料过于干燥,应洒水湿润。回填土料应选用新鲜土,其干容重应稍大于原堤坝坝体的干容重。

六、抢险实例

长江四邑公堤花口等堤段堤顶 1977 年 7 月出现 2 条纵向裂缝,全长 45 m,缝宽 0.5 ~ 1.0 cm,缝深0.8 m,距堤面临水肩 1 m 左右。出现裂缝的主要原因是该堤段 1974 年加修临水堤坡时清基不彻底,新老部位结合不好,沉陷不均匀。加之堤面凹坑积水,堤脚有 1 ~2 m深的水沟,以及连降暴雨,使堤身土体饱和膨胀,造成堤坡不稳而出现裂缝,经开挖回填处理后,效果良好。

第七节 滑坡(脱坡)抢护

一、险情

滑坡是指堤坝的一部分土体由于各种原因失去稳定并发生显著的相对位移,脱离原来位置向下滑移的现象。根据滑坡体范围,一般可分为堤坝体与基础一起滑动和堤坝局部土体滑动两种。滑坡是堤坝严重险情之一,1954 年长江发生洪水,荆江大堤及其他干堤共发生滑坡险情 361 处,长达 13.8 km。

滑坡裂缝的识别:滑坡裂缝初期与纵向裂缝相似,呈近似直线走向,后期裂缝两端呈弧线下挂;初期发展缓慢,而滑动土体失稳后速度加快,滑动面较深,呈圆弧形;缝宽不很大,但有错距;如连同基础一起滑动,则背水坡坡脚附近地面往往被推挤外移而隆起。

二、产生原因

造成滑坡的主要原因是滑动力超过了阻滑力,具体有以下几方面:

(1)高水位持续时间长,或排水设施失效导致浸润线抬高,土体浸水饱和,抗剪强度降低,背水坡易产生滑坡。

(2)水位骤降,土体来不及排水,滑动力加大,迎水坡在渗水作用下易滑动。

(3)施工质量差,夯压不实,土体抗剪强度低,或者土料干容重低,或地基处理不彻底,土体抗剪强度未达到设计要求。

(4)设计不合理,断面单薄,边坡太陡。

三、抢险原则

滑坡险情抢护的原则是"增加阻滑力,减小滑动力","上部削坡减载,下部固脚压重"。即上部减载是在滑动体上部削缓边坡,以减小滑动力;下部固脚压重是抛石(或砂袋)压脚,以增加阻滑力。对因渗流引起的滑坡,须"前堵后导",降低渗透水压力。如断面单薄,边坡过陡,则应加筑后戗予以加固。

四、抢护方法

滑坡的抢护方法有固脚阻滑法、滤水土撑法、滤水还坡法、滤水后戗法和前戗截渗法。

(一)固脚阻滑法

固脚阻滑法既能制止滑坡继续发展,又能加固坡脚,达到稳定险情的目的。如滑坡发生在背水坡,可在滑动体下部坡脚附近用块石砌筑堆石体,或者用块石、土袋、铅丝石笼等进行抛投,其体积大小由稳定计算确定。当滑坡发生在迎水坡,而水位又不能降低时,可用经纬仪定位,用船向水中抛石固脚。同时,还要视情况将滑动体上部进行削坡,以减小滑动力。

(二)滤水土撑法

滤水土撑法又称滤水戗垛法。此法适用于背水坡排水不畅,滑坡范围较大,取土较困难的情况。具体做法是：先在滑坡范围内全面抢筑反滤导渗沟，以减少渗水压力和降低浸润线，以制止滑坡进一步发展，导渗沟要求可参见"渗水抢护技术"。接着每间隔 8～10 m 修筑滤水土撑，以加固因滑坡造成的单薄堤坝坝体。每条土撑顺堤坝方向长 10 m 左右，顶宽 5～8 m，边坡 1∶3～1∶5，撑顶高出浸润线出逸点 0.5 m 以上。土撑采用透水性较大的土料，分层填筑夯实，如图 4-21(a)所示。

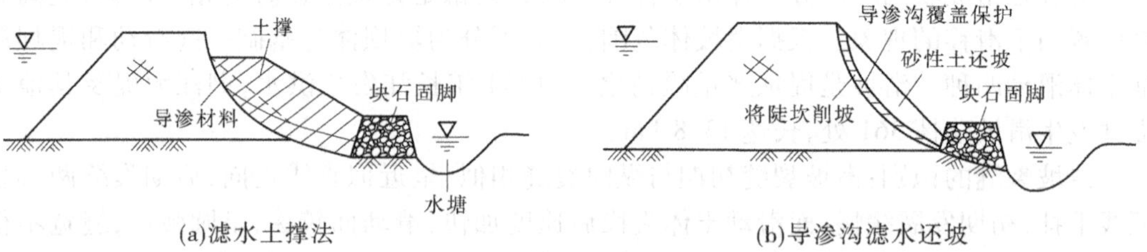

图 4-21　滑坡抢护示意图

(三)滤水还坡法

滤水还坡法适用于背水坡，因浸润线出逸点过高或排水不畅而引起的严重滑坡。此法通过在背水坡修筑反滤结构并恢复堤坝断面，从而消除险情。具体做法有以下四种。

1. 导渗沟滤水还坡

先在背水滑坡范围内做好导渗沟，其做法可参见前述"反滤导渗沟"，并予以覆盖保护，再将滑坡体顶部陡坡削成缓坡，最后用砂土分层夯实，做好还坡，如图 4-21(b)所示。

2. 反滤层滤水还坡

反滤层滤水还坡法与导渗沟滤水还坡做法基本相同，仅将导渗沟改为反滤层。反滤层做法参见前述"渗水抢护"。

3. 砂土还坡与梢土还坡

砂土还坡与梢土还坡的做法与导渗沟滤水还坡、反滤层滤水还坡基本相同。如地基不好，应先加固地基，然后清理滑坡体的松土、软泥，并将滑动体顶部陡坡削成缓坡，最后进行还坡。在还坡过程中，用砂土回填的称砂土还坡，用一层砂土、一层梢料回填的称梢土还坡，可参见图 4-8。

(四)滤水后戗法

滤水后戗法适用于堤坝断面单薄、背水坡过陡、反滤料较丰富的情况。做法参见前述渗水抢护中"透水后戗法"。

(五)前戗截渗法

前戗截渗法一般与背水坡滑坡体处理同时进行。做法可参见前述渗水抢护中"黏土前戗法"。

五、注意事项

(1)滑坡一般发展较快，应抓紧时机，立即抢护，一气呵成。

(2)对于滑坡裂缝，不能采用灌浆方法，因为灌浆压力会加快滑动体下滑。

(3)不宜采用打桩固脚方法抢护滑坡，因为震动也会加快滑动体下滑。

(4)在滑动体上部,不能堆放重物,减少人员践踏,以免增加滑动力。

(5)如滑坡伴随有漏洞、严重渗水险情,不能仅采取单一抢护方法,应综合考虑,采取临、背并举或采用多种方法抢护,以策安全。

六、抢险实例

浙江省东苕溪大堤上段称为西险大塘,是杭州市的防洪屏障。1966 年 6 月 29 日至 7 月 2 日,东苕溪流域发生特大洪水,72 h 降雨量达 305 mm。7 月 2 日 18 时,距离杭州市约 17 km 的西险大塘乌龙涧段发生大滑坡,出现时洪水位高出杭州市地面 2 ~ 4 m,如一旦决堤,后果不堪设想。滑坡段长近 50 m,一开始滑动堤身就滑去近 2/5,滑坡土体填入背水坡脚外 20 m 处的池塘内,滑坡面呈直立陡坎,坎高达 6 m,滑坡面上渗水向下流淌。在抢险过程中,险情不断恶化,堤顶继续开裂下滑,最险处原堤身宽仅剩下 0.7 m,濒临一触即溃的境地。这段险塘原为第二线备塘,前两年因开辟航道乌龙涧船闸需要,将原挡水的一线塘废弃挖除了,使第二线备塘直接临水。滑坡前堤顶高程 12 m,顶宽 5 m,边坡 1∶2,迎水坡脚外有滩地,高程接近 8 m,背水坡地面高程近 6 m,内坡脚外为池塘。

据勘探资料和汛后重新加固堤身开挖剖面目测,发现堤身上层 3.5 m 内为含大量碎石砖瓦等块状杂质的填土,下层为粉质黏土,中间厚 10 cm 左右的薄层为含泥中粗砂,是强透水层;堤顶以下 6.4 ~7.8 m(高程 5.3 ~3.9 m)地基表层为淤泥质黏土。因高水位持续时间长,在渗透水流作用下,堤身饱和,地基上表层为淤泥质黏土,背水坡脚外又临池塘,从而导致滑动破坏。

滑坡发生后,工程技术人员迅速赶到现场,察看了险情,认为是深层大滑坡,而且险情将继续恶化,于是利用对险段周边环境熟悉的有利条件,按照"前堵后导"的原则,因地制宜地提出迎水坡用土袋帮宽防渗,背水坡用石渣导渗、压渗支撑的总方案。抢险一开始,工程技术人员根据迎水坡脚外有滩地,水已上滩地 2 m 左右,滑坡后堤身单薄,渗水量大等情况,提出集中人力、物力突击抢救迎水坡,用土袋帮宽,以缓解险情,稳定人心。为了抢时间,抢险人员把附近陶土矿仓库里 3 000 余包陶土调运过来,与土包混合一起垒叠,2 h堤身帮宽 2 m,这是抢险第一回合。接着在继续帮宽的同时,着手抢护背水坡侧,全部采用麻袋石子透水材料。抢护背水坡侧的初始方案为:先于背水坡脚外约 18 m 处做一道平行堤身的阻滑基脚,其两端折向堤顶方向,以有利导渗阻滑支撑。其顶宽 2 m,高 2 m 多,大部沉入土体中。随后用石渣以 1∶2.5 边坡复坡。平均铺垫约 1 m 厚,快到残留堤身时适当加厚以利连接,这样石渣用量约减少一半。由于堤身继续开裂倒塌,为了赢得时间,又将平均铺垫改为条带肋墙支撑,肋墙之间用砂性土回填。肋墙用石子包抢筑,宽 1 m 多,高度沉入土体后高出地面约 0.8 m,自阻滑齿墙向上垒叠,与残面堤身相接时适当加宽加厚加高,肋墙间距 2 m 左右。肋墙做好后,堤身及坡面渗水都流入肋墙向下排出,效果明显。抢险到 3 日凌晨 2 时,肋墙没有做的堤段险情急剧恶化,原有堤身大部滑去仅剩下几十厘米,大量渗水和土混合成液体向下流淌,出现了一触即溃的困境。在千钧一发之际,一支武警部队及时赶到,又突击抢筑肋墙和帮宽堤身。为了抢时间,最后一道肋墙改为 Y 字形布设。肋墙完成后,形成了较完整的导渗排水支撑系统,即肋墙和阻滑基脚共同起支撑导渗作用,迎水坡又帮宽到 6 m 多,抢险工程技术措施发挥了综合作用,加之防洪调度等应急措施，到3日凌晨4时多，险情得到控制。天明时肋墙之间改用石子回填复坡，更有利于排渗和稳定。

第八节　跌窝（塌坑）抢护

一、险情

跌窝是指堤坝坝体在高水位作用下，持续浸水饱和，堤坝顶部、边坡及坡脚附近突然发生局部凹陷的现象。这种险情既破坏堤坝完整性，有时还伴随渗水、漏洞等险情同时发生，严重时可能会导致堤坝突然失事的危险。跌窝也是常见险情之一，1954年长江洪水，荆江大堤发生跌窝162处。

二、产生原因

(1)施工质量差，夯压不实，基础未处理好。

(2)堤坝体有隐患，如蚁巢、兽穴等。

(3)堤坝内涵管漏水，或管涌、流土、漏洞所致。

(4)刚性建筑物与土体结合处未处理好。

三、抢护原则

根据险情出险的部位及原因，采用相应措施，防止险情扩大。对于跌窝，一般采用翻挖回填的方法处理。如跌窝伴有管涌、渗水、漏洞等险情，应按照"临水截渗、背水导渗"原则进行抢护。如水位较高，一时难以查明原因，可先对跌窝作临时性的填土处理。

四、抢护方法

跌窝的抢护方法有翻填夯实、填塞封堵和填筑滤料等。

（一）翻填夯实

翻填夯实适用于水位不是很高，跌窝伴随管涌、渗水、漏洞等险情时。具体做法是：先将跌窝内松土挖出，再用新鲜土料分层填实夯实，直至恢复堤坝原状，如图4-22所示。

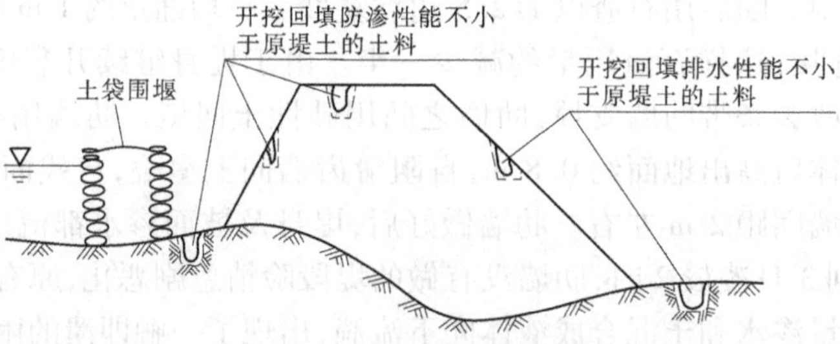

图4-22　翻填夯实示意图

（二）填塞封堵

如跌窝位于迎水坡的水下，且水太深，可先筑围堰，将水抽干后再翻挖回填；也可用土袋直接在水下填实跌窝，再抛黏土加以封堵和帮宽。如堤坝断面单薄，可抢筑黏土前戗。

（三）填筑滤料

如跌窝位于背水坡，且伴随管涌、渗水或漏洞等险情，应尽快在迎水坡进行截渗。同时，先将跌窝中松土清除，再用滤料填满跌窝，如条件允许，其上铺设反滤层效果更佳。

五、注意事项

不论采用何种跌窝处理方法，在汛期后须予以彻底处理，如灌浆、重新翻挖回填、重新设置防渗排水设施等。

六、抢险实例

（1）1986 年汛期，哈尔滨市钱塘街松花江大堤背水坡发生 2.5 m^3 的跌窝，在洪水位以下并伴有渗水，当即采用砂土填压度汛。

（2）1954 年 8 月上旬，荆江大堤蔡家湾段，堤外坡水面以下 0.7 m 处发生一处跌窝，长 4 m、宽 2.5 m、深 2 m，估计体积达 20 m^3，并伴有漏洞，险情严重。当即用棉絮、土袋等将洞口堵塞，然后抢筑外帮阻止水流入堤，终于转危为安。

第九节　崩塌抢护

一、险情和产生原因

崩塌是指由于水流将堤防坡脚冲刷淘空，岸坡变陡使上层土体失稳而崩塌；或者是由于汛期水位急剧下降，堤坝内反向渗透水压力加大，部分土体向河道内滑动，使临水坡发生崩塌。崩塌体一般呈条形或者弧形阶梯状。

二、抢护原则

抢护原则为“防冲护脚”，即减少水流冲淘，抢护护坡、护脚。崩塌险情危及堤防的稳定性，应及早抢护，维持尚未崩塌堤岸的稳定，制止险情进一步扩大。在抢护时，应因地制宜，就地取材，抢小抢早。

三、抢护方法

崩塌抢护方法有护脚防冲法、桩柴护岸法和柳柴护岸法等。

（一）护脚防冲法

当堤防受水流冲刷，堤坡或堤脚已冲成陡坎时，可采用此法。尽快护脚固基，抑制水流继续冲刷。此法施工简单，适应性强，采用最为广泛。抛投前，应先摸清坍塌体的长度、宽度和深度，估算抢护所需劳力或物料。抢护时，在堤顶或船上沿坍塌部位抛投块石、土袋、铅丝石笼或柳石枕，先抛投坍塌严重的部位，水下抛投后的坡度应缓于原堤坡，如图 4-23（a）、（b）所示。柳石枕一般长 10 m，直径 1 m，外围柳料厚 0.2 m。以柳枝、芦苇捆扎成小把，石心直径约0.5 m，用铅丝或麻绳捆扎成枕，如图4-23(c)所示。

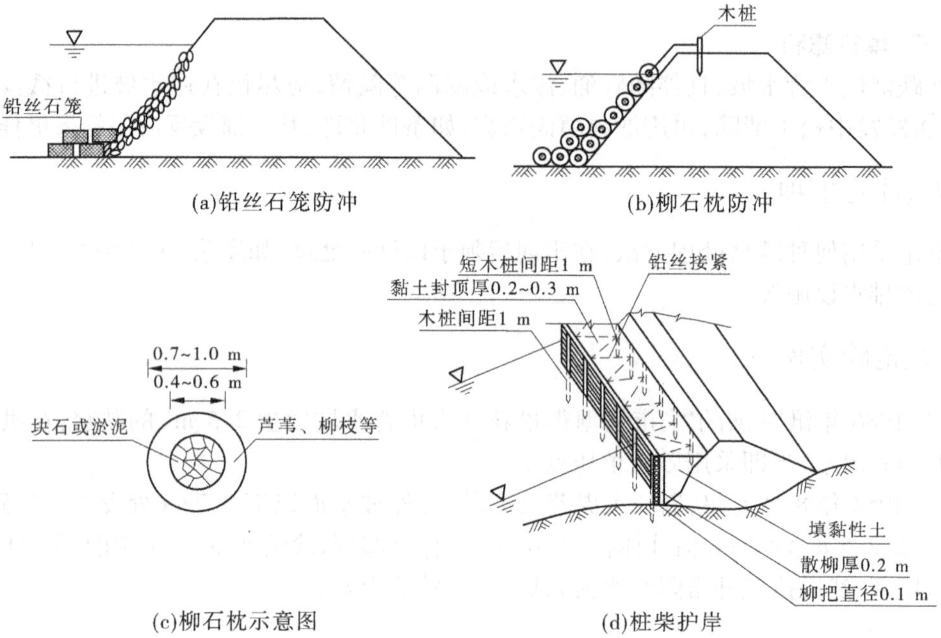

(a)铅丝石笼防冲　(b)柳石枕防冲　(c)柳石枕示意图　(d)桩柴护岸

图4-23　坍塌抢护示意图

(二)桩柴护岸法

在水不太深的情况下，堤坡堤脚受水流淘刷而坍塌时，可采用此法。抢护前，先探摸坍塌部位水深，确定木桩的长度。抢护时，在坍塌处下沿打木桩一排，间距1 m，桩顶略高于坍塌体最高点；木桩后密压厚0.1 m的柳把(或散柳)一层，并栓牢在木桩上，其后用散柳、散秸或其他软料铺填厚0.2 m，软料背后用黏土填实；在坍塌部位的上部与前排桩交错另打一长0.5～0.6 m，桩距1.0 m的签桩一排，略露桩顶，并用麻绳或14号铅丝将前排桩拉紧，固定在铅桩上。最后用厚为0.2～0.3 m黏性土封顶。桩柴护岸如图4-23(d)所示。

(三)柳柴护岸法

柳柴护岸法适用于堤防迎水坡被淘刷范围较大的险情，对减缓流速、抗御冲刷较为有效。要先摸清堤坡被淘刷的位置、水深和范围，决定沉柳的底部位置和应沉的数量。采用枝叶茂密的柳树头，用铅丝或麻绳将大石块或土袋捆扎在柳树头的树杈上。用船抛投，待船定位后，将树头推入水中。要从下游往上游，由低处至高处，依次抛投，务使树头依次排列，紧密相连。

四、注意事项

上面介绍的是堤防崩塌险情抢护的常用方法，此外，对于断面较大的堤防，可将堤防临河侧水位以上陡坡削缓，背河侧帮宽，以提高堤防稳定性；对于水流急、坍塌速度快的险情，可在临河侧抢护的同时，在背水河侧修建圈堤，以策安全；使用掘土机、吊车等机械抢险也是迅速控制险情的有效措施;其他还可以参考使用黄河抢险中采用的柳石软搂法、柳石搂厢法。

五、抢险实例

漳河临漳段堤防位于河北省临漳县。1963 年 8 月,漳河流域发生特大洪水,上游岳城水库 8 月 5 日最大下泄流量达 4 300 m^3/s,8 月 10 日后漳河水位下降,岳城水库下泄流量 8 月 12 日降至 500 m^3/s。由于临堤水位骤降,临漳堤防相继出现崩塌险情,8 月 21 日发现有 300 m 长大堤崩塌。

经讨论分析,确定抢护方案如下:

(1)下水牛。即主流直射正对的部位下 3 组水牛,每组 5 个,共 15 个,迎挑主流消其势,压其威,并向外推散其冲力。水牛是用 15 ~ 20 cm 粗、6 ~ 8 m 长的桩木或檩木状的树干三根,一头用铅丝扎紧,另一头呈三角形支撑开,下到水里,树干上扎树枝。

(2)下柳枕。即在紧接水牛的下游下柳枕压跟护堤,防止淘刷。柳枕用柳树的树干、树枝捆扎,直径 1 m 左右,长 10 m 左右,内填砖石或黏土。

(3)在水牛和柳枕的两头(上、下游)挂柳树头以防风浪冲刷。

从 8 月 21 日下午 19 时至次日 9 时,4 000 多人奋战一夜多,共下水牛 15 个,下柳枕近 100 个(一个部位 3 ~ 5 个,最多的连接摞 8 个),挂树头 70 多棵。

通过采取上述措施,大堤及河岸均停止了坍塌,把主流推离大堤 10 m 左右,大堤保住了,整个险段脱险了。事实证明,在土质不好的险工、险段,采用柳枕(即柳枝包捆砖、石或黏土)进行抢护是行之有效的。它既可以防止淘刷,又可以挂淤、落淤,巩固、扩展根基,是一种切实可行、方便有效的好措施。

第十节　防风浪抢护

一、险情

在高水位情况下,当风速较大时,堤坝迎水坡将遭受风浪连续冲击,且伴随着波浪往返爬坡运动,还会出现负压,使堤坝土料或护坡遭受破坏。轻者把迎水坡冲刷成陡坝,重者造成坍塌、滑坡漫溢等险情,甚至溃坝决堤。

二、产生原因

(1)设计标准低,高程和断面不足。

(2)施工质量差,土料不合要求,坝坡抗冲刷能力差。

(3)风大浪高,特别是风向与吹程一致时,堤坝前引发高浪。

三、抢护原则

防风浪抢护以削减风浪对迎水坡冲击力为主,提高迎水坡抗冲刷能力为辅。即利用漂浮物防浪,拒波浪于迎水坡以外的水面上,有效削减波浪高度和冲击力。提高迎水坡抗冲刷能力，就是将防汛物料（如土织物、土工膜、彩条塑料布）铺设在迎水坡上，使其免遭冲蚀。

四、抢护方法

防风浪抢护方法有挂柳防浪、挂枕防浪、土袋防浪和土工织物（膜）防浪等。

（一）挂柳防浪

选用枝叶繁茂的柳树头，干枝长 1 m 以上，如树头过小，可数棵捆在一起，把树头用铅丝或麻绳拴在堤顶的木桩上，树梢向下推入水中，下水前应在树枝上捆扎块石、砂袋，使其紧贴堤坡不再漂浮，如图 4-24（a）所示。

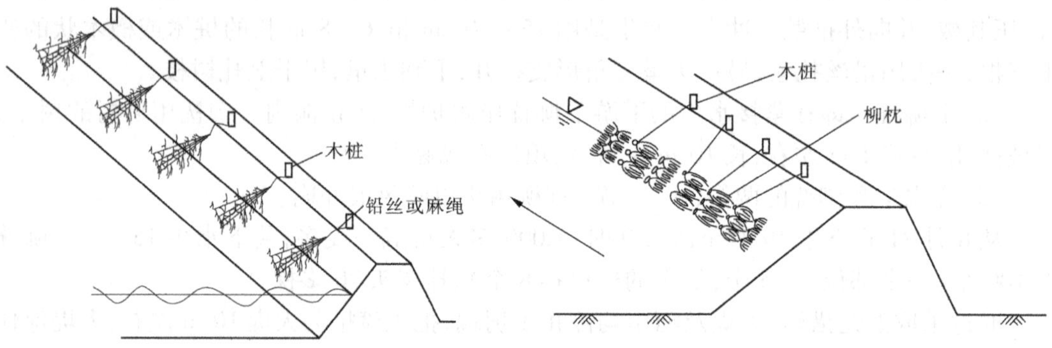

图 4-24 防风浪抢护示意图

（二）挂枕防浪

将柳树枝、芦苇等条料捆扎成直径 0.5～0.8 m 的浮枕，长度视具体情况定，最长的枕可达 30～50 m，枕的纵向每隔 0.6～1 m 用铁丝捆扎，并将枕固定在堤顶木桩上。枕入水后，使其漂浮于距堤 2～3 m 处为宜。如风浪较大，可用多个枕组成排，排每隔 3～5 m 捆一木杆使枕排连成一体，也称连环枕，如图 4-24（b）所示。

（三）土袋防浪

在风浪冲击较严重的堤段，用土袋（内装碎砖、石子、砂土）顺堤坡摆放，袋口向外，依次排列叠压，搭接密实，土袋应略高于风浪爬高处。土袋下面最好能铺设一层土工织物或 0.1 m 厚软草，以防止风浪将土料淘出。

（四）土工织物（膜）防浪

将土工织物或土工膜铺设在堤坡上，以抗御波浪对堤坡的破坏。铺设时，土工织物的上沿应高出洪水位 1.5～2 m，其四周用间距高 1 m 的平头钉与堤坝钉牢，上下平头钉的排距不得超过 2 m。如平头钉制作困难，可用长宽各 30 cm、厚 20 cm 预制混凝土块压住土工织物，其位置与平头钉相同。如在紧急情况下，也可用土袋压重。土工织物（膜）防浪示意图如图 4-25 所示。

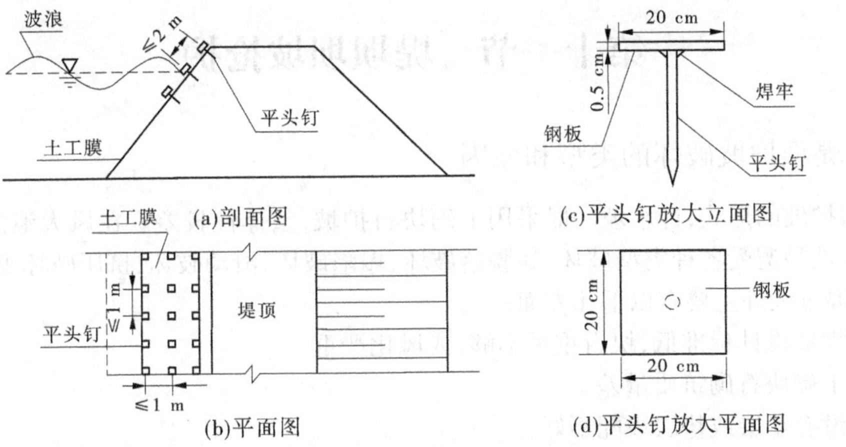

图 4-25　土工织物(膜)防浪示意图

五、注意事项

(1)上面介绍的是堤防防风浪抢护的常用方法。此外,还有柳箔防浪、木排防浪、秸料护岸、土工织物软体排防浪等。

(2)抢护风浪险情,尽量不要在堤坡上打桩,必须打桩时,桩距要大,以免影响堤坡稳定性。

(3)采用土工织物、土工膜防浪是一种快速而有效的抢护方法,但在铺设时须压牢,以防被风浪卷起漂浮。

六、抢险实例

1954 年长江发生大洪水,武汉市长江堤防面临风浪的严重威胁。据计算,如遇 7 级大风,浪头高达 1.8 m。为了防御风浪袭击,武汉市沿江建成 62.4 km 长的防浪木排。

(1)木排的结构。为了木排牢固,使用中径 10 ~ 18 cm 较直的杉原条木来扎排,共为三层,排厚 50 cm,每小把宽 2 m,两小把合并成一大块,中间留 1 m 空隙,加上 4 道梁即为防浪排。三块排中间,用磨盘缆两道结成联排。

(2)抛锚定位方法。若水流不急,一般每个联排抛锚 4 ~ 5 只,排头尾抛八字锚,中间外帮水抛腰锚一只。缆绳长度为 5 倍水深。木排距堤岸 40 ~ 50 m,随时根据堤坡情况变更距离,以防内锚抓坏堤坡。

(3)木排防浪效果。据实地观测,木排定位于距岸 2 ~ 3 倍波长(25 ~ 30 m)防浪效果最好,排内波浪高仅为排外 1/3。4 ~ 7 级风时木排防浪效果最好,可以降低浪高 60%,当风浪达 8 ~ 9 级时,防浪效果显着降低,削减波高只能在 30% 左右。这是因为在同样吹程及水深条件下,8 级风浪浪高比 7 级风浪浪高大 70%,浪压力大 73%,因此木排防浪效果仍有一定限度。

第十一节　堤坝坝坡抢护

一、堤坝护坡破坏的类型和原因

堤坝护坡的形式，迎水坡一般采用干砌块石护坡，整体性较差。在风大浪急情况下，堤坝迎水坡易遭受各种类型破坏，如脱落破坏、塌陷破坏、滑动破坏、挤压破坏等。究其原因，除风浪过大外主要有以下几方面：

(1)坝坡设计标准低，块石重量不够，或风化严重。

(2)干砌块石砌筑质量差。

(3)没有垫层或垫层级配不好。

(4)坝坡的底端或转折处未设基脚，结构不合理或埋深不够。

(5)水位骤降或强烈地震。

二、抢护方法

当坝坡受到风浪或冰凌破坏时，应立即采取临时性紧急抢护方法，以防止险情进一步恶化。

(1)砂袋压盖。适用于风浪不大，坝坡局部松动脱落，垫层尚未被淘刷的情况，此时可在破坏部位用砂袋压盖两层，压盖范围应超出破坏区 0.5 ~ 1.0 m 范围。

(2)抛石抢护。适用于风浪较大，坝坡已冲掉和坍塌的情况，这时应先抛填 0.3 ~ 0.5 m 厚的卵石或碎石垫层，然后抛石，石块大小应足以抵抗风浪的冲击和淘刷。

(3)铅丝石笼抢护。适用于风浪很大、坝坡破坏严重的情况。装好的石笼用设备或人力移至破坏部位，石笼间用铅丝扎牢，并填以石块，以增强其整体性和抵抗风浪的能力。

三、注意事项

在洪水过后，坝坡破坏部位应采取永久性措施予以加固修复，如局部翻砌、浆砌石框格、砂浆灌注石块缝隙、预制混凝土护坡等。

第十二节　堤防决口抢护

一、险情

在汛期，堤防受洪水或风浪袭击，超过堤防的抗御洪水能力或者出险抢护不当，堤防造成口门过流的现象称为决口。堤防发生决口后，在适当时机对口门进行封堵称为堵口。堵口截流工程完成后，按原设计标准恢复堤顶高程和堤防断面称为复堤。决口按成因分为：①因水位漫顶而决口称为漫决；②因水流冲击而决口称为冲决；③因堤防塌陷而决口称为溃决；④因人为掘堤而决口称为扒决。

堤防一旦决口，几米甚至十几米水头的水流倾泻而下，将给人民生命财产造成巨大损失。在1998年长江抗洪中，湖北簰洲长江大堤因管涌险情抢护不力而于8月1日决口，2个乡镇，29个村庄，5万余人受灾，直接经济损失15.85亿元；同年8月7日，湖北公安县孟溪大垸决口，3个乡镇，72个村庄，近15万人受灾，直接经济损失15.76亿元。

堤防一旦出现决口重大险情，必须采取坚决措施，在口门较窄时采用大体积物料，如篷布、石袋、石笼等及时抢堵，以免口门扩大。如果溃口口门已经扩开，应选择恰当的封堵时机，以减少封堵抢险经费和减少决口灾害的损失。

二、堵口准备工作

(1)定期观测口门宽度、水位、水深、流速、流量，掌握一段时间内的上游来水情况及天气情况。

(2)掌握口门附近地形、地质情况，绘制水下地形图。

(3)制定堵口方案。根据水文地质条件，合理选择堵口坝基线和分析研究堵口时间，研究作出堵口方案。

(4)堵口前要组织好施工队伍和施工机械设备，抛投物料准备要充足。堵口备用材料与设计用量之比一般为1.1～1.3。

三、堵口的基本原则

(1)堵口时间应根据保护对象重要性和施工难易程度而定。为减少淹没损失，及早恢复生产，且堤防决口时间不长，口门较窄时，即可抓紧时间进行抢堵。如口门已经扩大，一般情况下不宜强行堵口，应选择口门过水较小时堵复。

(2)当河堤多处决口、口门大小不一时，一般先堵下游口门，后堵上游口门；先堵小口，后堵大口。因为如果先堵上游口门，下游口门流量势必增大，口门同样有被冲宽的危险；先堵大口，则小口流量增大，口门同样有被冲深冲宽的危险。

(3)合龙是指堵口最终达到截断水流、闭合龙口的状态。对平堵截流，指戗堤全面露出水面；对立堵截流，指戗堤进占到与对面戗堤全面接触。合龙口应选水深河势、地基相对较好的地段。合龙材料应采用容重较大、抗冲能力强的石料，也可采用混凝土块，或竹笼、铅丝笼、钢筋笼等截流。我国葛洲坝水利枢纽工程截流工程合龙时，采用3～4个混凝土四面体(每个重25 t)连成的串体抛投。

(4)闭气是指堵口合龙后封堵戗堤渗流通道的措施。堵口合龙后，如不及时闭气，一旦发生渗透破坏，仍有失败危险。合龙后，应在戗堤的上游侧先抛投反滤材料，再向水中抛投土或土袋，将透过戗堤的渗流量减少到最低限度。

(5)堵口施工力求稳妥、迅速，一气呵成，不允许间歇现象发生。合龙和闭气是堵口截流施工的关键阶段，更要提高警惕，加强观察，如发生异常现象，应及时采取补救措施。

四、决口抢险措施

(一)修筑裹头

裹头是指在堤防决口后，为防止水流冲刷扩大口门，对口门两端进行的防护措施。不论采用何种堵口方法，都应先修筑裹头。裹头工程应根据堤头处水深、流速、土质等情况进行设计。一般在水浅流缓、土质较好的条件下,可在堤头周围打桩,沿桩内侧贴笆、席、土工布或柳笆、散柳、秸料等,然后在桩与堤头之间填土。如不打桩,亦可抛石或投编织袋装土裹护。在水深流急、土质较差的条件下,可在堤头前铺放土工布软体排或抛柳石枕、做柳石搂厢埽裹头。如挖断堤身,在地面做截头裹时,应沿裹头部位,向下挖基槽深 1 ~2 m,然后按预计的流速,选择上述适当的方法做裹头。做裹头要备足抢护物料,准备口门发生冲刷坍塌等险情时进行抢护。裹头的迎水和背水部分,根据口门水势情况,都要维护到适当长度。裹头示意图如图 4-26 所示。

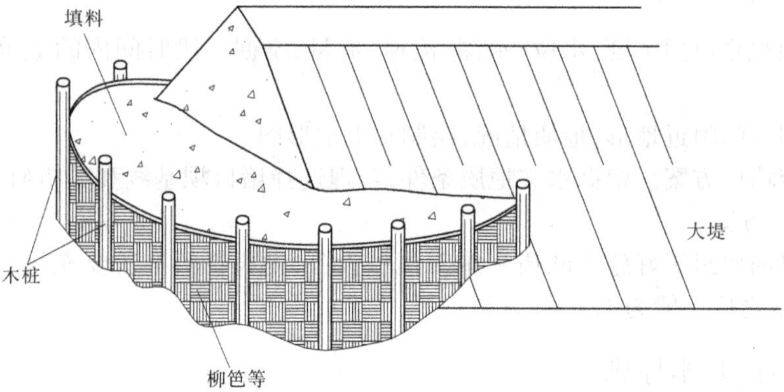

图 4-26　裹头示意图

(二)沉船截流

当通过决口流量较大时,采用沉船截流措施封堵决口,可以大大减少通过决口处的过流量,为全面封堵决口创造条件。

(三)进占堵口

1. 按进占顺序分类

1)平堵

平堵是沿口门全线抛投截流材料,使戗坝全线上升直至露出水面的堵口方式。平堵截流时,需沿堵口坝基线架设浮桥或固定栈桥,或利用缆索起重机等设备,全线均匀抛投物料,使戗堤逐层水平上升。平堵截流准备工作量大,投资也较大。

2)立堵

立堵是由龙口一端向另一端,或由龙口两端向中间抛投截流材料,逐步进占,直至合龙的堵口方式。立堵施工方便,可就地取材,投资较少。但立堵进占到一定程度时,口门流速增大,合龙难度大。因此,也有采用平堵与立堵混合进行的方式,即先将口门深槽部位进行平堵,然后从口门两端向中间进行立堵。

3)混合堵法

混合堵法是立堵和平堵相结合的方法。

2. 按堵口材料分类

(1)直接抛石。在口门直接抛投石料,石块不宜太小,口门流速越大,进占所用石料也越大,抛投速度也相应加快。

(2)铅丝笼、竹笼装石或混凝土块抛投。如石料较小,可用竹笼、铅丝笼装石的方法,连成较大的整体。在堵口合龙时,可将几个抛投体连接在一起成串体,同时抛投。

(3)埽捆进占。埽工常用于护岸、堵口等工程,应用广泛。制作时,用梢料分层匀铺,压以土及碎石,推卷而成埽捆。进占时,先将埽捆两端系上绳索,将其推入水中并将绳索固定在木桩上,用埽捆做成宽约 2 m 的埽坝,由口门两端向中间进占,坝后填土料,土戗顶宽 6 ~ 10 m。

(4)打桩进占。当堵口处水深 1.5 m 左右时,可采用打桩进占法合龙。先在口门两端加裹头后,在坝轴线上打排桩,间距两边稀,中间密,一般 1 ~ 2 m,计划合龙处可打三排桩平均桩距 0.5 m,桩的入土深 2 ~ 3 m,用铅丝、木料把打好的桩连接起来,根据具体情况,每隔三、四根桩加一支撑桩用以抵抗水压,接着在迎水面用层草层土层柳层石或竖立埽捆,用土袋等镇压,向中间进占,同时填土推进,直至合龙闭气。打桩进占示意图如图 4-27所示。

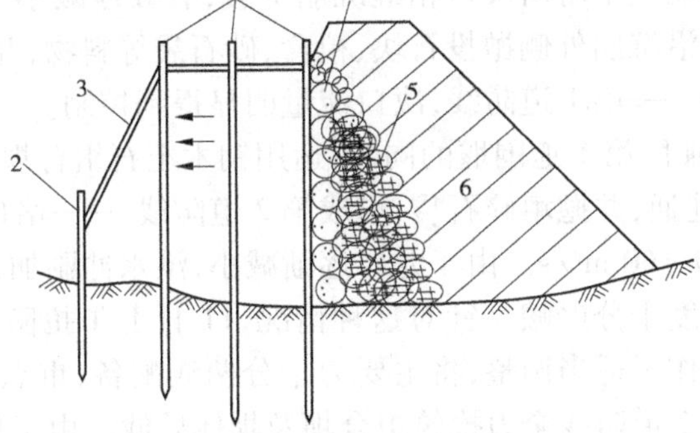

1—木桩;2—支撑柱;3—斜撑;4—埽捆;5—土袋;6—填土

图 4-27 打桩进占示意图

(5)钢木土石组合进占。由裹头两端向中间进占,置若干排间距 0.8 ~ 1.2 m 的钢管桩,用钢管连接成框架,其顶端铺上竹木成工作桥。然后在钢管桩之间打木桩,并在木桩间抛投砂石料袋。龙口窄、流速较大时,框架可加密并设斜撑,以稳固框架。此法由中国人民解放军某部队于 1996 年 8 月在河北省饶阳县滹沱河南大坝决口堵复中首创,成功堵住了宽 146 m 的决口口门。1998 年 8 月在江西省九江市干堤上再次用此法堵住了宽 62 m的决口口门。

五、工程实例——长江大堤九江堵口

长江大堤九江城区段堤防西至赛湖闸,东至乌石矶,全长 17.46 km。1998 年长江流域发生了 20 世纪以来仅次于 1954 年的全流域型大洪水,九江段警戒水位时间长达 94 d,超历史最高水位时间长达 40 d。8 月 7 日在长江九江站水位 22.82 m 时,长江大堤九江城区段第 4 ~ 5 号闸门之间决口。经采用钢木土石组合坝封堵技术紧急抢堵决口,用 8 d 时间堵口成功。

(一)决口过程

长江大堤九江城区段第 4 ~ 5 号闸之间为土石混合堤,大堤迎水面建有浆砌块石防浪墙,防浪墙前有一层厚 20 cm 的钢筋混泥土防渗墙。1998 年 8 月 7 日 12 时 45 分堤脚发生管涌。14 时左右，大堤堤顶出现直径 2 ~ 3 m 塌陷，不久大堤被冲开 5 ~ 6 m 的通道，防渗墙与浆砌石防浪墙悬空。14 时 45 分左右，防浪墙与浆砌石墙一起倒塌，整个大堤被冲开宽 30 m 左右的缺口，最终宽达 62 m，最大进水流量超过 400 m^3/s，最大水头差达 3.4 m。因口门水深流速大，堵口难度很大。

（二）堵口措施

险情发生后，党中央高度重视，立即紧急调动部队，制定堵口方案，调集物资器材，全力抢堵决口。5 d 合龙，继而闭气，8 d 堵口成功。

九江大堤抢险堵口采用的主要技术措施是：在决口外侧沉船并抢筑围堰（第 1 道防线），以减小决口处的流量；在决口处抢筑钢木土石组合坝进行封堵（第 2 道防线）；在决口段背河侧填塘固基，并修筑围堰（第 3 道防线），防止灾情扩大。

8 月 7 日 17 时，首先将一艘长 75 m、载重 1 600 t 的煤船在两艘拖船的牵引下成功下沉在决口前沿，并在煤船上下游沿决口相继沉船 7 艘，有效地减小了决口流量，阻止了江水的大量涌出。随后，沿沉船外侧抛投石块、粮食、砂石袋等料物，并在船间设置拦石钢管栅，逐步形成挡水围堰——第 1 道防线，决口流量明显得到控制。

8 月 9 日，在继续加固第 1 道围堰的同时，运用钢木土石组合坝技术抢堵决口。到 10 日下午组合坝的钢架连通，并抛填碎石袋，形成第 2 道防线 ——堵口坝体，决口进水流量进一步减小，但仍有 50 ~ 60 m^3/s。由于龙口逐渐减小，洪水冲刷加剧，已抢筑的组合坝体出现下沉，抢险形势一度十分严峻。针对这种情况，11 日上午抢险指挥部召开紧急协商会，在抢险力量部署上作了适当调整，将主要力量分两线配备，重点用兵。对第 1 道防线挡水围堰加高加固，第 2 道防线全力抢筑组合坝及坝体后戗。由于加强了指挥协调，加快了抢险进度，确保了钢木土石组合坝体的安全，至 12 日下午，钢木土石组合坝合龙，堵口抢险取得决定性胜利。之后，按照专家组确定的黏土闭气法，抛投黏土，于 15 日中午闭气，效果良好。

为确保万无一失，抢险工作转入填塘固基和抢筑第 3 道防线。填塘抛石 3 万多 m^3，建成了一条长 453 m、底宽 8 m、顶宽 2.5 m、高 3.5 m、坡比 1∶0.5 的挡水堤。20 日 18 时，填塘固基工程和抢筑第 3 道防线工作完成，至此，历时 13 个昼夜的堵口抢险工作全部结束。

九江堵口抢险期间共沉船 10 艘（其中两艘被水冲走），抢险耗用块石 4.51 万 m^3、碎石 3.33 万 m^3、黏土 1.87 万 m^3、粮食 2 700 t、钢材 80 t、木材 430 m^3、毛竹 3 550 根、化纤袋 17.4 万条、麻袋 1.21 万条、铁丝 7.75 t、机械设备 25 台、土工布 8 400 m^2。中国人民解放军及武警官兵 2.4 万人参加抢险，在堵口现场高峰时抢险人员达 1 万人。

思考题

4-1　土质堤坝挡水有何特点？容易出现什么险情？

4-2　土质堤坝抢险要点和特点是什么？

4-3　土质堤坝常见的 10 种险情（散浸、管涌和流土、漫溢、漏洞、裂缝、滑坡、跌窝、崩塌、风浪、决口）有什么特征？产生的原因有哪些？抢护原则是什么？有哪些抢护方法？应注意什么问题？抢险实例有哪些警示和成功的经验？

第五章 水工建筑物险工抢护

学习目标

了解水工(穿堤)建筑物险情的检查及监测方法;了解和掌握各种涵闸与堤坝结合部位的渗水及漏洞、裂缝及分缝止水、地基渗透和冲刷、涵闸滑动、闸门失控等险情的抢护原则、抢护技术。

第一节 险情检查与监测

沿河堤坝上常建有涵闸、排灌站、穿堤输水洞和管道等建筑物。如黄河下游大堤上就修建有引黄灌溉闸94座、分洪闸16座、虹吸管55座,其中沁河大堤上建有泄(退)水闸、灌溉水闸57座。由于这些建筑物穿堤而过,破坏了堤坝的完整性,给堤坝及建筑物安全带来了一些隐患。据资料统计,发生险情的地方,除建筑物本身出现险情外,堤坝与建筑物结合部位以及闸前闸后引水渠也是经常发生险情之处,而且险情一旦发生,抢救不及时常常溃口成灾。因此,对水工(穿堤)建筑物的检查与监测十分重要。

一、水工建筑物及机电设备的检查

(一)对水工(穿堤)建筑物的检查

(1)观察建筑物各部分有无裂缝、渗漏、管涌、倾斜、滑动现象,表面有无脱壳松动或侵蚀现象。

(2)检查涵闸附近土堤与闸墙、翼墙联结部分有无缝隙、渗漏、蛰陷、水沟等损坏现象。

(3)对输水、泄水建筑物的进口段、弯段、岔管段和溢流堰面等部位,过流后应观察有无气蚀磨损或剥落钢筋外露等现象。建筑物末端的边墙底板有无淘刷、排水孔有无堵塞现象。

(4)观察伸缩缝内填充物有无流失或漏水现象。

(5)观察涵闸下游渠道中有无翻沙鼓水现象。

(6)要注意涵闸关闸和泄水时闸前水流流态及漂浮物的观察。进水口段水流是否顺直,出口水流形态是否正常稳定,拦污栅是否堵塞壅水。监视上游河湾发展、沙滩动态及其可能对取水口的影响。

(二)对建筑物内部的金属结构、机电设备的检查

(1)检查金属结构是否出现裂纹或焊缝开裂,表面油漆是否剥落或生锈。铆接结构应检查铆钉是否松动脱落。木结构有无腐蚀、开裂、虫蛀、脱榫、弯曲等现象。

(2)钢板衬砌和钢管、金属闸门的框架和面板,应注意观察有无不正常变形,有无气蚀和磨损。

(3)对启闭机，应观察是否运转灵活，有无不正常的声响和振动，传动机件和承重构件有无损坏磨损、变形，门槽有无堵塞、闸门吊点结构是否牢靠，止水设备是否完好，有无漏水，地脚螺丝是否松动，制动器是否有效，润滑油是否充足，安全保护设备是否完好等。

(4)检查电源、线路是否处于备用状态，备用电源能否正常并入和切断，配电柜的仪表及避雷装置是否正常等。

(5)要仔细检查钢丝绳缆有无锈蚀、断丝，除锈油是否流失变质。

二、常见险情的监测

(一)漏洞和管涌监测

漏洞和管涌常出现在闸底板、消力池、洞身和闸墩等部位，也常出现在大堤与建筑物连接部位。以下介绍几种漏洞和管涌的监测方法。

1. 水面观察法

当水深较浅无风浪时，漏洞进口附近的水体易出现旋涡。如果看到旋涡，即可确定旋涡下有漏洞进口；如果旋涡不明显，可在水面撒麦糠、碎草或纸片等，若发现这些东西在水中打旋或集中于一处，即表明此处水下有漏洞进口。该法适用于漏洞、管涌进口处工程靠溜不紧、水势平稳、洞缝较浅的情况，简便易行。

2. 水上能见部分的表面裂缝探测

首先定出各建筑物的轴线，画出坐标，逐条量测裂缝的分布位置、走向和长度。裂缝宽度可通过在其两侧设带钉头的小木桩作标点直接进行观测，也可在缝的两侧设金属标点，用游标卡尺量测或采用差动式电子测缝计等监测。裂缝深度除可用细铁丝等简易办法探测外，还可用超声波探伤仪等进行探测。对贯穿性裂缝的错距，可在缝的两侧设三向测缝标点进行三个方向的量测。

从以上险情监测的时间、外因条件变化，可以预测其发展趋势，便于及时采取抢护措施。

3. 水下检查法

水下检查法主要由潜水员潜入水下通过目测、手摸进行直接检查，这是水下检查最常用的方法。近几年随着计算机技术的发展，闭路电视、水下摄影等方法逐步发挥重要作用。

探摸漏洞进口的位置时，要特别注意预先关闭闸门，切忌在高速水流中潜水作业，以确保潜水人员的安全。据最近几十年来国内外的水下监测情况，采用潜水船最深可达350 m。根据探测处水深情况，也可采用不同直径的钢制检查柜，应用气压排水原理，为水下监测创造了无水检查和抢修作业的条件。

4. 电子探测漏洞法

近年来，在探测涵闸堤防漏洞方面，借助电子仪器等高技术手段，研制了不少新的器具，应用效果比较理想，如97.7LT－A型自动报警器和水轮探洞器。

(二)渗漏险情监测

对水工建筑物及坝基在水头作用下所形成的渗流场内自由水面线、渗透压力、渗流量等进行监测，在外部观察基础上，可采用以下方法。

1. 渗压管监测

洪水期要密切监测渗压管水位，分析上下游水位与各渗压管之间的水位变化规律是否正常。如发现异常现象，则水位明显降低的渗压管周围可能有短路通道，出现集中渗漏。应针对该部位检查止水设施是否断裂失效，并查明渗流短路通道。

2. 电子仪器监测

利用电子仪器监测闸基集中渗漏、建筑物土石结合部渗漏通道或绕渗破坏险情，如ZDT－Ⅰ型智能堤坝探测仪、MIR－1C多功能直流电测仪，均具有智能型、高精度、高分辨率及连续探测、现场显示曲线的特点，可以借助计算机生成彩色断面图及层析成像，对监测涵闸、泵站及涵洞等工程的渗漏、管涌险情具有明显效果。

（三）冲刷险情监测

泄水建筑物上下游的防护设施和岸坡，受到高速水流或高含沙水流的冲刷、空蚀作用，可能遭受破坏。为此，常修建有护坦、消力池、海漫、防冲槽以及建筑物两侧翼墙、刺墙、边墙、导流墙、护坡等，与岸边连接的建筑物构成防冲体系。在引水、分洪时，为保证安全运用，需要及时进行监测。

1. 外观检查

观察闸上下游水流有无明显的回流、折冲水流等异常现象；观察上下游裹头、护坡、岸墙及海漫有无蛰陷、滑动，与土堤结合面有无裂缝等。

2. 人工测探检查

按照预先布置好的平面网络坐标，在船上用探水杆或尼龙绳拴铅鱼（球）探测基础面的深度，对比原来工程的高程，确定冲刷坑的范围、深度，计算冲刷坑的容积。同时，对可能发生的滑动、裂缝、前倾或后仰等进行分析。

3. 探测仪监测

采用超声波或同位素测深仪对水下冲刷坑进行探测，绘制冲刷坑水下地形图，与原工程基础高程相比较，找出冲刷坑的深度、范围，并确定冲失体积及分析建筑物可能出险的部位。

（四）滑动、倾覆险情监测

水工建筑物的基岩或土体，在建筑物、水压力等各种荷载组合作用下应具有抵抗滑动或剪切破坏的能力。水工建筑物除自重外，还承受高水位时水平向的水压力和基础扬压力，一旦滑动力大于抗滑稳定力，挡水建筑物就要发生剪切破坏或滑动、倾覆。

涵闸滑动主要有表面滑动和深层滑动两种基本类型。监测是依据变位观测资料，分析工程各部位在外荷载作用下的变位规律和发展趋势，从而判断有无滑动、倾覆等险情出现。涵闸变位观测是在工程主体部位安设固定标点，观测其垂直和水平方向的变位值。在洪水期间要加密观测次数，将观测结果及时整理分析，判断工程稳定状态是否正常。

第二节　涵闸与堤坝结合部位渗水及漏洞抢护

涵闸、管道等建筑物某些部位，如水闸边墩、岸墙、翼墙、刺墙、护坡、管壁等与土基或土堤结合部产生裂缝或空洞，在高水位渗压作用下，沿结合部形成渗流或绕渗，冲蚀填土，在闸背水侧坡面、坡脚发生渗透破坏，出现管涌、漏洞等险情，导致涵闸、管道建筑物的破坏，从而造成洪水灾害。

一、出险原因

(1)涵闸边墩、岸墙、翼墙护坡等混凝土或砌体与土基或堤坝结合部土料回填不实。

(2)闸体与堤坝所承受的荷载不均,引起不均匀沉陷、裂缝,遇到高水位或降雨地面径流进入,冲蚀形成陷坑,或使岸墙、护坡失去依托而蛰裂、塌陷。

(3)水流顺裂缝造成集中渗漏,严重时在建筑物下游侧造成管涌、流土甚至漏洞,危及涵闸及堤坝等建筑物安全。

二、抢护原则及方法

(一)抢护原则

(1)抢护漏洞的原则是临水堵塞漏洞进水口,背水反滤导渗。

(2)抢护渗水的原则是临河截渗,背河反滤导渗。

(二)抢护方法

1. 堵塞漏洞进口

1)布篷覆盖

布篷覆盖适用于涵洞式水闸闸前临水堤坡上漏洞的抢护。布篷可用篷布或各种土工布,幅宽2~5 m,长度要从堤顶向下铺放将洞口严密覆盖,并留一定宽裕度。用直径10~20 cm钢管一根,长度大于布宽约0.6 m;长竹竿数根以及拉绳、木桩等,将篷布两端各缝一套筒,上端套上竹竿,下端套上钢管,捆扎牢固。把篷布卷在钢管上,在堤顶肩部打数根木桩,将卷好的篷布上端固定,下端钢管两头各拴一根拉绳,堤上用人拉住。然后,两人用竹竿顶推布篷卷筒顺堤坡滚下,直至铺盖住漏洞进口。为提高封堵效果,在篷布上面抛压土袋,如图5-1所示。

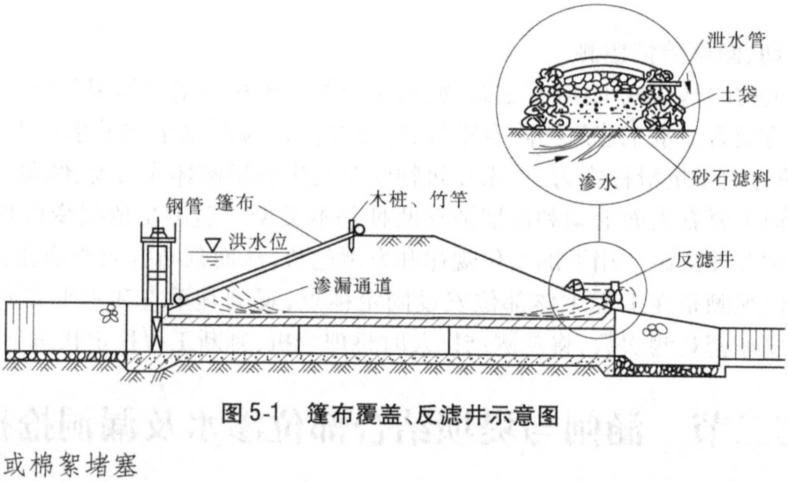

图5-1 篷布覆盖、反滤井示意图

2)草捆或棉絮堵塞

当漏洞口尺寸不大,且水深在2.5 m以内时,用草捆堵塞。草捆大头直径0.4~0.6 m,内包石块或黏土,草石(土)质量比1:1.5~1:2.5。还可用旧棉絮、棉衣等内裹石块用绳或铅丝扎成捆。抢护人员系上安全绳,挟带草捆或棉絮捆,靠近漏洞进口,用草(棉絮)捆小头端楔入洞内,并用力压紧塞入,在其上压盖土袋,以使闭气。

3）草泥网袋堵塞

当漏洞口不大，水深 2 m 以内时，可用草泥装入尼龙网袋。填堵时分三组作业，一组装网袋，一组运网袋，一组下入水中对准漏洞位置用网袋将漏洞堵塞。

4）水下堵漏法

当水下混凝土建筑物裂缝较大或有孔洞时，可用浸油麻丝、桐油灰掺石棉绳、棉絮等嵌堵；当裂缝、漏洞较小时，可用瓷泥、环氧砂浆黏堵并加压顶紧。对闸门渗（漏）水可用黏土、棉絮堵塞。

2. 背河导渗反滤

当渗漏已在涵闸下堤坡出逸，为防止流土或管涌等渗透破坏，致使险情扩大，需在出渗处采取导渗反滤措施。

1）砂石反滤

使用筛分后的砂石料。对一般用壤土填筑的堤，可用三层反滤结构从内向外按细层（$d=0.25\sim1$ mm）、中层（$d=1\sim5$ mm）、粗层（$d=5\sim20$ mm）顺序填筑，滤水体汇集的水流，可通过导管或明沟流入涵闸下游排走。

2）土工织物反滤

使用幅宽 2～4.2 m、长 20 m、厚 2～4.8 mm 的有纺或无纺土工织物，据国内有些工程使用的经验，用一层 3～4 mm 厚的土工织物滤层，可代替砂石料反滤层。铺设前将坡面进行平整清除杂草，使土工织物与土面接触良好，铺放时要避免尖锐物体扎破织物，织物幅与幅之间可采用搭接，搭接宽度一般不小于 0.2 m，为固定土工织物，每隔 2 m 左右用"ㄇ"形钉将织物固定在堤坡上。

3）柴草反滤

用柴草秸料修做的反滤设施，在背水坡第一层铺麦秸稻草厚约 5 cm，第二层铺秸料（或苇帘等）约 20 cm，第三层铺细柳枝厚约 20 cm，铺放时注意秸料均顺水流向铺放，以利排出渗水。为防止大风将柴草刮走，在柴草上压一层土袋。

3. 中堵截渗

1）开膛堵漏

在临河漏洞进口堵塞背水导渗反滤取得成效之后，为彻底截断渗漏通道，可从堤顶偏下游侧，在涵闸岸墙与土堤结合部开挖长 3～5 m 的沟槽，开挖边坡 1:1左右，沟底宽2 m。当开挖至渗流通道时，将预先备好的木板紧贴岸墙和流道上游坡面，用锤打入土内，然后用含水量较低的黏性土或灰土（灰土比 1:3～1:5）迅速分层将沟槽回填夯实，大水时此法应慎重应用，如图 5-2 所示。

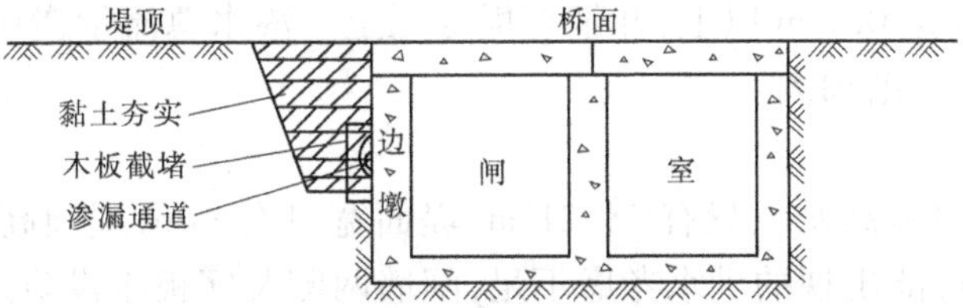

图 5-2　开膛堵漏示意图

2)灌浆截渗

灌浆截渗适用于混凝土或砌石体与土结合部，当渗漏不甚严重的险情时截渗，或作为堵漏后的加固措施。其有高压喷射板墙法和压力灌浆法。

(1)高压喷射板墙法。采用三重管高压喷射灌浆处理，可在土与混凝土或砌体的结合部构成15~20 cm厚的板状截渗墙截渗。喷嘴的出口压力高达20 MPa，喷射流体具有破碎土体和输送固化物质的能力，从而使破碎土与固化剂搅拌混合并固结形成薄壁截渗墙体。高压喷射灌浆主要配套机具有灌浆泵、可旋喷或定向喷射的专用钻机以及空压机、高压水泵及浆液搅拌系统；喷射灌浆固化剂为普通硅酸盐水泥，为使截渗体早强固结，喷射浆液中可加入3%~5%的水玻璃等速凝剂。

(2)压力灌浆法。如无高压喷射灌浆条件，也可应用黄河-744型和ZK-24型打锥机配手摇泥浆泵(最大压力0.5 MPa，出浆量20 L/min)。黏土浆的水土比为1:1~1:1.4，泥浆密度1.46~1.58 g/cm^3；壤土配置泥浆其黏粒含量15%~20%，粉粒含量70%~80%，沙粒含量5%~10%，水与土的质量比1:1.3~1:1.6，泥浆密度1.55~1.63 g/cm^3。

在浸润线以下进行灌浆需采用壤土与水泥混合浆液，水泥强度等级为42.5或52.5普通硅酸盐水泥，用量为壤土的10%左右。为加速凝固，可添加适量水玻璃(水泥重的3%~5%)或氯化钙。

施工时的灌浆压力须由小到大，一般控制在0.1~0.5 MPa为宜。沿结合部布孔，孔距由稀逐步加密。浆液浓度开始可稠些，随着吃浆量减小，将浆液调稀。

三、抢险实例——洞庭湖民主阳城垸蒿子港交通闸管涌抢险

1998年7月洞庭湖民主阳城垸遭受了历史罕见的洪水袭击，洪峰水位高出1954年2.25 m，高出1996年0.8 m。位于澧水大堤144+591处的篙子港交通闸附属工程1998年7月23日发生管涌，经及时抢护，化险为夷，保住了大垸安全。

(一)基本情况

民主阳城垸位于湖南省常德市，篙子港交通闸是民主阳城垸7乡(镇)2场工农业产品进出澧水的主要交通码头，兴建于20世纪80年代中期。结构型式为浆砌石墙、钢筋混凝土底板的开敞式交通闸，堤身为人工填砂黏土壤。1996年高水位时，曾出现墙身底板渗漏险情，因水位不太高，仅作反导滤处理度汛。

1998年7月23日0时许，外河水位38.60 m时，发现两侧墙闸首部有几处渗流；3时许，水位达38.90 m时，两侧墙和底板共有22处鼓水涌砂，大的直径1.5 cm，小的直径也有0.5 cm，涌水柱高达0.7 m以上，并带有堤身泥土。渗水总流量在0.5 m^3/s以上，随着水位的增长，流量也逐渐加大。

(二)出险原因

建闸前这里历史最高水位只有38.21 m，堤面宽只有8 m，堤顶高程40.8 m，因此在设计思想上对澧水可能出现的洪水考虑不足，闸墙两侧及底板未设防渗墙，随着洪水位逐年升高，大堤经过两次培修加固，闸体也相应加修。但工程质量较差，培埋不实，使墙身与土体结合不好，形成薄弱环节，加之对1995年、1996年两次高水位造成的损伤未作彻底

处理,而1998年水位更高,使险情扩大。

(三)抢险措施

7月23日3时15分,垸防汛指挥部的领导和工程技术人员赴现场勘察险情,分析了原因,研究决定采用"外堵内导"的抢险措施,迎水面用彩条布铺坡总长60 m防渗,砂卵石装袋压实彩条布,厚1 m,闸内用土袋围堰,再用砂砾石导滤。施工中安排了近百名劳力水上作业,先将彩条布绑块石沉入坡底,并用人拉平,放到底,然后用砂砾袋压死,并在布上普遍压厚1 m出水。闸内漏水处先放粗砂厚0.2~0.3 m,后用砂石压0.8~1 m,四周用袋装土围堰。

7月23日7时许,抢险结束。随后最高水位达40.70 m,涌水由0.5 m^3/s减少到0.1 m^3/s,水色由浑变清,基本控制了险情的恶化,保住了交通闸,保住了大堤。

第三节　水工建筑物裂缝及分缝止水破坏抢护

建筑物发生裂缝和止水设施破坏,通常会使工程结构的受力状况恶化和工程整体性丧失,对建筑物的稳定、强度、防渗能力等产生不利影响,发展严重时,可能导致工程失事。

一、出险原因

(1)建筑物超载或受力分布不均,使建筑物结构最大拉应力超过设计安全限值。

(2)地基承载力不一或地基土壤遭受渗透破坏,出逸区土壤发生流土或管涌,冒水冒沙,使地基产生较大的不均匀沉陷,造成建筑物裂缝或断裂和止水设施破坏。

(3)地基有回填土段,填筑质量差,导致地基不均匀沉陷,引起建筑物(如涵洞)出现裂缝。

(4)地震、爆破、水流脉动使建筑物震动,造成断裂、错动和地基液化,急剧下沉。

二、水工建筑物裂缝检查分析

(一)土工建筑物裂缝观测

(1)对于表面裂缝,可对全部裂缝或若干主要裂缝区的裂缝进行观测。主要裂缝包括缝宽显著或长度较长的裂缝、垂直坝轴线的裂缝、明显的垂直错缝(指裂缝两侧的表面一高一低不在一个平面上)、弧形缝、与混凝土建筑物连接部位的裂缝、坝肩基岩地形陡变部位的裂缝等。

①裂缝宽度可在两侧设带钉头的小木桩作标点进行量测。

②裂缝错距可作刻度尺直接量测。

③裂缝深度,可选定若干适当位置,进行坑探、槽探或井探。探测前,最好从缝口灌入石灰水,以便观察缝迹。探测中,应测出土壁上的裂缝分布和宽度,必要时,应取土样做干容重、含水量和其他物理力学指标试验。

(2)对于土工建筑物内部或表面可能发生裂缝的部位,可在施工时埋设土应变计或改装的测缝计进行定期观测。

(3)在已建土工建筑物上，除可利用上述探测缝深的各种方法外，也可使用对堤坝隐患进行探测的有关方法进行探测，还可利用变形观测资料进行初步分析判断，从而有目的地进行探测。

(二)混凝土建筑物裂缝观测

(1)对于表面裂缝，也应根据情况，确定观测范围。

①裂缝分布位置和长度可仿照土工建筑物的量测办法进行量测。

②裂缝深度，除可用细铁丝等简易办法探测外，常采用超声波探伤仪进行探测，也可采取逐步钻孔进行压气或压水试验办法探测。

③裂缝宽度，除可用读数放大镜直接观测外，常在缝两侧设金属标点，用游标卡尺量测，或将差动式电阻测缝计(变化极微的裂缝，也可用应变计)的两端分别固定在缝的两侧，用电阻比电桥或其他检测仪器观测或自动遥测。

④贯穿性裂缝的错距，可在缝的两侧设三向测缝标点进行三个方向的量测。

(2)对于大体积混凝土内部或表面预计可能发生裂缝的部位，可在施工时埋设裂缝计(差动式电阻测缝计连接加长杆而成)定期进行观测。

(3)在已竣工工程上，可采用上述探测缝深的办法进行探测。

三、水工建筑物裂缝处理

当建筑物裂缝、止水破坏，渗水冒沙严重，有可能危及工程安全时，可采取以下方法进行抢护。

(一)防水快凝砂浆堵漏

1. 配合比

在水泥砂浆内加入防水剂，迅速拌匀，使砂浆有防水和速凝性能，并立即涂抹使用。防水快凝灰浆和砂浆，参考表5-1的配合比拌制。

表5-1　防水快凝灰浆和砂浆的配合比

名称	配合比(质量比)				初凝时间(min)
	水泥	沙	防水剂	水	
急凝灰浆	1		0.69	0.44~0.52	2
中凝灰浆	1		0.2~0.28	0.4~0.52	6
急凝砂浆	1	2.2	0.45~0.58	0.15~0.28	1
中凝砂浆	1	2.2	0.2~0.28	0.4~0.52	3

2. 防水剂的配制

按照硫酸铜、重铬酸钾、硫酸亚铁、硫酸铝钾、硫酸铬钾、水玻璃、水的配合比(质量比)为1:1:1:1:1:400:40。

配制方法为：把热水加热到100 ℃，然后将硫酸铜、重铬酸钾、硫酸亚铁、硫酸铝钾、硫酸铬钾5种材料(或其中的3~4种，其质量达到5种材料总和，各种材料量相等)加入水中，加热搅拌溶解后，当温度降到30~40 ℃，再注入水玻璃，搅拌均匀0.5 h即可使用。

配制的防水剂要密封保存于非金属容器内。

3. 施工工艺

先将混凝土或砌体裂缝凿成深约 2 cm、宽约 20 cm 的毛面,清洗干净后,在面上涂刷一层防水灰浆,厚 1 mm 左右,硬化后即抹一层 0.5 ~ 1 cm 的防水砂浆,再抹一层灰浆,交替填抹直至与原砌体面齐平。

(二)环氧砂浆堵漏

1. 施工工艺

沿混凝土裂缝凿槽,槽的形状:①“V”形槽多用于竖直裂缝;②“⎵”形槽多用于水平裂缝;③“⎴”形槽一般用于顶面裂缝或有水渗出的裂缝。

当浆砌石或混凝土块体砌缝以及伸缩缝渗水严重时,要先将缝中腐渣、杂物清除干净,用沥青麻丝或桐油麻丝堵塞并挤紧,再用水玻璃掺水泥止渗,然后用防水砂浆或环氧砂浆填充密实并勾缝。

2. 环氧砂浆配合比

环氧砂浆配合比见表 5-2。

表 5-2　环氧砂浆配合比

序号	配合比												
	环氧树脂	活性溶剂	590$^{\#}$固化剂	聚酰胺	多乙烯多胺	聚硫橡胶	304$^{\#}$聚酯树脂	二甲苯	丁醇	煤焦油	水泥	石膏粉	石棉线
1	100	20	25					35	35				
2	100		20	10 ~ 15	5			5 ~ 10	5 ~ 10	20	100		
3	100	20	20		5		20	5 ~ 10	5 ~ 10	20	100		
4	100			10 ~ 15	15			5 ~ 10	5 ~ 10			10	适量
5	100			50 ~ 60	5 ~ 10			10 ~ 20					
6	100				5 ~ 10	80		0 ~ 20					
7	100	5	25				30	5		80	100		适量

注:1—冷底子;2—粘贴用;3—环氧腻子;4,5—粘贴用;6—粘贴和涂层用;7—环氧煤焦油腻子用。

(三)丙凝水泥浆堵漏

以丙烯酰胺为主剂,配以其他材料发生聚合反应,生成不溶于水的弹性聚合体,用以充填混凝土或砌体裂缝渗漏流速大的堵漏。

一般采用骑(裂)缝打孔,插管灌浆堵漏。灌浆压力 0.3 ~ 0.5 MPa,可用水泥泵、手摇泵或特制压浆桶进行。

(四)土工织物堵漏

根据土壤粒径选取土工织物规格,铺放堵塞漏洞,上部填筑碎石压重体。

四、抢险实例——武汉市新沟船闸底板裂缝险情的抢护

新沟船闸位于武汉市新沟镇与汉川县交界处,闸基属砂性土质,1970 年建成。施工

期间闸底板地基因发生管涌而未能开挖到设计高程，由于闸底板高程较高，影响枯水期通航，为延长通航期，1984 年决定兴建二级船闸，新船闸与老船闸下闸首相接。新船闸施工中，当浇筑钢筋混凝土底板时又发生管涌 20 处，底板浇筑后地下水从底板沉降缝中冒出，并挟带了大量泥沙，形成新的管涌通道，危及船闸安全。限于底板已浇筑好的情况，经多方案比较，最后采用沉降缝铺放土工织物的方案。

方案选定后，首先根据土壤颗粒分析试验成果选定土工织物规格，接着用选定的土工织物进行管涌抢护试验。试验结果表明，即未发生管涌，也未发生淤堵。

施工方法是将宽 90 cm 的土工织物沿沉降缝对称铺放，两侧用 20 cm×20 cm 的混凝土条作为压重，混凝土压条之间填碎石作为透水压重体，如图 5-3 所示。反滤体完工后固沙排渗效果良好。

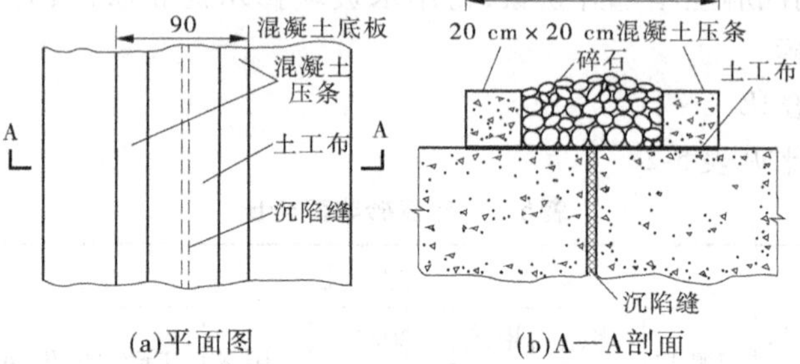

图 5-3　新沟船闸沉陷缝上反滤体结构示意图　（单位：cm）

第四节　穿堤管道、涵闸地基渗透破坏和冲刷破坏抢护

一、穿堤管道险情抢护

埋设于堤身的各种管道，如虹吸管、扬水站出水管、输油管、输气管等，一般多为铸铁管、钢管或钢筋混凝土管，常会发生各种险情，危及堤防安全。

（一）出险原因

（1）堤身的不均匀沉陷、内外荷载超过管道承载极限等，造成管道接头开裂或管道断裂。

（2）管道漏水沿管壁冲蚀堤土，同时管道内流体的吸力将孔洞周围的堤土吸入管内泄走，造成堤身洞穴。或者管道周围填土不密实，且无截渗环，沿管壁与堤土接触面形成集中渗流，严重时堤内空洞坍塌使堤身形成坍坑。

（二）抢护原则及方法

抢护原则是临河封堵、中间截渗、背河导渗或修围堤蓄水平压。对于虹吸管等输水管道，发生险情应立即关闭进口阀门，排除管内积水，以利检查监视险情。对于无安全阀门装置的，洪水前要拆除活动管节，用同管径的钢盖板加橡皮垫圈和螺栓严密封堵管道进口。检查并分析险情产生原因，采取措施，进行抢护。

（1）临河堵漏。如漏洞口发生在管道口周围，可参照堤坝险情抢护的漏洞抢险方法进行。如用软楔或旧棉絮等堵塞洞进口等，有条件的地方，可在漏洞前用土袋抛筑月堤，抛填黏土封堵。

(2)中间截流。对管道埋深较大，沿管壁周围集中渗流较严重，若条件许可，可采用重力式或压力灌浆的措施，堵塞管壁四周孔隙或空洞，浆液用黏土加 10%～15% 的水泥，灌浆浆液宜先浓后稀，适当控制压力。为加速凝结提高防渗效果，浆液内可适量加水玻璃或氯化钙等。

如管径较大，可进入检查，用桐油麻丝、快凝水泥砂浆或环氧砂浆将管壁上的孔洞和接头裂缝紧密堵塞。对埋深较浅的管道，在条件许可时，可采用翻挖回填截流。

(3)反滤导渗。渗流已在背水坡管的四周逸出，在采用临河堵漏等措施的同时，要迅速用砂石反滤层或土工织物进行导渗抢护。

(4)修围堤蓄水平压。必要时可在背水抢修围堤，蓄水平压，防止险情恶化。

(三)实例

湖北省咸宁市阁壁水库是通城县一座中型水库，2004 年，输水管发生特大漏水险情，漏水量达 30 L/s，严重威胁大坝安全。汛后检查发现，管内漏水点达 20 余处，蜂窝面积达 36 m^2。咸宁市水利水电工程测试所采用新技术、新工艺、新材料对输水管进行了化学灌浆修补，彻底解决了输水管漏水险情。

二、涵闸地基渗透破坏和冲刷破坏抢险

(一)涵闸地基渗漏破坏

建筑物涵闸基础下地基发生严重渗透破坏，地基土大量流失，将造成涵闸本身塌陷、断裂、下沉，甚至导致堤坝溃决。

对涵闸地基渗透破坏抢护的原则是：上游截渗、下游导渗和蓄水平压，减小上下游水位差。具体措施简述如下。

1. 闸上游抛黏土截渗

经探测确定渗漏进口在建筑物基础不远处，可用船载黏土袋和黏土，运至已探测出的渗漏范围内，先铺土工膜或篷布，上抛土袋，再抛黏土落于封闭。如渗漏进口分散，而且不明显，也可用船在渗漏区抛填黏土，形成铺盖层，防止渗漏。

2. 闸下游筑反滤围井

在下游冒水冒沙区，抢筑反滤围井，可在渗漏破坏区采用分层铺填砂石反滤压盖。其具体方法详见堤坝险情抢护中管涌抢险介绍的反滤围井和反滤压盖。

3. 闸下游围堤蓄水平压

减小上下游水头差，其具体方法详见第六节涵闸滑动抢险的下游蓄水平压法。

(二)涵闸的冲刷破坏

河道堤防上的引水涵闸和水库溢洪道闸下防冲工程，如护岸、护坡、翼墙、消力池和海漫等，在汛期，如遇洪流顶冲，基础底部遭到严重淘刷，或涵闸溢洪道设计运用，多闸运用未按启闭操作规程开启，均导致水流集中等，从而使所修防冲工程出现坍陷、倾斜、走失。对涵闸的冲刷破坏，需及时抢护，确保工程安全。具体抢护方法如下。

1. 上游淘刷破坏抢护

上游淘刷破坏抢护的主要措施是抛料物抢护。如闸基上游被淘刷，可在出险处抛大块石、土袋、铅丝石笼，直至抛出水面0.5～1.0 m高为止，以加强基础防止淘刷，并加强观察。如险情变化，可继续抛石抢护加固。

2. 下游冲刷破坏抢护

下游冲刷破坏抢护的主要措施如下：

(1)断流抢护。在条件许可时，应暂时关闭水闸或关机停止排(引)水，若无闸门控制，且水深不大，可临时用土袋堵塞断流，然后采取抢护措施，主要是：①对浆砌块石部位，可用速凝砂浆补砌块石；②对水下土基部位，可用铅丝石笼混凝土块体、大块石等抢护。要求石笼的直径0.7～1.0 m，长度在5～10 m，外围柳枝厚约20 cm，石心直径约60 cm，如图5-4所示。在抢护时，石笼要铺放整齐，其纵向应与水流方向一致，并连成整体。如石料缺乏，可用纺织袋或草袋沙铺填，也可用土工织物软体排压石抢护。

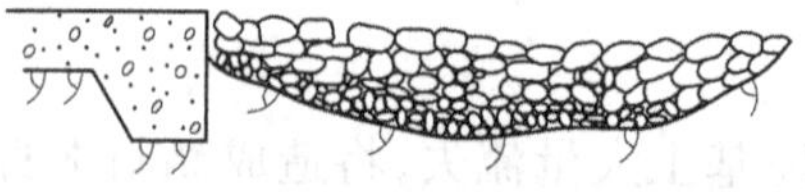
(a)抛石护基

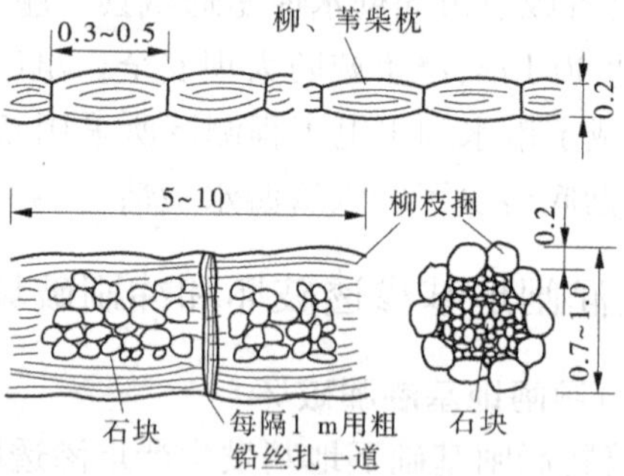

(b)柳石枕

图5-4 用抛石或柳石枕抢护下游冲刷示意图 (单位：m)

(2)筑潜坝缓冲。对被冲刷部位除进行抛石防护外，也可在海漫末端或下游抢做潜坝，以增加下游水深，减轻冲刷。

(3)筑墙导流。如溢洪道尾水渠离土坝脚较近，在溢洪时，对坝脚产生淘刷，除对淘刷部位进行抢护外，有条件时(如流速较小)，还可用砂袋抢筑导水墙，将尾水与坝脚隔离。

三、抢险实例——洞庭湖安保垸大鲸港交通闸底板翻沙鼓水抢险

(一)基本情况

大鲸港交通闸位于湖南省安乡县大鲸港镇，安乡大桥以上60 m处。该闸建于20世纪80年代中期，闸身宽4 m、高4.5 m、长12 m，钢筋混凝土结构；前后扩散段长各4.5 m，浆砌石结构，底板高程37.1 m。附近堤面高程41.6 m，面宽8 m，内外坡1∶5.5。堤顶以下5 m内坡设宽5 m平台，堤脚防汛公路宽7 m，路面高程35.0 m。

1998年7月22日下午，当外河水位40.10 m时，在内扩散段与闸墙结合处底部发生翻沙鼓水。随着洪水位的升高，渗水时间延长，涌水量逐渐增大。在处理第一处后扩散段与底板结合处又连续发生了3处涌水点，涌水孔径0.12 m，水柱高由原来的0.2 m增加

到0.8 m。

(二)出险原因

险情出现后,安保垸防汛指挥领导与技术人员共同研究认为,该堤段是20世纪80年代由内向外移筑的临洪大堤,基础原是坑塘,基础处理不够彻底,闸体石墙培箱不够密实。经查,90年代几个大水年汛期都有较小量的翻沙鼓水,没有作大的处理,以致培箱与主体结合部被淘空而形成管涌。

(三)抢险措施

当对第一个险点用砂卵石按三级导滤处理后,接连出现3个险点,迅速决定按前堵内导的抢护原则分前后同时进行抢护。

(四)抢险施工

抢险施工一方面组织300劳力、30辆手扶拖拉机从600 m远的荒地取土封堵闸门,封堵墙高于洪水位0.5 m;另一方面组织100个劳力、10辆手扶拖拉机在堤内修围堰,围堰高1.4 m,灌水1 m深减压,并将3个险点连片用砂、石导滤,控制了险情。

第五节　溢洪泄水建筑物险情抢护

一、溢洪建筑物常见的问题及其原因

溢洪建筑物是宣泄洪水,保障水工建筑物安全的重要设施。在运行中,常见问题如下。

(一)泄洪能力不足

泄洪能力不足原因包括:有的水库溢洪道开挖断面及高程未达到设计要求;进水渠段堆积弃渣,影响泄洪;拦鱼设备和交通桥墩阻水;为了兴利多蓄水,在溢洪道上堆筑的小子埝未能在汛前及时拆除等。

(二)闸墩和堰身混凝土裂缝

闸墩和堰身混凝土裂缝较为常见。岩基上闸墩底部中间部位,常有多条向上的贯穿裂缝出现,破坏了闸墩的整体作用,影响建筑物的安全,需要进行表面封堵和内部灌浆。其主要是温度应力引起的。土基上闸墩裂缝则是不均匀沉陷造成的。

(三)陡坡底板掀起

消能设施冲毁,其原因有:底板扬压力过大,严重渗漏或不均匀沉陷;岩基表层风化岩未彻底清理,与护砌混凝土板结合不牢;混凝土或砌筑砂浆强度等级偏低;溢洪道表面不平整,局部引起空蚀;排水设施未按设计施工;基础开挖长期泡水,地基抗冲强度低;排水设施堵塞,止水材料腐烂等。

二、溢洪建筑物的安全检查

(一)过水能力的检查

过水能力的检查主要有:①溢洪建筑物进口断面和高程是否符合设计要求,防止人为设置阻水设施,掌握溢洪道的实际过水能力;②溢洪道两岸岸坡的稳定情况,防止脱坡阻塞溢洪道;③检查落实保坝的非常措施。

(二)溢洪建筑物控制段的检查

溢洪建筑物控制段的检查主要有:①溢流堰是否平整,有无断裂或空蚀损坏;②闸墩和堰身裂缝情况;③坝头导水墙高度与坝顶是否齐平,墙后有无渗漏而危及土坝安全;④溢洪建筑物进口靠坝头一侧护砌是否完整,有无破坏;⑤闸门启闭设备运转是否灵活可靠,电源有无保证,电压是否满足,有无配备手动启闭设备。

(三)陡坡及消能设备的检查

陡坡及消能设备的检查主要有:①陡坡底板有无变形或被掀起,底板下的反滤排水设施有无堵塞或破坏,边墙不稳定、墙后渗漏情况等;②消力池尾槛、消力墩有无被撞击损坏,护坦、池壁是否冲刷严重,是否出现裂缝、坍陷;③下游的护坦、海漫、翼墙基础有无裂缝、淘空冲深失稳等情况。

三、溢洪泄水建筑物损坏的抢护

(一)降低扬压力

溢洪道底部扬压力过大是造成底板破坏的主要原因。降低扬压力的办法,一般是上游加强防渗措施,下游改善排水条件。

(二)表面破坏的抢护

表面破坏的抢护可用水泥速凝砂浆、沥青砂浆或环氧砂浆修补。如底板被掀起、折断等,可临时抛块石、柳石枕或铅丝笼抢护。

第六节　涵闸滑动险情、闸门险情抢护

一、涵闸滑动抢险

(一)出险原因

修建在软基上浮筏式结构的开敞式水闸,主要靠自重及其上部荷载、闸底板与土基间的摩阻力维持其抗滑稳定。产生滑动失稳主要有下列原因:

(1)上游水位超过设计水位,下游水位低于设计水位,使水头(水压力)增加,同时渗透压力和上浮力也增大,从而使水平方向的滑动力增大,降低了抗滑力。

(2)防渗、止水设施破坏,反滤失效,也增大了渗透压力、浮托力,造成地基土壤渗透破坏甚至冲蚀。

(3)上游泥沙淤积产生新的水平推力。

(4)其他附加荷载超过原设计限值,如地震力等。

(二)抢护的原则与方法

1. 抢护的原则

涵闸滑动险情抢护的原则是增加抗滑力、减小水平推力,以稳固基础。

2. 抢护方法

1)闸顶加重增加阻滑

闸顶加重增加阻滑法适用于平面缓慢滑动险情的抢护。在水闸的闸墩、交通桥面等部位堆放块石、土袋或钢铁等重物。需要增加的重量,由稳定核算确定。

同时,还要注意:①加重不得超过地基允许应力,否则会造成地基沉陷;②具体部位的加重量不能超过该结构允许的承重能力;③堆放重物,要考虑留出必要的通道;④一般不要向闸室内抛物增重,以免压坏闸底板或损坏闸门构件;⑤险情解除后,要及时卸载,进行加固。

2)下游堆重阻滑

下游堆重阻滑法适用于对圆弧滑动和混合滑动两种缓滑险情的抢护。在水闸可能出现的滑动面下端,堆放沙袋、块石等重物,防止滑动。重物堆放位置及数量,由阻滑稳定计算确定,如图 5-5 所示。

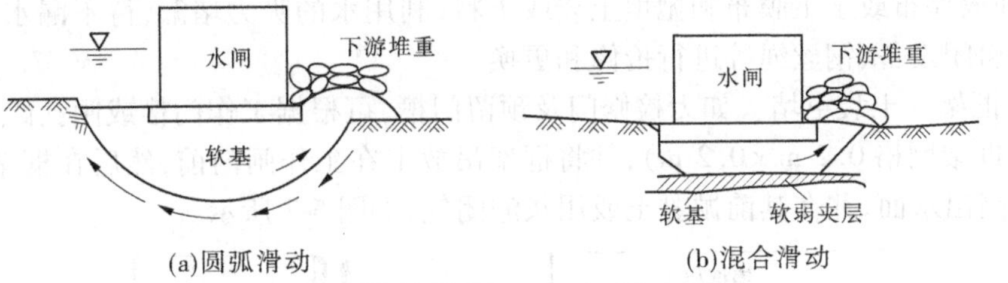

图 5-5　下游堆重阻滑示意图

3)下游蓄水平压

在水闸下游一定的范围内用土袋或土筑成围堤,抬高水位,减小上下游水头差,以减小水平推力。围堤高度应根据允许的水头差所需壅水高度而定。堤顶宽约 2 m,土围堤边坡 1:2.5,土袋围堤边坡 1:1,预留 1 m 左右的超高,并在靠近控制水位高程处设排水管,如图 5-6 所示。

当水闸下渠道上建有节制闸且距离较近时,可关闸壅高水位,也可起到同样的作用,但必须加强对围堤和渠堤的防守。

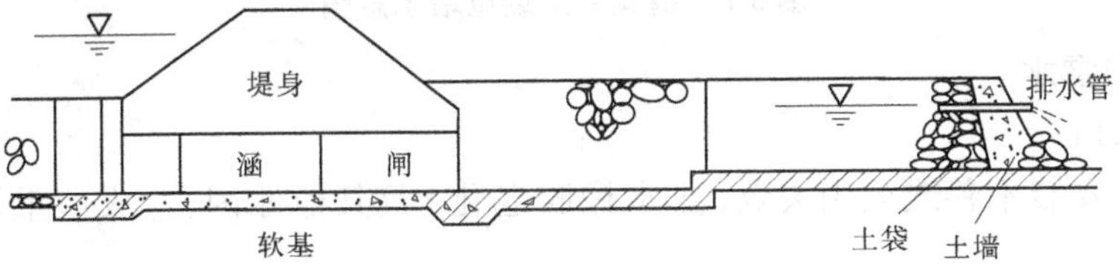

图 5-6　下游围堤蓄水示意图

4)圈堤围堵

圈堤围堵一般适用于闸前较宽的滩地情况。围堤修筑高度通常与闸两侧堤防高度相同,堤顶宽度应不小于 5 m,以利施工抢险,圈堤边坡 1:2.5~1:3。圈堤临河侧可采用堆筑土袋,背水侧填筑土戗;或者两侧均堆土袋,之间填土夯实,以减少土方量,土袋堆筑坡 1:1。

圈堤填筑工程量较大,且施工场地较小,短时间抢筑相当困难,一般在汛前将圈堤两侧部分修好,中间留下缺口,并备足土料、土袋等,根据洪水预报临时迅速封堵缺口。

二、闸门险情

(一)闸门失控

1. 失控原因

闸门失控的主要原因是闸门变形、丝杆扭曲、启闭设备故障或机座损坏、地脚螺栓松动。钢丝绳断裂、滚轮失灵及闸门震动等,往往造成闸门关不下、提不起或卡住而导致运用失控,危及闸身安全。

2. 抢护方法

(1)吊放检修闸门或叠梁屯堵。下放检修闸门或叠梁后,如果还漏水,可在检修门或叠梁前铺放篷布或土工膜布和抛填土袋或土料,利用水的吸力堵漏,待不漏水后,再对工作闸门、启闭设备、钢丝绳等进行抢修和更换。

(2)框架－土袋屯堵。如无检修门及预留门槽,可根据工作门槽或闸孔跨度,焊制一钢框架(框架网格 0.2 m×0.2 m),并将框架吊放卡在工作闸门前,然后在框架前抛填土袋,直至高出水面,并在其前抛黏土或用灰渣闭气,如图 5-7 所示。

图 5-7　框架－土袋屯堵示意图

(二)闸门漏水

1. 漏水原因

闸门止水安装不善或久用失效(止水橡胶老化)及其他原因,造成严重漏水,给闸下游带来危害。

2. 抢堵方法

在关门挡水时,从闸上游接近闸门处,用沥青麻丝、棉纱团、棉絮等堵塞缝隙,并用木楔挤紧;也可用灰渣在闸门临水面水中投放,利用水的吸力堵漏。如系木闸门,漏水也可用木条、木板或布条柏油等进行修补或堵塞。在堵塞时,要特别注意人身安全。

(三)启闭机螺杆弯曲抢修

闸门、涵闸门启闭使用人力、电力两用螺杆或启闭机,因开度指示器不准确,或限位开关失灵,电机接线相序错误、闸门底部有石块等障碍物;或因超标准运用,工作水头超过设计水头,致使启闭力过大,超过螺杆许可压力,引起纵向弯曲。

启闭机螺杆弯曲抢修方法:

(1)在不能将螺杆从启闭机拆下时，可在现场用活动板手、千斤顶、支撑杆及钢撬等器具进行矫直。

(2)将闸门与螺杆的连接销子或螺栓拆除，把螺杆向上提升，使弯曲段靠近启闭机，在弯曲段的两端，靠近闸室侧墙设置反向支撑，然后在弯曲凸面用千斤顶缓慢加压，将弯曲段矫直，如图5-8所示。

(3)若螺杆直径较小，经拆卸并支撑定位后，可用手动螺杆矫正器将弯曲段矫直，如图5-9所示。

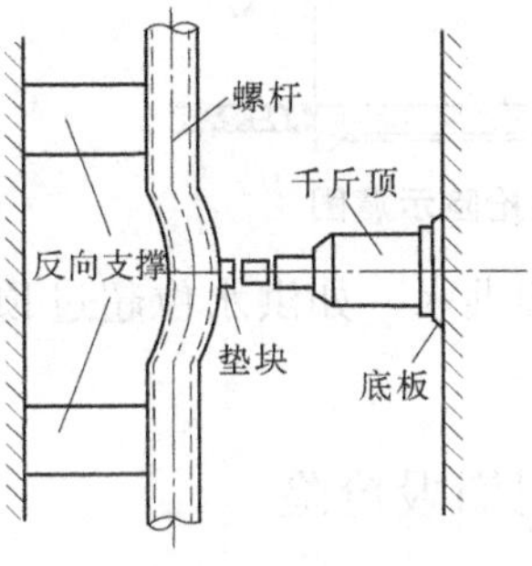

图5-8 千斤顶矫正螺杆弯曲段示意图

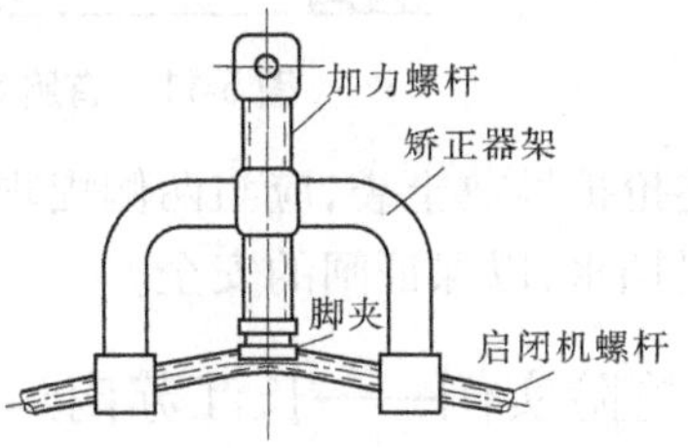

图5-9 手动螺杆矫正器示意图

(四)闸顶漫溢抢护

闸、涵埋设于堤坝内，防漫溢措施与堤坝的防漫溢措施基本相同，在采取闸顶防漫溢加高挡水时，要进行核算，保证闸身稳定安全。对开敞式水闸的防漫溢措施如下：

(1)无胸墙的开敞式水闸。如闸孔跨度不大，可焊接一平面钢架，其网格不大于0.3 m×0.3 m，将钢架吊入闸门槽内，置放于关闭的工作闸门顶上，紧靠门槽下游侧，然后在钢架前部的闸门顶部，分层铺放土袋，临水面放置土工膜布或篷布挡水，宽度不足，可以搭接，搭接长度不小于0.2 m，如工作闸门顶宽度不足，也可改土袋为2～4 cm厚的木板，严密拼接靠在钢架上，压紧木板，防止漂浮，具体做法如图5-10所示。

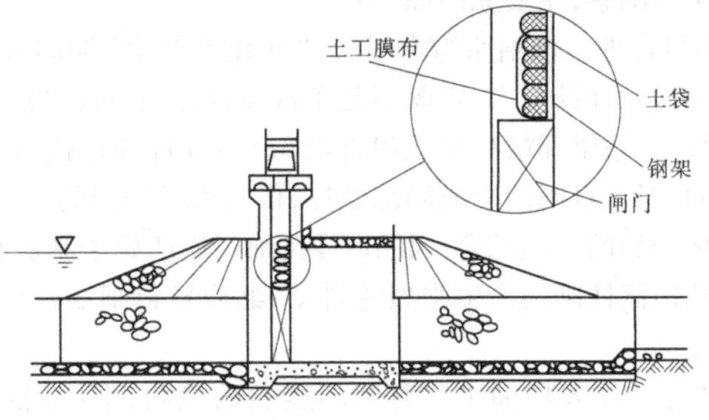

图5-10 无胸墙开敞式水闸漫溢抢险示意图

(2)有胸墙开敞式水闸。利用闸前工作桥在胸墙顶部堆放土袋，临水面压放土工膜布或篷布挡水，如图5-11所示。也有采取在胸墙顶与启闭台大梁之间浆砌砖，上游面砂浆抹面，并将大梁至墙顶的空间封死以挡水。

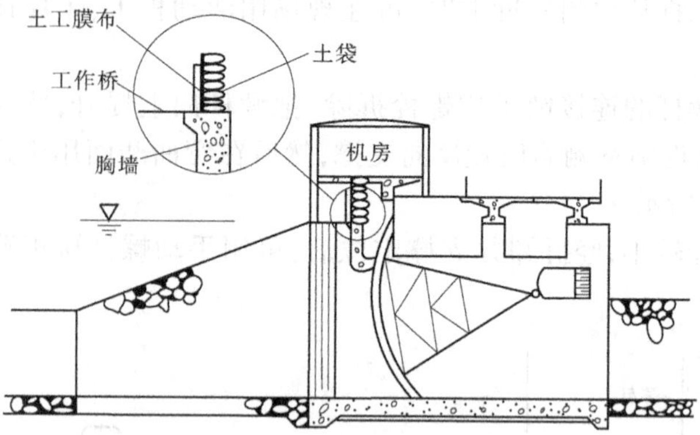

图 5-11　有胸墙开敞式水闸漫溢抢险示意图

上述抢护堆放土袋，应与两侧堤坝衔接，共同挡御洪水。如洪水位超过顶高，应考虑抢筑围堤挡水，以保证闸的安全。

三、抢险实例——长江苏南运河谏壁闸闸门崩毁抢险

（一）基本情况

谏壁闸位于江苏省镇江市东郊谏壁镇，是扼守苏南大运河的北大门，集挡洪、排涝、灌溉、调节苏南运河航运水位等多种功能于一体的重要水工控制工程。该闸始建于 1958 年，1959 年汛前竣工投入使用。全闸共有 15 个闸孔，每孔净宽 3.8 m，闸总净宽 57 m，闸门为上下扉结构。1996 年 7 月 30 日凌晨 6 时，谏壁闸 8 号孔发现轻微漏水。7 月 31 日，谏壁闸 8 号孔下扉门崩毁，咆哮的江水以大于 120 m^3/s 的流量涌入苏南运河，形势十分危急。

（二）出险原因

谏壁闸 8 号孔闸门崩溃失事，原因是多方面的。根据对原有设计文件、竣工图纸的分析和汛后排水后的全面勘察，主要原因如下：

（1）门体结构不尽合理。该闸原为木闸门，“文化大革命”期间改为全钢丝网薄板叠梁式闸门。经查阅原来设计计算书，它既不是正规设计部门设计，也未经认真审核。这种形式的闸门整体性很差，叠梁和端柱仅依赖直径 6.5 mm 螺栓连接，其构件未受破坏时是能够承受静水压力的，但一旦闸门形成局部破坏，极易引发闸门的全面崩溃。而 8 号孔闸门恰恰是从局部破坏开始的。经综合分析，8 号孔闸门崩溃始于闸底止水木首先被撕裂，随后越来越大的底孔出流使闸门产生剧烈的抖动，继而导致闸端柱槽钢与钢丝网薄壳叠梁摩擦损坏后相互分离。

（2）闸门严重老化。经大坝抽水后对闸门残骸的检测，下扉门铁端柱锈蚀严重，10 mm 厚的端柱钢板平均锈蚀达 3 mm，端柱与叠梁的连接螺柱锈蚀更为严重，普遍呈针状，少数断为两截。空心钢丝网薄板叠梁表面混凝土碳化严重，多处发现露筋情况，门底止水木严重腐烂，造成闸门严重老化失修。

（3）长江发生超历史高潮位。从 7 月 23 日开始，长江由于上中游来水量增大，下游高潮位顶托，谏壁闸外出现持续高潮位，8 月 1 日最高潮位达 8.34 m，超过历史最高潮位

(8.06 m)0.28 m。

(4)管理工作明显滞后。

当然,谏壁闸的出险是上述诸多因素综合作用的结果。全闸15孔中仅8号孔闸门出事,还有一个不可忽视的因素,即相对于其他各孔而言,8号孔闸门为中孔,启闭最为频繁,这在一定程度上也缩短了闸门的使用寿命。

(三)抢险措施及效果

谏壁闸抢险主要分为以下三个阶段。

(1)第一阶段,8号孔下扉门崩毁之前。从7月30日闸上值班人员发现8号闸门严重漏水至其彻底崩溃,先后实施了以下三套抢险方案:

①吊放检修闸门。该闸长江侧设有检修门槽,并备有一组检修钢闸门。7月30日凌晨6时发现险情,8时组织人力用电动葫芦吊放检修门,但因闸门严重漏水后水压力过大,4扇检修门(每扇高1 m)吊入门槽后无法继续下移到底板。

②抛投铅丝笼。9时左右,开始实施第二方案,即用新棉胎卷囊黄砂,外套麻袋,再以铅丝扎成长3.8 m、直径60 cm的筒形笼子,于下午13时抛入8号闸孔,结果立即被湍急的水流卷走。

③抛投钢质框架。下午14时左右,抢险人员开始利用角铁、钢筋组焊长方体框架,20时,长3.7 m、宽0.5 m、高1.1 m,内装水泥桁条和黄砂、棉絮的钢质框架被推入8号闸孔,但仍被激流吞没。

在对前三套方案失败原因认真分析的基础上,现场领导和工程技术人员研究提出了第四套方案,即用槽钢和角铁焊成方格形栏栅放入检修门槽,再以大量麻袋灌土抛入钢栏栅前封堵。但此方案未及实施,8号孔闸门已彻底崩毁。

(2)第二阶段,7月31日晚8号孔闸门被冲毁后,抢险形势非常紧张。紧急磋商抢险方案并付诸实施:

①7月31日22时许,由经验丰富的起重工吊放钢栏栅。因此时闸门已破,闸孔内流速高达5 m/s以上,钢栏栅在沉离底板1 m多时再也不能下沉,致使麻袋封堵无法进行。

②沉船杀流。8月1日凌晨,抢险指挥部决定紧急征调4艘60 t钢驳,在8号孔闸墩前沉船截流。8月1日上午8时30分,第一艘装满块石的钢驳通过定位、灌水后准确地在8号孔闸墩前下沉,过闸流量迅速减小至60 m^3/s。10时30分,第二艘船准确沉叠在第一艘船之上,流量减小到48 m^3/s,至当日19时,当第四艘船下沉到位时,流量减至不足20 m^3/s。

③钢管锚固。通过沉船措施,过闸流量虽明显减小,但险情仍未解除。为填补钢栏栅与闸底板之间1 m多的空间,工程技术人员提出钢管锚固的方案,即以6根直径60 mm钢管,分别插入闸底,上端锚焊在钢栏栅上。20时许,6根钢管锚固结束。

④麻袋封堵。钢管锚固后,检修门槽上形成了完整的钢栏栅。不断地将装满黏土的麻袋抛填在钢栏栅前。为防止麻袋被冲走,开始抛填时,先抛填了10余个钢丝网兜,每个网兜内装麻袋15~20个,重达2 t以上。至8月2日0时,共抛填麻袋1 000余只,8号孔封堵取得成功。

(3)第三阶段为巩固阶段。8月2日开始,抢险指挥部组织对其他闸孔进行检查,发现3号、7号、9号孔闸门漏水量呈增大趋势，为防患于未然，当即请求省防汛指挥部调运方木、槽钢各200余根，紧急制作预备门5组并吊入2号、3号、7号、9号、13号孔的检修门槽，形成了第二道防线。至8月4日，抢险最紧张的阶段结束，工作转入水下检查阶段。

思考题

5-1 什么是水工建筑物？水工建筑物险情有哪些特点？

5-2 水工建筑物的险情检查与监测有哪些内容和方法？

5-3 水工建筑物的裂缝处理方法有哪些？

5-4 水工建筑物结合部渗水及漏洞的抢险方法有哪些？

5-5 水工建筑物的滑动险情是如何抢护的？应遵循什么原则？

5-6 溢洪建筑物的安全检查及抢护方法有哪些？

5-7 闸门为什么会失控？如何处理？

5-8 水闸门漏水的抢堵方法有哪些？

第六章 河工建筑物险情抢护

学习目标

了解河道的河势变化规律,学习河势观测与险情监测分析方法;重点了解河工建筑物常见险情(坝岸基础淘塌、坝垛溃膛、坝垛漫溢、坝岸沉陷入水、坝岸滑动及倾倒)的特点及出险原因,理解和掌握抢护原则、抢护方法及注意事项。

第一节 概 述

河道随自然流势变化,左右摆动,产生弯道,受水流冲刷和弯道环流作用,常会产生凹岸崩塌,凸岸出滩,促使河势发生变化,威胁沿岸滩地、堤防及其闸涵泵站等建筑物的安全。河工建筑物是指保护这些地段不受破坏的险工与保护河滩的控导工程的丁坝、挑水坝、矶头、坝垛等护岸工程。这些工程是控制河势、抗御水流冲刷的屏障。但是,由于长期受水流冲刷,当汛期大流量高流速时则易出险情。

河工建筑物,主要用于以下三类情况:

(1)借助于纵向或横向的建筑物,使河道水流动力轴线趋向河心,减低冲刷处的横向环流流速,常见有各种丁坝、挑水坝、矶头、坝垛等。

(2)为加固河岸,抵抗水流冲刷和风浪袭击,常见的有各种护岸、顺坝、护坡等。

(3)在重要的险工上,为安全起见,常将上述两类工程联合使用。

一、河工建筑物险情

(1)丁坝、挑水坝、坝垛及矶头等工程,由于其阻水作用,在它们的上游水位壅高,流速场发生剧烈变化,形成回流及泡漩,强烈冲击坝的上腮(上跨角)和坝根。在坝头部位,发生水流集中绕流现象,造成明显的冲坑,威胁坝头的安全。在坝的下游,由于水流离解现象,也形成回流泡漩区,造成坝下腮(下跨角)的冲刷,如图 6-1 所示。

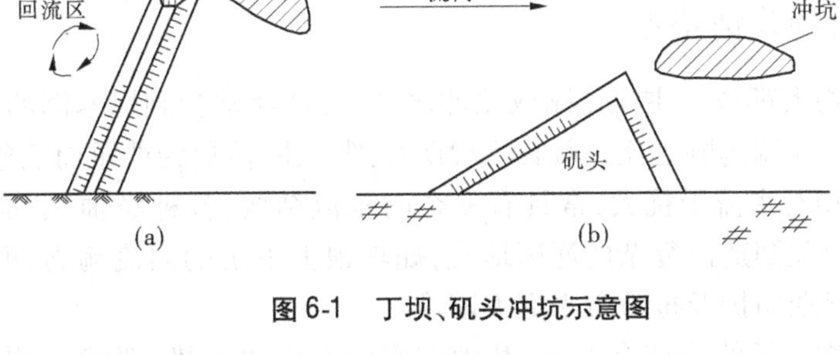

图 6-1 丁坝、矶头冲坑示意图

水流的紊流现象，均造成坝上下腮、坝头、坝根部位的坍塌出险。冲刷严重时，坝头塌陷入水，坝身、坝根也相继坍塌，甚至发生后溃现象。

(2)矶头、坝垛等是起短丁坝的作用。矶头群对水流流势有一定程度的改变，虽没有丁坝强烈，但当大溜顶冲矶头时，也会在矶头头部或其附近偏下部位，产生较大的回流，冲成深坑，产生崩塌，使岸线凹进。单独的矶头、坝垛产生水流冲刷现象有的也很严重，如图6-1(b)所示。

(3)一般来说，护岸、顺坝等对近岸水流流势影响比较小，只是能够使河床横向摆动得到控制，岸坡不被冲刷，但却不能制止河床的淘深。河流凹岸受水流冲刷，在未作护岸工程前，顶冲点和着流段迫使河岸向横向发展，河岸发生崩塌，而冲深可能较小。当做了护岸工程之后，横向冲刷力受阻，转向纵向发展，因而在护岸、护坡是前沿，常冲成深槽，如图6-2所示。

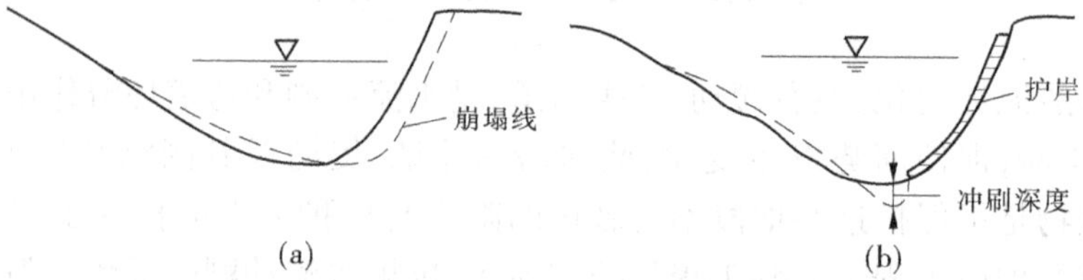

图6-2　河床崩塌示意图

(4)湖区的圩垸、沿海的海塘和通航河道的护坡，受风浪和船行波冲击，往复上壅下落，也容易遭受破坏。

(5)当水位突然下降或地下水向河道补给时，护岸工程失去平衡，发生不稳定状态时，也会出险，发生滑动或坍塌。

(6)我国北方河流上的防护工程，还因受冰凌的撞击和冰压力，防护工程遭到破坏。

为了使险工的防护部位稳固，有的虽在设计时针对可能发生的冲刷情况采取了预防措施，如深做基础，采用沉井、管柱桩把基础做到可能冲刷深度以下；或用沉排、预堆护根石料，随着水流冲刷而下沉，以起保护作用等。但施工时，往往由于基础开挖困难，做不到可能冲刷的深度；汛期由于流量、水位和河势的变化，险工上的顶冲点也时常上堤下挫等，防护工程出险的机会很多，特别是新建的防护工程，未经大水考验更容易出险。因此，防护工程建成后并不等于竣工，还要储备物料以针对各种险情进行抢护。为了河道险工上的各种防护工程保持稳定，发挥预计的作用，从思想上和措施上要做好抢险准备。

二、河工建筑物险情特点

(1)河工建筑物大都位于主流紧贴或顶冲之处，海塘经常受到风暴潮的袭击。因此，所承受的水流冲击、环流淘刷远比一般临水堤防强烈，其险情更为严重而危急。

(2)河工建筑物对水流干扰大，常具有复杂的水流结构，各种竖轴、平轴环流及下降螺旋流错综复杂，由此塑造出复杂的河床地貌，如坝根上下游的回流淘刷、坝垛头部下缘巨大的冲刷坑，给汛期防护及抢险带来更大困难。

(3)河工建筑物常见的险情有漫溢，基础淘刷而发生的墩蛰、溃膛、坝岸滑动等。根据对100座发生险情的险工坝岸统计，砌石坝占71%，乱石坝仅占6%。砌石坝各类险情所占比例为：坍塌31%、断裂17%、根石走失39.4%、浪窝塌陷12.6%，而乱石坝险情则是根石走失及蛰陷。

第二节　险情监测

抢护险情一定要“抢早抢小”，即坝垛出现险情要早抢护，在较小的情况下抢护，只有这样才能使抢险容易成功，确保工程安全；抢晚了，险情发展大了，不仅耗费大量的人力物力，而且会使险情变得复杂，抢护难度大，甚至导致抢险失败，工程被冲垮。要达到险情“抢早抢小”，必须做好险情监测工作，及早发现险情，及早抢护险情，把险情消灭在萌芽状态，因此险情监测在抢险中占有重要地位。

坝垛出险一般取决于以下两个条件：一是水流条件，即河势溜向及对坝垛的影响程度。河势变化大，工程出险坝头多，抢险战线长。反之，河势变化小，工程出险坝头少，抢险战线短。二是工程条件，即坝垛根基深度、坡度和厚度，根基坡度陡，深度浅，厚度薄，易出险。因此，险情监测从宏观上讲首先应对河势及工程基础进行监测。在河势及工程基础一定的条件下，险情监测的对象是对具体坝垛具体险情的监测。

一、河势观测与分析

（一）河势观测

河势是河道水流的平面形势及其发展趋势。平面形势主要是指河道水流在平面上的分汊状况和主溜（主溜即河床中水的主流）对防洪及滩区影响状况。河道水流分散，支汊多，主溜变化无常，险工、控导护滩工程脱河，堤防安全或滩区群众生产生活受到威胁，显然是不利河势；相反，河道水流单一规顺，主溜变化不大，按照规划修建的工程都能靠河着溜，发挥作用，显然是有利河势。河道水流的发展趋势是指在现状河势及今后上游来水来沙条件下，主溜变化的趋势。一般地说，如现状河势不利，今后发展亦不利，则是恶化河势；如现状河势有利，今后发展不利，是不利河势；如现状河势有利，今后发展亦有利或现状河势不利，今后发展有利，则是有利河势。

河势变化的关键是主溜，主溜位置比较稳定，河势变化小；主溜位置不稳定，河势变化大。主溜位置稳定与否，主要取决于水沙条件的变化和河岸抗冲强度。大流量主溜趋直，小流量主溜变弯；河岸抗冲能力强，主溜相对稳定，河岸抗冲能力弱，主溜不稳定。

河势观测的任务即对现状河势进行全面观测了解并绘出河势图，然后进行分析。河势分析即对现状河势状况进行剖析，对其发展趋势进行预估，在此基础上作出评价，得出是有利河势还是不利河势。从坝垛抢险角度出发，即这种河势对抢险是有利还是不利。

坝垛抢险时河势观测的范围一般是抢险坝垛所在工程上游两三个河湾，对其河势状况进行观测，只有这样，河势分析才能有全面性和准确性。河势观测方法依河道宽窄确定，宽河道宜乘船观测，窄河道可沿河岸观测。观测结果应绘出河势图，包括两岸水边线，心滩位置及大小,各汊河过流量占整个河道过流的百分比,主汊及支汊的主溜线位置,滩面的出水高度,滩岸坍塌后退长度、速度,各河湾河道整治工程靠溜状况等。在绘制河势图时主溜线的位置应尽量准确划出,河道整治工程着溜状况应尽量标示准确。一处河道整治工程靠溜状况分四种:大溜、边溜、回溜、无溜(静水)。

抢险河势分析落脚点在于抢险坝垛河势稳定程度。根据上游两三个河湾河势状况、塌滩状况,结合来水状况,分析预估未来抢险坝垛河势是否会发生变化,由此确定或调整抢险方案。抢险河势分析可能会遇到以下三种情况:一是河势处于稳定状态,短期内不可能发生大的变化,这时抢险要按打阵地战、持久战作准备。对于临时护滩工程的抢险,这种河势是不利的,因为投入大,效益差。对于按规划修建的永久性工程,则通过抢险加固了坝垛的根基,是一种施工性质的抢险,投入大,避免或减少今后抢险,效益好。虽然抢险紧张,但仍是一种有利河势。二是因来水增加,河势大幅度下滑,甚至主溜趋中,整个工程各坝垛均不靠大溜,则抢险是暂时的,险情会得到缓解。三是河势极不稳定,在工程范围内提挫变化范围大,易生险情,这时抢险要打拉锯战、持久战、被动战,这是最为不利的一种河势。

(二)河势分析方法

河势分析一般是根据经验判断,这就要求河势分析人员平时注重掌握河势演变的一般规律,当地河势演变的具体特点,当地河道两岸边界条件状况及对河势变化的影响,上游来水来沙对本河段河势的影响等,然后结合查勘观测现状,应用已有经验,进行具体问题具体分析,最后提出河势的发展趋势,指导抢险。

二、坝垛基础冲刷探测

坝垛护根基础的坡度及深度对坝垛在应用中是否出险影响很大,为此需要不断对坝垛基础进行探测,及时掌握变化情况,发现问题就要采取加固措施,防止出险。探测方法主要有:

(1)探水杆法。探水杆多用粗竹竿或木杆制作,杆长 5~6 m,上面刻画尺度,在防护工程的岸边或船上,人工将探水杆垂直插入水中,量出水深并可凭感觉判断河底土质和工程基础大致被冲情况。此法适用于水深小于 4 m,出险位置距岸边较近处。

(2)铅鱼法。用尼龙绳拴一个较重的铅鱼,从测船支架放入防护工程前面水中,测量水深并判断河底的土石情况。在一个断面上,进行多点测量后,根据测点深度和距防护工程的水平距离,即可绘出防护工程的水下断面图,并可大体得到护根石的分布状况,此法适用于水深流急处。

(3)超声波测深仪法。将超声波测深仪安装在测船的悬臂上,船在测区行使,在一个断面上用仪器连续测量水深,可绘出水下断面和地形图,以判断冲刷深度和冲刷范围,此法适用于含沙量小于 60 kg/m^3、水深在 20 m 以内的水域。

三、险情监测

一处河道整治工程坝垛险情的监测包括险情检查、险象观测和抢险观测三个方面的内容。正确把握这三个内容是一个河道修防工的基本功。

(一)险情检查方法

险情检查即查险,分定期查险和不定期查险。定期查险即每周或每月对靠河着溜坝垛进行巡查,发现险情及时报告。不定期查险一般在洪水期或中水大溜长时间顶冲坝垛时进行,必要时全天候巡查,确保险情及时发现,及早抢护。

一处工程检查的重点:首先要放在着溜较重的坝垛上;其次是着溜较轻但根基薄弱的坝垛;最后要根据河势上提下挫变化,对新靠河着溜的坝垛加强观测,防止突发险情发生。

对某一坝垛检查的重点是坝前和上跨角部位。当迎水面较长、靠溜较紧时,也应注意观测;当坝的上下游回溜较大时,应加强迎水面后尾和被水面的观测,防止坝基未裹护部分甚至联坝被冲刷塌退。

查险方法主要是目测和探测。目测是观测根石台或坦石是否有坍塌现象,坝顶是否有纵向裂缝等;探测是手持长杆深入水中,探测根石坡度变化情况。

检查时要做好检查记录,发现险情、险象必须详细记载,主要内容有发现时间、坝号、部位、长度、高度、宽度、坍塌体入水深度、出险原因等。遇重大险情要派专人及时上报,并迅速组织抢护。

(二)险象观测方法

险象是坝垛可能出险的征兆,因此必须引起重视,加强观测。一般有根石局部蛰动,扣、砌坦石裂缝,坝顶裂缝等。

根石水上部分蛰动反映水下根石已经有走失现象,如继续大量走失,可导致上部根石和坦石坍塌出险。这时要详细记录蛰动尺度为以后观测提供基础。对多次观测进行比较,坍塌速度加快,出险尺度增大,则视为险情,应组织人员进行抢护。

扣石和砌石坝坡出现裂缝可能是根石蛰动引起的,也可能是坝基土胎变形引起的。前者是较大险情的征兆,后者是一般险情的征兆,这时观测要选择多个固定点观测裂缝和护坡裂缝两侧高差的变化,对基础薄弱蛰动产生的裂缝,更要加强观测。

坝顶裂缝多发生在土坝基靠近临河侧,走向与坝轴线基本平行,略呈弧形向临河方向延伸,裂缝一般为1条,有时2~3条,主缝缝宽、较长。新修工程如为搂厢进占修筑或柳石枕抛护,此时坝顶裂缝为软料变形引起的,可用填土处理裂缝无须观测;但对于基础薄弱产生的裂缝要作为重点观测,特别是大溜顶冲更不能忽视;同时,要进行根基探测,发现根基坡度过陡或有明显凹陷应采取加固措施,防止重大险情出现。

(三)抢险观测方法

抢险观测要进行河势观测、分析。河势溜向观测一般观测出险坝垛上游来溜方向,分析其稳定程度,对重大险情,河势溜向观测范围要向工程上游延伸两三个河湾,以便分析准确。如上游河湾溜势处于稳定状态,根据水情预报,短期内洪水流量没有大的变化,则出险坝垛河势可能稳定一段时间,即险情有向恶化方向发展的可能,这时要加大抢护力度;如上游河湾溜势不稳定,可能上提下挫到其他坝上,这时要注意其他坝垛观测,确保整个工程的安全。

在整个抢险过程中应对险情直接进行不间断的观测,特别是遇有重大险情、多坝出险、河势变化大等复杂情况时应特别加强。观测的重点:所采取的抢险措施对险情的控制程度、险情稳定或发展扩大程度、新的险情发生与发展趋势等,由此确定或变更抢险方法。

当根石、坦石同时坍塌入水，采用抛石（笼）抢护时，应观测抛投一定数量石料后水下坦石上升的高度，分析坍塌是否继续发展。如根石、坦石坍塌的同时土坝基也有大量的坍塌，这时险情严重，要注意观测水流对坝基的冲刷情况；如冲刷量大，应用搂厢先抢护土坝基，此时应注意观测搂厢与土体之间是否过水，是否会出现后溃险情。采用柳石枕护根护坦效果好，但大量抛投柳石枕出水很少，险情得不到控制，这时可能遇到了淤泥滑底、柳石枕前爬现象，应加强观测，如有前爬现象应抛石笼固脚。

总之，在抢险过程中加强险情监测，不断分析，及时改变抢险方法，尽快使险情化险为夷，可收到事半功倍的效果。

第三节　坝垛溃膛抢护

一、险情及出险原因

（一）险情

坝垛溃膛是坝胎土被水流冲刷形成较大的沟槽，导致坦石陷落的险情。即在中常洪水水位变动处，水流透过保护层及垫层，或风浪的抽吸作用，将坝体护坡后面土料淘出，蛰成深槽，槽内过水淘刷土体，险情不断扩大，使保护层及垫层失去依托而坍塌，严重时可能造成整个坝岸溃塌。

坝垛溃膛险情发生初始，根石、坦石未见蛰动，仅是坦石后的坝基土出现小范围的冲蚀。随着冲蚀深度、冲蚀面积的逐渐扩大，最终坦石失去依托而坍塌。坦石坍塌后并不能使溃膛停止，相反常因石间空隙增加，进一步加剧冲刷，使险情恶化。

（二）出险原因

散抛石结构保护层厚度小，保护层垫层或堆石间隙大，与土坝基结合不严，或坝基土质不好，在水流的冲刷下，坦石后的土坝基浸泡松软后被淘出；在水下部分有空洞裂缝，水流串入淘刷形成空穴，使坦石与土坝基的结合部分形成过水通道，随水流带走土料形成沟槽。

二、抢护原则及方法

（一）抢护原则

抢护坝垛溃膛险情的原则是“翻修补强”，即发现险情后拆除水上护坡，用抗冲材料补充被水冲蚀土料，加修后膛，然后恢复石护坡。

（二）抢护方法

坝垛溃膛抢护有抛石抢护法、抛土袋抢护法、抛枕抢护法。

1. 抛石抢护法

抛石抢护法适用于险情较轻的乱石坝，即坦石塌陷范围不大，深度较小且坝顶未发生变形，用块石直接抛于塌陷部位，并略高于原坝坡。其作用一是消杀水势、增加石料厚度，二是防止上部坦石下塌，如图6-3所示。

2. 抛土袋抢护法

若险情较重,坦石滑塌入水,土坝基裸露,采用土工编织袋、麻袋、草袋等装土进行抢护,如图 6-4 所示。先将溃膛处挖开,然后用无纺土工布铺在开挖的溃膛底部及边坡上作为反滤层,用土工编织袋、草袋或麻袋装土,每个土袋充填度 70% ~80%,用尼龙绳或细铅丝扎口,在开挖体内顺坡上垒,层层交错排列,宽度 1 ~2 m,坡度 1:1.0,直至达到计划高度为止。在垒筑土袋与土坝基之间空隙用土填实,使坝与土袋紧密结合。袋外抛石或石笼复原坝坡。

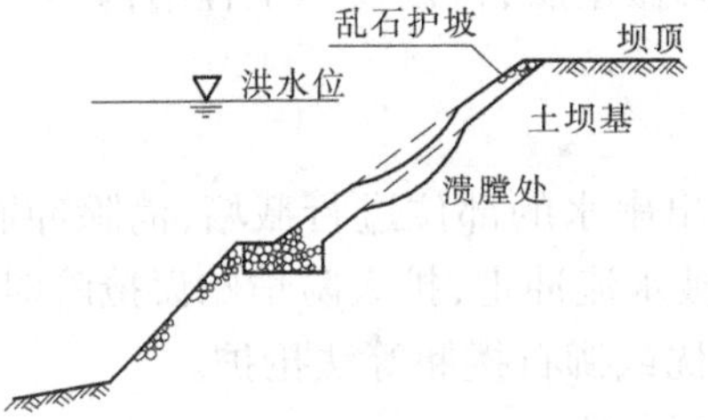

图 6-3　抛石抢护示意图

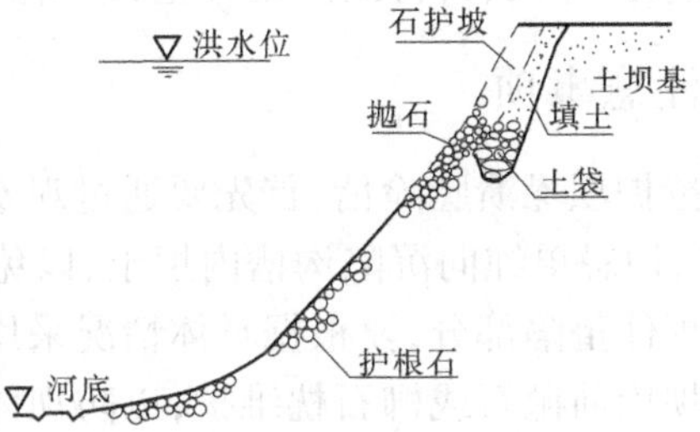

图 6-4　抛土袋抢护示意图

3. 抛枕抢护法

如果险情严重,坦石坍塌入水,坝基裸露,土体冲失量大,险情发展速度快,可采用大柳石枕(又叫懒枕)、柳石搂厢等方法进行抢护。懒枕即是就地捆枕,如图 6-5 所示。

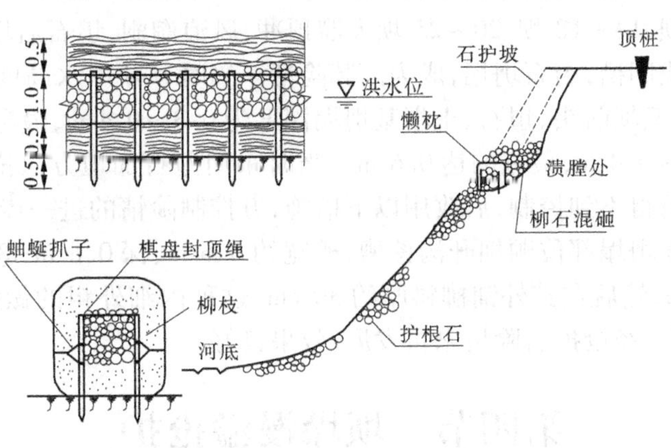

图 6-5　抛枕抢护示意图　(单位:m)

抛枕抢护法的做法如下:

(1)首先抓紧时间将溃膛挖开至过水深槽,开挖边坡 1:0.5 ~1:1.0。然后沿临水坝坡以上打根桩多排,前排拴底钩绳,排距 0.5 m,桩距 0.8 ~1 m,沿着拟捆枕的部位间隔 0.7 m 垂直于柳枕铺放麻绳一条。

(2)铺放底坯料。在铺放好的麻绳上放宽 0.7 m、厚 0.5 m(压实厚度)的柳料,作为底坯。

(3)设置家伙桩。在铺放好的底坯料上,两边各留 0.5 m,间隔 0.8 m 安设棋盘家伙桩一组,并用绳编底。在棋盘桩上顺枕的方向加拴群绳一对,并在棋盘桩的两端增打 2 m

长的桩各一根,构成蚰蜒抓子。

(4)填石。在棋盘桩内填石 1 m 高,然后用棋盘绳扣拴缚封顶,即为宽 0.8 m、高 1 m 的枕心。这种结构的优点是不会出现断枕、跑石现象。

(5)包边与封顶。在枕心上部及两侧裹护柳厚约 0.5 m。

(6)捆枕。先将枕用麻绳捆扎结实,再将底钩绳搂回拴死于枕上,形成高宽各为 2 m、中间有桩固定的大枕。

(7)在桩上压石,或向蛰陷的槽内混合抛压柳石,以制止险情发展。

汛后水位降低后,将出险处开挖,重新处理修做垫层,再恢复原工程结构。

三、注意事项

(1)抢护坝垛溃膛险情,首先要通过观察找出串水的部位进行截堵,消除冲刷。在截堵串水时,切忌单纯向沉陷沟槽内填土,以免仍被水流冲走,扩大险情贻误抢险时机。

(2)坝体蛰陷部分,要根据具体情况采用懒枕或柳石搂厢等法抢护。

(3)坝垛前抛石或柳石枕维护,以防坝体滑塌前爬。

(4)水位降低后或汛后,应将抢险时充填的料物全部挖出,按照设计和施工要求进行修复。

四、抢险实例——山东省梁山县蔡楼控导工程乱石坝溃膛险情抢护

1976 年 9 月 3 日,孙口水文站洪峰流量 9 100 m^3/s,在洪峰前即 9 月 1 日和 2 日,蔡楼控导工程 4 ~ 9 坝、14 ~ 18 坝、20 ~ 25 坝大溜顶冲,风浪淘刷,坦石后坝基土在水位变动处被大量淘出,形成凹槽,坦石坍塌,成为溃膛险情。当时坝顶出水高度约 40 cm,出险部位均在坝的迎水面至坝前头,坦石、土坝基坍塌深度为 0.3 ~ 0.4 m,最深达 0.6 m,坝基坍塌宽度一般为 0.3 ~ 0.4 m,最宽的达 0.6 m。当时采用抛石加坦方法抢护,因风浪太大,坝基土质多沙,险情得不到控制,后改用以下措施,方控制险情的进一步发展:①先将坍塌部位坦石拆除;②在坍塌部位顺坝开沟挖槽,槽宽约 0.6 m、深 0.8 m;③靠近土坝基处先铺麦秸,厚约 30 cm,然后在其外铺柳料厚约 30 cm,这种内细外粗的做法是起反滤作用;④用石块补坦压顶。经抢护后险情未再发展,效果良好。

第四节　坝垛漫溢抢护

一、险情及出险原因

(一)险情

漫溢是指洪水漫过坝垛顶部并出现溢流的现象。当漫溢水流流速大于坝基顶土的抗冲流速时,坝垛顶部将发生冲刷破坏,甚至出现断坝、垮坝等重大险情。

(二)出险原因

(1)发生大洪水时,河道宣泄不及时,洪水超过坝垛设计标准,水位高于坝顶或施工中遇到漫顶洪水。

(2)设计时对波浪的计算与实际差异较大,实际浪高超过计算浪高,并在最高水位时越过坝垛顶部。

(3)施工中坝垛未达到设计高程,或因地基有软弱夹层,填土夯压不实产生过大的沉陷量,使坝垛高程低于设计值。

(4)由于潜坝、控导护滩工程顶部设计标准较低,在较大洪水时,出现漫顶险情。

二、抢护原则与方法

(一)抢护原则

坝垛漫溢进行抢护时,采取的原则是"加高止漫,护顶防冲"。即根据预报和江河实际情况,抓紧一切时机,尽全力在坝岸顶部抢筑子堤,力争在洪水到来以前完成,防止漫溢发生;也可采取措施在坝顶铺置防冲材料,保护顶部免受冲刷。

(二)抢护方法

1.修筑子堤

加高坝垛顶部一般采用子堤形式。子堤有以下类型:

(1)纯土子堤。在坝垛顶部距上游坝肩0.5~1.0 m处筑埝。埝顶宽0.6~1.0 m,边坡1:1~1:1.5,顶高超过预估最高水位0.5~1.0 m。在抢筑时,沿子堤轴线开挖一条结合槽,槽深约0.2 m,底宽约0.3 m,边坡1:1,清除子堤底宽范围内的草皮、杂物,并将表层刨松或犁成小沟,以利新老土结合。填筑子堤土料宜选用黏性土,尽量避免用沙土或腐殖土。

(2)土袋子堤。用土工编织袋或麻袋、草袋装黏性土料,装七八成满,以利铺砌。土袋于上游坝肩处分层交错叠垒,顶宽1 m,坡度1:1。土袋后修戗宽1.0 m左右,边坡1:1~1:1.5,子堤加高至洪水位以上0.5~1.0 m。此法适用于坝头靠溜或风浪较大处。

(3)柳石(土)枕子堤。当取土困难、土袋缺乏而柳料又比较丰富时采用此法。具体做法是:根据子堤高度,确定使用柳石枕的数量。如高度为0.5 m、1 m、1.5 m的子堤分别用1个、3个、6个,按品字堆放。第一枕前面至坝肩留0.5~1.0 m,并在其两端各打木桩1根,以固定柳石(土)枕,或在枕下挖深1.0 m的沟槽,以免滑动和渗水。枕后用土做戗,戗下开挖结合槽,清除草皮杂物,刨松表层土以利结合。然后在枕后分层铺土夯实直至戗顶。其顶宽一般不小于1.0 m,边坡不陡于1:1,如土质较差应当加宽戗顶并适当放缓坡度。

2.护顶防漫

当预报水位较高、子堤防护难以奏效时,漫溢不可避免。为防止过坝水流冲刷破坏,可在坝顶铺设防冲材料防护,常用的方法有以下两种:

(1)柳把护顶。在坝顶前后各打一排桩,用绳或铅丝将柳捆成直径0.5 m左右的柳把,然后将柳把相互搭接铺在坝顶上,再用小麻绳或铅丝绑扎在桩上,防止坝顶被冲。如漫坝水流水深流急,可在两侧木桩之间直接铺一层厚0.3~0.5 m的柳料,再在柳料上面压块石,以提高防冲能力,如图6-6所示。

(2)土工布护顶。将土工布铺放于坝顶,用木桩将土工布固定于坝顶,木桩数量视具体情况而定。一般行间距3 m。为使土工布与坝顶结合严密不被风浪掀起,可在其上铺

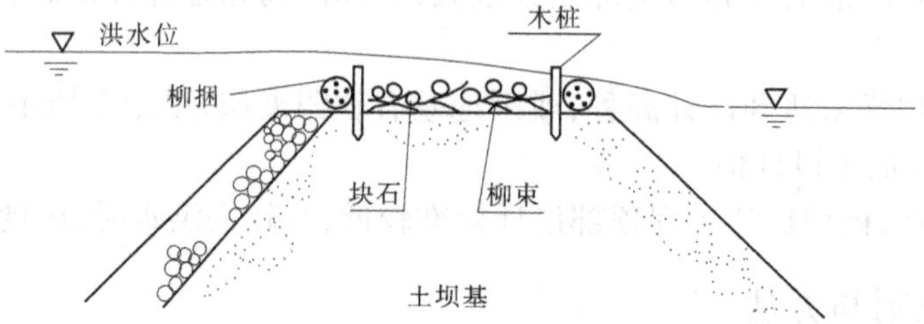

图 6-6　柳把护顶示意图

压土袋一层。

三、注意事项

(1)根据洪水预报,估计洪水到达当地的时间和最高水位,抓紧拟订方案,积极组织实施,务必抢在洪水漫溢之前完成。

(2)抢筑子堤必须全线同步施工,突击进行,不能做好一段,再做另一段。决不允许中间留有缺口或低洼段等。

(3)抢筑子堤要保证质量,做好防守抢险加固准备工作,不能使子堤溃决,失去防护作用。

四、抢险实例

1996 年 8 月 15 日,山东滨州市小街控导工程坝顶出水高度仅 0.2 ~0.4 m,可能发生漫溢。由于多道坝出现根石严重走失、坦石坍塌下蛰陷等险情,若坝顶过水,工程抢险将陷入瘫痪状态,紧急关头,利用编织袋装土对 1 ~13 号坝进行加高帮宽,加高 0.6 m,帮宽 1.5 m,确保工程安全度汛。共用土方 1.67 万 m^3,编织袋 4.2 万条。

第五节　坝岸基础淘塌抢护

一、险情及出险原因

(一)险情

坝岸的护根石被大溜冲失,引起坍塌、坝身失稳而出险。

(二)出险原因

(1)坝岸根石深度不够,水流淘刷形成坝前冲刷坑,使坝体发生裂缝和蛰动。

(2)坝岸遭受急流冲刷,水流速度过高,将根石等料物冲揭剥离。

(3)新修坝岸基础尚未稳定,加之河床多沙,受水流冲刷作用,从而不断下蛰出险。

二、抢护原则与方法

(一)抢护原则

坝岸基础淘塌的抢护原则是:根据根石冲失程度,抛填料物抢修加固。

（二）抢护方法

1. 抛块石

抛投块石的质量一般在 30 ~ 75 kg，在坝的迎流面和坝头水深流急处，要使用大的块石。抛石可采用船抛和河岸抛两种方法进行。抛投时，先从险情最严重的部位抛起，依次由下层向上层抛投，并向两边展开；同时，还要随时探测，掌握坡度，抛至边坡 1∶1 ~ 1∶1.5 稳定坡为止。

2. 抛铅丝笼

如果水势过急，抛块石不能制止根石走失，可采用铅丝笼装块石压护的方法。铅丝笼体积 1.0 ~ 2.5 m^3，铅丝笼网片一般用 8 号或 10 号铅丝做框架，12 号铅丝编网，网眼一般为 15 ~ 20 cm 见方。网片应事先编好，成批存放备用，抢险时在现场装石笼，亦可采用竹笼或其他代用品。抛铅丝笼一般在距水面较近的坝顶，也可用船抛。操作方法如下：

（1）在坝岸抛投处绑扎抛龙架。

（2）在抛龙架上放 3 根垫桩，以便推笼时掀动。

（3）把铅丝网片铺在垫桩上装石，小块石居中，大块石在外，或底部铺放一层薄柳，以免漏石。装石要满，笼内四周要紧密均匀。放时动作要轻，以免碰断铅丝。装满后封笼口，先笼口后两端，每米长绑扎不少于 4 道，要用绞棍将封口丝拧紧。

（4）推笼时，先推笼的上部，使石笼重心外移，再喊号一齐掀垫桩加撬杠，将笼推入水中。石笼应先抛在险情严重部位，并连续抛投到出水面为止。

3. 抛土袋

草袋、麻袋或土工编织袋内装土料，每个土袋质量在 50 kg 以上，袋子装土的充填度为 70% ~80%，以充填沙土、沙壤土为好。装土后，用细铅丝或尼龙绳绑扎封口。

抛土袋护根最好从船上抛投，或在岸上用滑板滑入水中，层层叠压。如流速过大，可将两个或三个土袋之间用绳索捆扎在一起，再投入水中。

需要说明的是，袋子的选择以透水不透沙的土工编织袋或麻袋为好，以免入水后漏土，同时还要严防其他坚硬的东西扎破、撕破袋子。

4. 抛柳石枕

对于淘刷严重、基础根石冲塌较多、坝基土胎已外露的险情，可采用抛柳石枕抢护。柳石枕长 5 ~ 10 m，直径 0.8 ~ 1.0 m，柳、石体积比一般约为 2∶1，也可根据流速大小调整比例。抛柳石枕构造及抢护结构见图 6-7。

抛柳石枕的具体做法如下：

（1）选好抛枕位置，平整场地，在场地后部打好拉桩。在抛枕的位置铺设一排垫桩，垫桩长 2.5 m，间距 0.5 ~ 0.7 m，两垫桩间放一条捆枕绳，垫桩小头向外，捆抛枕的位置应尽量设在距水面较近处，以便推枕入水。

（2）铺放柳石。直径 1.0 m 的枕，铺底柳枝宽约 1.0 m，压实厚度为 15 ~ 20 cm，一般分两层铺放。铺放柳枝要注意根梢压茬搭接，铺放均匀。石料要排成中间宽、上下窄、直径约 60 cm 的圆柱体（缺少石料时可用黏土代替），大石块小头向里、大头向外排紧，用小石块填满空隙和缺口，两端各留 0.4 ~ 0.5 m 不填石，以利盘扎柳石枕。

（3）捆枕。将枕下的捆枕绳依次捆紧，多余绳头顺枕轴线互相连接，必要时还可在枕

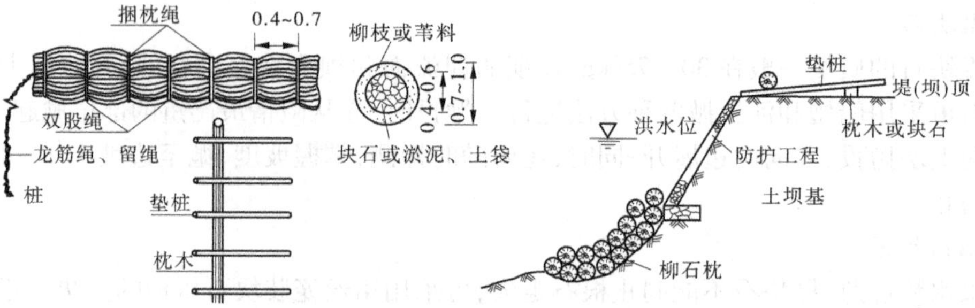

图 6-7　抛柳石枕构造及抢护结构　(单位:m)

的两旁各用绳索将捆枕绳相互连系。捆枕时一定要想办法(如用绞棍)捆紧,以确保柳石枕在滚落过程中不折断、不漏石。

(4)推枕。柳石枕要在沉放地点稍上游的位置抛起,枕入水后要有藏头的地方。如采用分段抛枕,最好能同时进行,以便互相衔接,一气呵成,抛出水面。

如果河底淘刷严重,应在枕的前面再加抛第二层。若枕继续下沉,再继续加抛,一直抛出水面以上到稳定为止,还可加抛散石或铅丝笼固脚。

抛枕是为了阻止根石蛰动坍塌,多在水深流急、大溜顶冲的情况下进行。根石坡度陡缓不一,枕入水后难以平稳下沉,应加强水下探测,及时放松留绳。如根石坡面不平,抛枕下水后不易落在适当位置,可放松留绳,控制枕位至预定地点。

当根石下部完整,但中上部根石走失蛰动,最好采用石笼或大块石压护;如蛰动走失面积较大,可先抛一部分柳石枕,枕上用石笼、大块石压护。

三、注意事项

(1)不论抛投块石、土袋或石笼,抛前应先做简单试验,求出抛投入水点与落点的距离,然后参照试验距离在要求的落点上游抛投。

(2)从高处抛投时,为避免损毁坝岸,应采用滑板或其他辅助设施,使块石平稳入位。

(3)抛投块石、土袋或石笼,应先从险情严重部位抛投,再向两边展开。随抛随测,坡度 1:1 ~1:1.5 即可。

(4)石笼四周要紧密均匀,装石要满。

(5)抛完后,应全面探摸一次,若笼之间接头不严处要用块石填齐。

(6)在防汛抢险中,需要在船上作业时,抛锚固定船只便可。

四、抢险实例

曹岗险工位于河南省封丘县黄河左岸,1981 年 8 月 26 日花园口站出现洪峰流量 6 210 m^3/s 后,河道主槽发生了重大变化,影响曹岗险工的上湾河势,在对岸府君寺工程上首约 2 km 处发生嫩滩坐弯,导致曹岗险工 6 ~10 号坝靠河,由于是落水河势,造床能力强,嫩滩坐弯后坍塌速度很快,使曹岗险工靠河部位迅速上提至 1 号坝以上。从 8 月 30 日晚某号坝(中华人民共和国成立后新修)上坝基靠河出险起,直到 9 月 20 日,险工上、下段两次轮番靠河，各坝垛相继出险。主要险情是根石坍塌、砌体裂缝等，50 d 中，出险坝 23 道、垛 4 座、护岸 5 段，大小险情共 45 次。

抢护措施：从 8 月 30 日至 9 月 20 日，曹岗险工先后出现险情后，针对现场出险情况，制定了抢护方案，对于 1977 年以来改建的坝，遇溜有根石蛰动现象的，抓紧补抛根石，以弥补根石坦坡的不足，对于坦石塌垮、坦坡严重裂缝的坝，如 24、25、30、31 四道坝坝头坦石塌垮，32、29、26 三道坝坦坡严重裂缝，采取抛柳石枕、铅丝笼和抛散石加固根坡方案。经过 70 多 d 的抢险战斗，险情得以解除。

第六节　坝岸沉陷入水（墩蛰）抢护

一、险情及出险原因

（一）险情

坝垛基础被主流严重淘刷，根石或坦石连同部分土坝基突然蛰入水中，如抢护不及时，就会产生断坝、垮坝等重大险情。

（二）出险原因

（1）河底多沙，工程基础浅，大溜顶冲或回溜严重时，很快淘深数米甚至十几米，导致基础淘空，出现墩蛰险情。

（2）坝基的土质分布不均匀，基础有层淤层沙（称“格子底”），当沙土层被淘空后，上部黏土层承受不住坝体的重量，使坝体随之猛墩猛蛰。

（3）坝基坐落在腐朽埽体上，由于急流冲刷，埽体淘空，而使坝体墩蛰。

（4）搂厢埽体在急流冲刷下，河床急剧刷深，原已修筑到底的埽体依靠坝岸顶桩绳拉系而维持稳定。当水流继续淘深，绳缆拉断时，坝体承托不住，即出现墩蛰。

二、抢护原则与方法

（一）抢护原则

坝岸墩蛰的抢护应以迅速加高、及时抢护、保土抗冲为原则，先重点后一般进行抢护。

（二）抢护方法

墩蛰险情抢护一般用柳石枕、土袋、柳石搂厢等抢出水面，再抛散石、铅丝笼固根；或用柳石搂厢、混厢抢护，再以柳石枕、铅丝笼固根。

1. 抛土袋

当坝垛发生墩蛰险情时，土胎外露，这时急需对出险部位进行加高防护，防止土坝基进一步冲刷，使险情扩大。对土坝基的加高防护可采用大量抛投土袋的方法，当土袋抛出水面后，再在前面抛投块石裹护并护根，如图 6-8 所示。

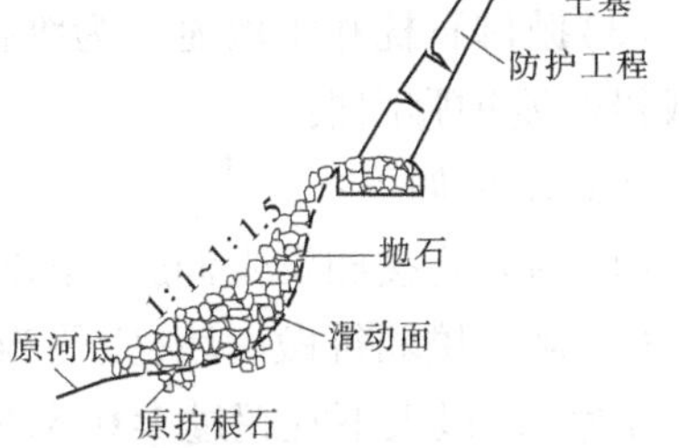

图 6-8　抛石护根示意图

2. 抛柳石枕

当墩蛰范围不大时,可采用抛柳石枕的方法进行抢护。柳石枕的制作和抛投方法同基础滑塌险情的抢护,所不同的是靠近坝垛的内层柳石枕必须紧贴土坝基,使其起到保护土体免受水流冲刷的作用。

3. 柳石搂(混)厢

柳石搂(混)厢是以柳(秸、苇)石为主体,以绳、桩分层连接成整体的一种轻型水工结构,如图6-9所示。其主要用于坝垛墩蛰险情的抢护及在堤、岸严重崩塌处抢修工程。它具有体积大、柔性好、抢险速度快等优点。具体施工方法如下:

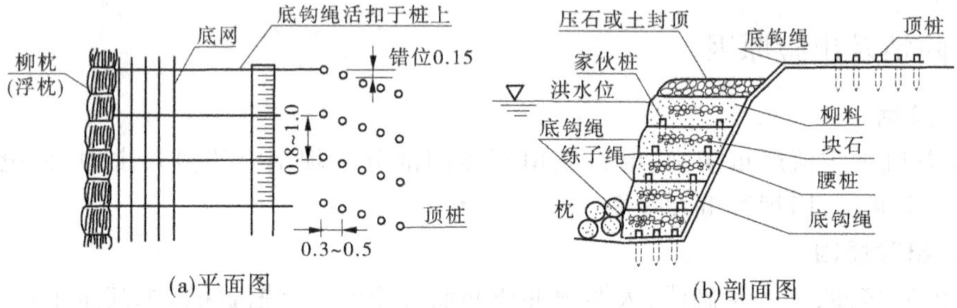

图6-9 柳石搂(混)厢示意图 (单位:m)

(1)准备工作。当坝垛出现险情后,首先要查看溜势缓急,分析上下游河势变化趋势,勘测水深及河床土质,以确定铺底宽度和使用“家伙”(按不同排列组合形式盘系在一起的桩绳);其次是做好整修边坡、打顶桩、布置捆厢船或捆浮枕、安底钩绳等修厢前的准备工作。

(2)搂(混)厢。首先要在安好的底钩绳上用练子绳编结成网,其次在绳网上铺厚约1 m的柳秸料一层,然后在柳料上压0.2~0.3 m厚的块石一层,块石距埽边0.3 m左右,石上再盖一层0.3~0.4 m厚的散柳,保护柳石总厚度不大于1.5 m。柳石铺好后,在埽面上打“家伙桩”和腰桩。将底钩绳每间隔一根搂回一根,经“家伙桩”、腰桩拴于顶桩上,这样底坯完成。以后按此法逐坯加厢,每加一坯均需打腰桩,腰桩的作用是使上下坯结合稳固,适当松底钩绳,保持埽面出水高度在0.5 m左右,一直到搂厢底坯沉入河底。将所有绳、缆搂回顶桩,最后在搂厢顶部压石或土封顶。

(3)抛柳石枕和铅丝笼。为维持厢体稳定,搂(混)厢修做完毕后要在厢体前抛柳石枕或铅丝笼护脚固根。

注意事项如下:

(1)为防止搂厢发生仰脸(下部滑脱)险情,压石应采取从前向后、前重后轻的压法。

(2)柳石搂厢每做一坯,应适当后退,使搂厢面的坡度保持在1:0.3左右为好,坡度宜陡不宜缓,最大不宜超过1:0.5,防止搂厢仰脸或前爬。

(3)做柳石搂厢的石料,可用土工编织袋装土代替,但封口要严,防止漏土,排放时要避免被柳枝戳破。

4. 草土枕(埽)

当抢险现场石料缺乏时,可以用草土枕(埽)替代柳石枕或柳石搂厢。草土枕(埽)的做法是:将麦秸(稻草)扎成草把,用草绳(铅丝)将其捆扎编织成草帘,在帘上铺黏土,并预设穿心绳,然后卷成直径 1.0 ~ 1.5 m、长 5 ~ 10 m 的枕,推放在出险部位,推枕方法同推柳石枕。

三、抢险实例

刘庄险工位于山东省菏泽市黄河右岸。1953 年 7 月下旬,高村站流量为 2 000 ~ 3 000 m^3/s,溜贴险工上首,8 月 1 日流量超过 3 500 m^3/s 时,主溜逐渐下挫,顶冲 9 ~ 11 号坝,14 号坝以下着边溜。8 月 2 日流量超过 3 700 m^3/s 后,溜势继续下挫,顶冲 10 ~ 13 号坝,14 ~ 23 号坝溜势渐紧,开始淘底,9 ~ 1 号、11 ~ 1 号护岸及 13 号坝首先发生掉蛰、坍塌及根石滑动等险情。8 月 3 日 9 时,高村站流量涨至 6 000 m^3/s,大溜顶冲 13 号、14 号坝,14 ~ 23 号坝着大边溜,淘刷剧烈,埽前水深均达 8 ~ 9 m,14 号坝(主坝)前头蛰裂,以下各坝亦相继出险,因根石走失严重,物料调运不及时,补抛不上,坝头坍塌,18 号、19 号等坝及其以下的各秸埽护岸,因无根石,相继发生坍塌、平墩等险情。几乎是着溜即出险,每段坝岸都要抢护。

8 月 4 日 20 时,高村流量在 8 500 m^3/s 以上时大溜又忽而上提,到 5 日晨溜势集中顶冲在 12 号、13 号坝上,14 号坝以下溜势大为减轻。入夜 18 号坝以下各坝前开始出滩,6 日午后高村流量虽仍在 4 000 m^3/s 左右,但溜已退回 9 号坝以上。这次河势变化的特点是:来势急,推得快,提得猛,形成“全线吃紧两头忙”的严重抢险局面。

据统计,洪水期间,刘庄险工共有 14 道坝、22 段护岸发生墩蛰,出险长度 595 m,占险工总长度的 35%,8 月 2 ~ 5 日的 4 d,8 ~ 27 号坝共出险 40 坝次,平均每天出险 10 坝次,这是少有的。

抢险措施为:

(1)已经出险的,一面抛枕护根,一面用柳石搂护坝身,防止险情扩大。

(2)已出险而根基薄弱的主坝,抓紧时机大力抛枕,重点加强。

(3)未出险但根底已淘空的护岸埽,立即抛枕偎护,防止出险。

(4)大水过去后,对未能及时抢修的险情抓紧时机整修;修法不适当的坝岸进行拆修;根基薄弱的坝岸,根据力量重点加固,以防御再次大溜的袭击。

在抢护过程中,针对不同险情分别采用不同的抢护方法,对发生平墩的 18 号、27 号坝及 18 号坝下 1 ~ 3 号护岸,25 号坝下护岸等秸料坝岸,一面推枕护根,一面于原埽身上用柳石搂护,压住原埽顶不致被溜冲散,护住坝胎土不让坍塌。对掉蛰坍塌的 14 号坝和 19 号坝下 1、2 护岸,抛枕或抛乱石护根,上部用柳石搂护或抛乱石抢护。11 ~ 13 号坝前溜势过急,枕石均抛存不住,即用抛铅丝笼护根。但坝上跨角因溜势过急,铅丝笼抛下不稳,就在上首抛枕托溜外移,而后在上垮角抛铅丝笼稳住。对根石走失、根底淘空、坝顶发生裂缝等险情,采取在场前抛枕或抛石方法进行抢护。

第七节　坝岸滑动及倾倒抢护

一、险情及出险原因

(一)险情

(1)坝岸在自重和外力作用下失去整体稳定,使坝岸护坡、护根连同部分土胎沿弧形破裂面向河槽滑坡,滑动情况可分为骤滑、缓滑两种。骤滑险情发展很快,历时短,抢护比较困难,缓滑险情发展较慢,发现后应及时采取措施抢护。

(2)重力式坝岸的砌体稳定主要靠自身重量来维持,当坝岸抵抗倾覆的力矩小于倾覆力矩时,坝岸砌体便失稳倾倒。坝岸发生倾覆前常有征兆,当坝岸发生前倾或下蛰时,坝的土石结合部或土的表面出现裂缝等。

(二)出险原因

(1)坝岸的基础深度不足,护坡、护根的坡度过陡,受水流冲刷,护根石冲走,基础淘空,使防护工程上部失去平衡,向下滑动。

(2)地基有软弱夹层,或存有腐朽料,坝基承载力小,坝顶物料超载或遇到强烈地震力的作用等,而发生滑动或倾倒。

(3)坝岸遇到高水位骤降,坝岸工程受渗透水压力作用,失去平衡而滑动或倾倒。

(4)由于后溃的发展造成坝体前爬。

二、抢护原则和方法

(一)抢护原则

坝岸滑动及倾倒的抢护原则是加固下部基础,增加阻滑力,减轻上部荷载,减少滑动力。

(二)抢护方法

1.抛石固根及减载抢护

1)加固根基增加阻滑力

当坝体发生裂缝、出现滑动前兆时,应立即进行水下测量,绘出水下地形图,找出薄弱部位,迅速采取抛块石、柳石枕或铅丝笼加固根基,以增加阻滑力,抛石最好从船上下抛,保证将块石和铅丝笼抛在滑动体下部,同时可避免在岸上抛石对坝身造成的震动。抛石或抛笼时要边抛边探测,抛护坝面要均匀,并掌握坡度为1∶1.3～1∶1.5,如图6-10所示。

2)上部减载

抛石固根是防止坝岸滑动的主要措施,但若坝顶有超载物料,应移走坝顶重物,或拆除洪水位以上部分坝岸,以减小滑动力。特别是坡度陡于1∶0.5的浆砌石坝岸,必须拆除上部砌体(水面以上1/2的部分),将拆除的石料用于加固基础,并将拆除坝体处的土坡削缓至1∶1.0,如图6-11所示。

2.土工布软排体抢护

当坝垛已经滑落或倾倒,后面的土体外露,水流严重冲刷坝体土胎时,除可采取搂厢

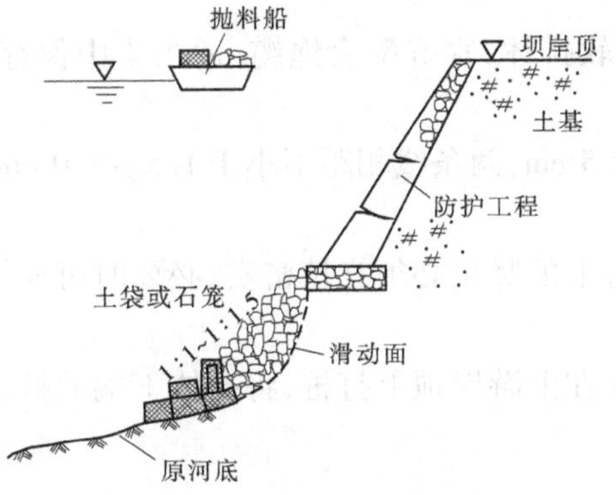

图 6-10　抛石笼、土块示意图

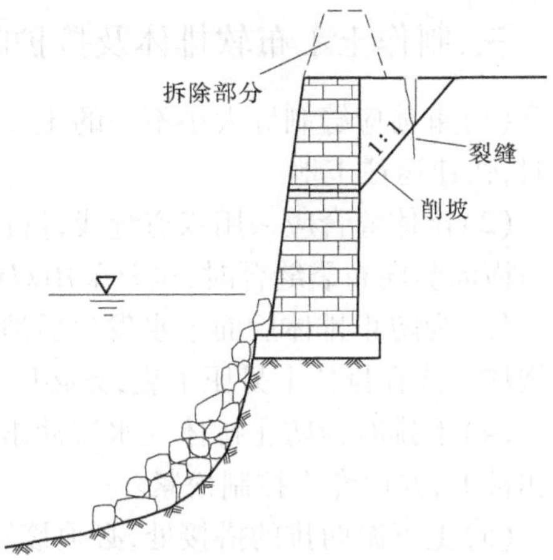

图 6-11　减载法示意图

抢护外，还可以采用土工布软排体进行抢护，具体做法如下。

1）排体制作

用聚丙烯或聚乙烯编织布若干幅，按常见险情出险部位的大小缝制成排布，也可预先缝制成 12 m×10 m 的排布，排布下端再横向缝 0.4 m 左右的袋子，两边及中间缝宽0.4～0.6 m 的竖袋，竖袋间距可根据流速及排体大小来定，一般 3～4 m。横、竖袋充填后起压载作用。在竖袋的两侧缝直径 1 cm 的尼龙绳，将尼龙绳从横、竖袋交接处穿过编织布，并绕过横袋，留足长度作底钩绳用；再在排布上下两端分别缝制一根直径 1 cm 和 1.5 cm 的尼龙绳。各绳缆均要留足长度，以便与坝垛顶桩连接，如图 6-12 所示。

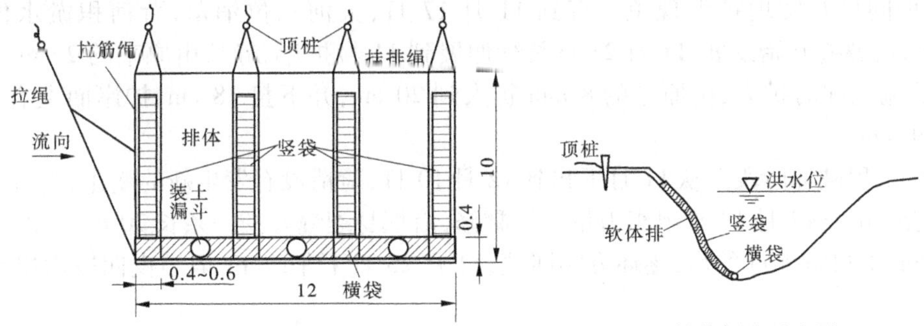

图 6-12　土工布软体排示意图　（单位：m）

2）下排

在坝垛出险部位的坝顶展开排体，将横袋内装满土或砂石料后封口，然后以横袋为轴卷起移至坝垛边，排体上游边应与未出险部位搭接。在排体上下游侧及底钩绳对应处的坝垛上打顶桩，将排体上端缆绳的两端分别拴在上下游顶桩上固定，同时将缝在竖袋两侧的底钩绳一端拴在桩上。然后将排推入水中，同时控制排体下端上下游侧缆绳，避免排体在水流冲刷下倾斜，使排体展开并均匀下沉。最后向竖袋内装土或砂石料，并依照横袋沉降情况适时放松缆绳和底钩绳，直到横袋将坝体土胎全部护住。

三、制作土工布软排体及抢护时注意事项

（1）事前应缝制好大小不一的土工编织布软排体，穿好配套绳缆，适当集中保存，抢险时，快速运往工地。

（2）排体缝合应采用双道缝线，搭接处留出5 cm，两条线相距不小于1.5～2.0 cm，排体与横向竖向布袋缝合时，也要采用双线。

（3）为防止排体后面过水发生后溃，上游边上的竖袋必须充填密实，必要时可充填碎石袋加重或在排体上另压土袋，务必压实。

（4）下排时为防止排体受水流冲击下移，要在上游岸顶上打桩，将排体下端的拉筋绳活扣桩上，并由专人控制松紧。

（5）上下游两排的搭接处，必须接好压实。

四、抢险实例——黄河王家梨行险工滑塌抢险

（一）险情

王家梨行险工位于山东省济南市历城区黄河右岸，8～11号四段坝岸，自1981年9月14日发现裂缝，到12月25日夜滑塌破坏历时103 d，滑体长81.6 m，最大塌陷深度6.6 m，体积约8 825 m^3。其发展过程大致有以下三个阶段：

（1）工程出现裂缝。1981年9月14日上午9时，8号浆砌石护岸距沿子石外缘5.5 m处，护岸顶面发现有顺堤裂缝一条，长25 m、宽8 mm。同时，在8号护岸上首沿子石有竖缝两条，两缝相距5 m。7号坝下垮角坝面上裂缝两条，深2 m，宽3～4 mm。

（2）裂缝继续发展，工程初始滑动。工程出现裂缝后，经观察，汛期9～10月第14、15次洪峰期间没有发现扩大现象。直到11月17日，大河水位消落，背河积淤水位升至32.3 m时，裂缝开始发展，11月21日裂缝伸展到11号护岸，缝长由原来的25 m发展到70 m，缝宽也同时扩大，由原来的8 mm扩大到20 cm，并下蛰18 cm，护岸面上有横缝8条，宽30 cm。

（3）工程破坏阶段。从11月下旬到12月10日，险情没有发生新的变化，当时误认为坝岸墩蛰，并于12月13日组织力量开始翻修，沿坝身裂缝开挖一条长70 m、深2.5 m、上口宽5 m、下口宽1 m的沟，逐坯夯实回填，12月25日下午竣工，但当夜四段坝岸突然滑塌破坏。

（二）出险原因

（1）该险工坝岸高达11 m，浆砌石外坡1:0.35，根石量每米仅5～8 m^3。由于坝高坡陡，根石单薄，基础坐落在软土夹层上（并有老秸料）。这是造成滑塌的基本因素。1980年汛期水量较丰，中水位持续时间长，汛后小流量时，水流归横槽，坝前走溜，根石被淘刷，是坝体滑塌的重要原因。按现在滑裂面的位置和弧度计算，坝坡的滑动安全系数均小于1。

（2）自1981年3月27日到11月5日，这段堤防背河放淤固堤，长期积水。8号、9号护岸背河淤区，1980年淤积厚达6 m，汛期坝前大河水位高，对坝身有支撑作用。汛后大河水位回落，较汛前降落3.8 m，而背河淤区水位则逐步上升，到11月17日淤区水位达

32.3 m，高出坝前大河水位 7.8 m，使坝身土壤饱和，土的荷重加大，渗透压力也相应增加，这对坝体稳定是不利的。据稳定分析，由于背河水位增高，大河水位降低，其稳定安全系数约减小 10%，说明工程滑动裂缝发展的第二阶段与临背水位变化有关。

(3)在工程处于出险的临界状态时，由于沿坝身裂缝挖槽回填夯土，犹如楔子作用，在受外力振动的情况下，增加了动力荷载，促使了滑塌破坏。

(三)抢险措施

王家梨行险工 8～11 号四段坝岸险情发生在 1981 年 12 月 25 日，当时已进入“四九”天气，大河随时可能封河，确保凌汛安全是当务之急。本着固基、缓坡、减载的原则，采取临时抢护措施，将所塌坝岸抛石固基 700 m^3，顺滑塌坝岸顶部加高石方 500 m^3，使顶部高程超过凌期大河流量 3 000 m^3/s 时的相应水位 1 m，以防漫溢。此项工程投资 1.2 万元(当年价)，于 1982 年 1 月 24 日完成，历时 1 个月。1982 年汛前将几段坝岸进行彻底翻修，由陡坡改为缓坡乱石坝。为防止土胎淘刷，坝胎土采用红土修做，填筑厚度不大于 1 m，逐坯夯实，干容重达到 1.5 t/m^3 以上，并在乱石与红土坝胎之间修碎石垫层。

思考题

6-1　什么叫河势？河势变化有哪几种类型？

6-2　河工建筑物有哪些建筑物？其作用是什么？河工建筑物容易出现哪些险情？

6-3　为什么要进行河势观测？河势观测与分析的方法和内容是什么？

6-4　河工建筑物险情监测包括哪些内容？险情探测(或监测)方法有哪些？

6-5　河工建筑物常见险情(坝岸基础淘塌、坝垛溃膛、坝垛漫溢、坝岸沉陷入水、坝岸滑动及倾倒)有什么特征？产生的原因有哪些？抢护原则是什么？有哪些抢护方法？应注意什么问题？抢险实例有哪些警示和成功的经验？

第七章 河道凌汛险情抢护

学习目标

了解冰凌的成因及特性，了解凌汛的形成原因、条件及凌汛洪水的特点，了解凌汛灾害的三种类型，理解防凌汛的工程措施和非工程措施的基本内容，掌握凌汛险情的一般抢护方法。

凌汛是在冬春季节江河水流受冰凌阻碍而引起的江河水位涨水现象，俗称冰排。冰凌有时可以聚集成冰塞或冰坝，造成水位大幅度地抬高，最终漫滩或决堤，称为凌洪。在冬季的封河期和春季的开河期都有可能发生凌汛。凌汛一般发生于有结冰的河流，其结果轻则漫滩，重者决堤成灾。凌汛洪水是世界上寒冷地区普遍存在的自然现象，我国冰凌灾害最严重的地区，主要是黄河下游和黄河上游的内蒙古河段，松花江河段上也有冰凌。

第一节 冰凌的成因及特性

一、冰凌的成因

水在0 ℃或低于0 ℃时，凝结成的固体称为冰，流动的冰称为凌。液体的水、气体的水汽和固体的冰在一定的温度和压力条件下，可以互相转化。一般地，温度在0 ℃以下河水才出现冻结现象。另外，当温度降到0 ℃以下时水有可能结不成冰，这时称为过冷却水。

（一）静水的结冰过程

秋末冬初，气温下降快，水温变化比较缓慢，水温一般高于气温。随着气温下降，当表层水温降到0 ℃时，水的表面先开始结冰。如果水深较大，上面即使结冰很厚，下层水温仍然可以保持在4 ℃。水由液体变成固体，实际上是一种热量损失的物理过程。

水的温度即使降低到了凝固点，结冰的速度仍然十分缓慢。当表层水温达到凝固点后，水内先形成一些细小的冰晶。随着冰晶的增多，由片状平卧水面逐渐发展成星状或树枝状，垂直于水面的冰片发展的速度很快。因为水的密度是1.0 g/cm^3，冰的密度是0.9 g/cm^3，冰的密度比水小，所以冰晶就漂浮在水面，它们在水面黏结在一起，形成一层很薄的冰膜。随着温度的继续降低，冰膜逐渐增厚，便形成完整的盖面冰，直到水面全部封冻。湖泊、水库、池塘等静水体的结冰过程，大体都是如此。

（二）流水的结冰过程

由于河流里的水是流动的，所以河水的结冰与静水结冰的特点有所不同。河水在流动时,由于水流和河床以及水分子之间互相摩擦而生热,不利于水分子的凝聚结合。所以,河道结冰除与气温变化有很大关系外,与水的流速也有一定关系。一般当水流速度超过 1.5 m/s 时,虽具备结冰气温,也不易成冰,小于 0.4 m/s 便结成冰。

当河流水温降低到 0 ℃时,河水表面先行冷却而产生冰晶,随着水流的紊动作用,可将冰晶带到河底或河水中任何部位。当水温继续下降,河水中可产生稍低于 0 ℃不凝结的过冷却水。这种过冷却水很不稳定,一旦流速减缓,便立即凝成冰晶,继而结成水内冰。由于岸边和河底水流流速较小,故冰晶多从岸边、河底开始凝成。开始在岸边死水、流速很小的水面或河底流速很小的水面上结成冰晶,气温再降低,水体各处都产生冰晶。当冰晶体不断增大,浮力大于其重量和附着力时,即上浮成为流动的冰花、冰块,形成流凌。流凌数量增多,遇到急湾、卡口等,冰块拥挤在一起,由小冰块逐渐结成大冰块,直至整个河面被冰全部封盖起来,形成全河封冻。也有一些河流,因河水中冰晶的存在,继而结成水内冰、河底冰,水流阻力增大,流速减小,水内冰迅速发展上浮,很快使河流形成盖面冰而封河。

当盖面冰随着气温的降低而继续加厚,如果河水较浅,常会形成连底冻。中国有句谚语"冰冻三尺非一日之寒",说明了封冻冰层达到一定的厚度,需要有一个较长时间的散热和降温过程。也有的河流并不全面封冻,而是一段段或一块块地封冻,由于河中心流速最大,因而比两岸封冻晚。还有的河流,在冬季大部都已结冰,仅剩下局部河段水流未结冰,称为清沟。

二、冰的主要物理特性

(一)热力性能

水结成冰,体积增大,产生巨大的膨胀力。据测量,在密封的容器内,水结成冰所产生的最大膨胀压力为 2×10^8 Pa。封冻以后,冰体膨胀产生的静压力也是很大的,常使与冰体接触的水工建筑物及护坡等遭受破坏。

(二)载重能力

冰盖上能够承载的重量称为载重能力。影响冰盖承载能力的因素很多,如冰的结构、温度、季节、河道水文条件等。就同一地点而言,冰盖承载能力早上比中午大,冬季比春季大。据黑龙江省的试验调查,各种车辆通过时所需的最小冰厚,见表 7-1(供参考)。

表 7-1　各类车辆通行所需冰厚度

载重类别	总质量(t)	车轴压力(t)		所需冰厚(cm)	允许间隔距离(m)
		前轴	后轴		
单人				5	3
双人并排				7	7
牛、马	0.5			10	10
汽车	3.5	1.0	2.5	25	15
载重汽车	6.0	2.0	4.0	30	15

续表 7-1

载重类别	总质量(t)	车轴压力(t)		所需冰厚(cm)	允许间隔距离(m)
		前轴	后轴		
载重汽车	10.0	3.0	7.0	40	15
履带拖拉机	12.0			45	15
履带拖拉机	25.0			55	20

注:适用于气温在 0 ℃以下地区。

破裂的冰盖边缘载重能力仅为完整冰盖的 1/3。以上所述载重与冰厚的关系,均为冬季冰厚。春季开河前气温升高,冰层内部解体,冰质疏松,载重能力大大降低。此外,车辆行驶的速度对冰盖有较大的震动,速度过快冰面震动剧烈,就易发生断裂。

(三)冰的抗压强度

冰对水工建筑物的作用力,以及在冰上施工作业等,均需要考虑冰的强度,冰的强度变化范围很大,抗压强度为 $3.45 \times 10^5 \sim 6.90 \times 10^5$ Pa。这一性能的变化与温度状态、冰块类型和冰晶粒结构、应力施加率、饱和盐水和空气含量及其他化学杂质的含量以及其他因素的变化有十分密切的关系。通常,温度愈高,冰块愈大,强度就愈小,春季太阳辐射强度比冬季大,冰层吸收热量后,内部发生解体,使冰质发生疏松,强度显著减低,而应力或应变速率的效应很复杂,沿冰晶粒长轴方向加载常获得较大的强度值。如果所加应力十分缓慢,冰成塑性流动,即无强度可言。

内蒙古黄河河段测定的各类冰在 0 ℃时抗压强度是:冰花冰(由冰块组成的冰盖)为 29.8×10^5 Pa;清冰(冰层表面平整,冰体清澈,也叫清冻冰)为 18.4×10^5 Pa;附加冰(春季冰层融消,水积低处复又冻结的冰,也叫沿水冰)为 23.8×10^5 Pa。

第二节　凌汛的形成及凌汛洪水

一、凌汛的形成

凌汛是河道中产生冰凌阻力或冰堆积而引起的一种涨水现象。凌汛最严重的情况是上游河道冰雪已开始融化解冻,而下游河道冰冻未解出现了冰塞或冰坝,从而引起上游河水无法下泄造成水位大幅度上涨。由于河流在解冻时造成河槽蓄水量急剧释放,形成凌峰,也就出现严重凌汛。归纳起来凌汛的形成一般具有四个条件:一是有冰期的河流,且河道内有足够的流冰量和积冰量;二是具有阻碍冰凌下泄的边界条件;三是有适宜形成凌汛的气候条件和地理位置;四是寒潮和冷空气活动。

(一)河道内流冰量和积冰量

我国北纬 30°以北的河流,冬季气温一般降至 0 ℃以下,河道内会出现流凌和封冻。发生凌汛现象的河流主要有黄河、松花江、黑龙江流域和西北一些水量较大的河流,而辽河、海河及一些中小河流则很少有凌汛发生,其主要原因是河道内流冰量和积冰量较小。以黄河流域为例,黄河下游凌汛期间河道流量常保持在 500 ~ 1 000 m^3/s,丰水年在1 000

m^3/s 以上,这样大的流量,一旦降温,河道中则会出现流冰、冰盖和水流的多相流相互作用,出现凌汛问题。

(二)阻碍冰凌的边界条件

河道边界条件主要表现在河段的河势变化,河道两岸的刚体、非刚体工程对凌汛的生成、发展都有影响。特别是在河道形态,对冰情、凌汛的变化影响较大,例如:弯曲形河段,常常是卡冰壅水的重点地方;宽、浅、乱河段,其河床宽浅,河形散乱,流速较小,冰块也易搁浅堵塞河道。

黄河下游河道上宽下窄,上段河势宽、浅、乱,下段河势窄、弯、险。冰塞、冰坝、冰凌洪水常常在下游发生,如山东东阿官庄、顾小庄,济南老徐庄等。这些河段呈L形、S形,水流经过这些河段时,主流顶冲凹岸后,急拐90°,或连拐数弯下泄。河槽的窄、险,河流的急弯造成流势紊乱均会导致冰凌堆积水位升高的凌汛现象。

松花江干流自沙河子码头到依兰县城的牡丹江汇合口,长约27 km。该河流水面宽1 500～2 000 m,江中多岛屿、沙洲、暗礁,素有"满天星"、"铁门槛"之称。以下河道由宽、浅转入窄、深,依兰附近河段枯水时水面宽不足300 m,该河段冰盖厚、开江晚,常是卡冰成坝的地方。

(三)适宜形成凌汛的气候因素和地理位置

凌汛经常发生的河段主要表现在河道所处的地理位置和气候因素的影响。比如从较低纬度流向较高纬度的河段,且具有较明显的南北流向。

黄河下游位于北纬34°50′～38°00′,东经113°30′～118°40′,纬度相差3°多,河势走向自西南流向东北。地理位置的差异造成气温变化规律是:上段河道冷得晚回暖早,下段河道冷得早回暖晚,0 ℃以下气温持续时间长。相应的冰情变化是上段河道流冰、封冻晚,冰层薄,解冻开河早,封冻历时短;相反,下段河道流冰、封河早,冰盖厚,解冻开河晚、封冻历时长。

黄河上游内蒙古河段处于黄河流域最北端,介于北纬37°35′～41°50′和东经106°10′～112°50′。干流从宁夏回族自治区的石嘴山市和伊克昭盟的拉僧庙到伊克昭盟马栅乡,全长840余km。从石嘴山市到巴彦淖尔盟磴口县河道流向大致是西南流向东北。蹬口县自包头市基本自西向东,包头市至清水河县喇嘛湾自西北流向东南。由于地理位置原因,冬季气温越向下游越冷。多数年份下游河段先封冻,后解冻,上游河段则后封冻,先解冻。加上河势和水流因素的共同作用,内蒙古河段每年都会发生不同程度的凌汛洪水。

松花江干流自通河以下河流呈西南东北向,一般上游解冻开江要早于下游,而南侧的支流牡丹江和倭肯河的流向又是自南向北,支流解冻开江日期较干流早。这种开江形式使松花江干流依兰河段常常发生凌汛洪水。

(四)寒潮和冷空气活动

在特定的天气形势下,累积在高纬度的强冷空气迅速南下入侵我国,造成大范围的剧烈降温,并伴有大风、雨雪、冷冻害等现象,这类天气过程称为寒潮或强冷空气。寒潮的降温强度和持续时间以及次数多少对封河早晚、封河速度及凌灾产生有很大影响。从历年出现寒潮的日期看,黄河下游几乎80%以上是在12月下旬和1月,这就是该时段天气寒冷的主要原因，而历年黄河下游首次封冻的日期也多发生在该时段。由于强寒潮的连续侵袭和寒潮过后气温的大幅上升，使气温过程出现大幅度的升降，导致河道蓄水量不断聚积和释放，从而引起凌汛洪水的发生。

二、凌汛洪水

在漫长的冬季，河流随着气候的变化，在不同阶段产生不同的冰情，在特定的气候环境、河道地形和水力条件下，河流将产生一系列复杂的凌汛洪水现象，甚者会造成灾害。按其成因和发生条件，凌汛洪水可分为冰塞洪水、冰坝洪水及冰湖溃决洪水。

(一)冰塞洪水

由于冰花和水内冰堵塞过水断面形成严重壅水而产生的洪水，称为冰塞洪水。

进入冬季，气温转负并持续下降，河流水体也随之不断失热，并逐渐降至 0 ℃或处于稍低于 0 ℃的过冷却状态，于是，河流开始出现冰凌现象。由于河道水流的紊动作用，河流水体的失热降温是在全断面各个部位同时进行的。因此，河流不仅在水面上形成冰针、冰凇和岸冰，而且在水体内部和河底形成水内冰，并不断上浮水面。这些冰针、冰凇、水内冰和脱落破碎的岸冰统称冰花，其中水内冰是冰花组成的主体。随着气温的持续下降，河流中产生的冰花数量越来越多，流冰密度越来越大，当密集的流冰在河流的急弯、浅滩、比降变缓处、束窄段或在由于岸冰的延伸使畅流水面束窄的地方卡堵，便形成固定冰盖，后续的流冰将在冰盖前缘停滞堆积，使封冻边缘不断上溯发展。

在冰盖上溯发展过程中，如遇水面比降发生明显转折的急弯浅滩，则封冻边缘停滞发展，因为封冻边缘处流速较大，流冰到达冰缘不再平铺上溯，而是翻滚潜入冰盖下，并堆积在冰盖下面，阻塞过水断面形成冰塞，产生冰塞洪水。随着冰塞体的不断发展增大，导致上游水位不断壅高，当其发展到一定规模即会造成灾害。大的江河冰塞河段可长达几十千米，冰塞厚度可达 5 m 以上。冰花、碎冰堆积面可占河道横断面的 70% 以上，大型冰塞体可存在于整个冬季。

1961 年冬，在黄河上游盐锅峡水库末端形成长约 35 km 的巨大冰塞，冰塞体 4 000 多万 m^3，造成刘家峡坝址水位壅高 11 m，超过千年一遇洪水位，整个基坑被冰花填塞两个多月，同时造成生活区被淹、交通中断等严重灾害。

1981 年初，在黄河中游天桥水电站水库末端河曲河段，发生特大冰塞，冰塞体达6 800 多万 m^3，壅水位超过历史最高洪水位 2 m 以上，据娘娘滩岛碑文记载，至少是2 180多年以来从未发生过的。因此，在特定条件下由于冰塞造成的凌汛洪水将会造成巨大灾害。

(二)冰坝洪水

流冰在河道内受阻，冰块不断地挤压和堆积形成一巨大阻水冰堆体，犹如在河道内筑起一座水坝，严重阻塞过水断面，使上游水位迅猛上涨，称为冰坝洪水。

江河冰坝洪水发生时间多在解冻开河期，由于流域气温突升或在开河期有集中降雨，致使河道流量剧增、水位迅涨，迫使冰盖破裂开河(江)，流冰量多而集中，而且冰质坚硬，在特定的地形条件下，容易发生冰块堵塞形成冰坝造成的凌汛洪水。

冰坝的形成，首先需要集中足够数量并有一定强度的流冰量，这是形成冰坝的物质条件，同时需要有适宜的河道地形条件，如连续弯道、河道束窄段，浅滩、未解冻的封冻河段等。冰坝一旦形成,其上游水位迅涨,随着冰坝规模的不断发展,上游水位不断壅高,形成凌汛洪水,造成上游两岸的灾害。当冰坝发展到一定规模,在热力和水力因素综合作用下,承受不了上游的冰水压力时,冰坝发生溃决,冰水俱下,使下游流量剧增,水位陡升,则又会造成下游局部河段的凌汛灾害。

由冰坝形成的冰凌洪水,是常见的一种洪水类型,其量级也不小,有些最高冰凌洪水位相当于大汛洪水频率的10%~20%,个别河段甚至接近百年一遇洪水位。松花江在1981年的开江期,仅依兰至富锦的365 km江段,就有冰坝16处,冰坝高6~13 m。黄河上游内蒙古河段和黄河下游河段多数年份出现的凌汛灾害绝大多数是冰坝洪水引起的。内蒙古河段冰坝引起的凌峰水位常常超过洪汛最高水位,黄河下游冰坝洪水引起的高水位多造成漫决堤防,从而产生严重的凌汛灾害。

冰塞洪水与冰坝洪水虽然都是冰凌阻塞引起的上游涨水现象,但两者之间有明显的区别,主要是:①冰塞多发生于封冻初期,冰坝多发生于开河期;②冰塞由冰花、碎冰组成,冰坝则由块大质坚的冰块组成;③冰塞形成后持续时间长,有的可达全冰冻期,而冰坝形成后持续时间短,短者几小时,长者10 d左右;④冰塞融消时无明显凌峰产生,而冰坝溃决时常有凌峰产生,且一般沿程递增;⑤冰塞消失时河床有长距离的冲刷,而冰坝溃决仅在头部河床有局部冲刷;⑥冰塞逐渐被水流冲刷消失,残留的冰花可增大冰厚,冰坝受热力和水流动力作用溃开,两岸残留很多的冰块,慢慢就地融消;⑦冰塞形成涨水过程较缓,冰坝上游涨水过程很快,水位甚至比夏汛、秋汛还高,容易造成堤防决口,而且流动的冰块常撞坏建筑物和桥梁等,造成很大损失。

(三)冰湖溃决洪水

冰湖溃决洪水是又一类型的凌汛洪水。在现代冰川中及其附近,往往分布有冰面湖、冰下湖、冰蚀湖、冰碛湖及冰川阻塞湖等,它们的突然溃决和快速排泄,常形成规模巨大和来势凶猛的冰川泥石流,产生冰湖溃决洪水。

冰湖溃决洪水主要分布在亚洲大陆型冰川盘踞的山地。如西藏的江孜、定结、定日、亚东、吉隆、聂拉木等地以及新疆的叶尔羌河流域等,都先后于20世纪40~70年代发生过较大规模的冰湖溃决洪水和泥石流。此外,在海洋型冰川地区(如西藏工布江达)也有少量的冰湖溃决洪水发生。

第三节　凌汛的危害

一、冰塞灾害

冰塞灾害通常发生在封冻期,且多发生在急坡变缓和水库的回水末端,持续时间较长,逐步抬高水位。由于冰凌受阻,堆积形成冰塞或冰坝,使上游水位升高,能淹没滩区土地、村庄,威胁堤防,甚至造成决堤漫溢,使人民生命财产及工农业生产遭受严重损害。

【例7-1】 1981~1982年冬春,黄河中游河曲河段发生了严重的冰塞。

1982年1月3日,封河已一个月,日均流量由封河时的321 m^3/s上升到550 m^3/s。九良滩以上的水位持续上升,冰塞开始形成。娘娘滩至梁家碛河段,水位超过了历史最高记录。1 月 6 ~ 12 日，日均流量持续上升至 650 m^3/s 左右，冰塞继续发展，梁家碛沿岸和内蒙古的马栅、榆树湾部分民房及娘娘滩西端的滩地相继进水。当时，在娘娘滩四周抢筑了一条高 1 m 的临时围堰。1 月下旬，气温回升，流量再度增大，1 月 25 日流量增至 823 m^3/s(瞬时 850 m^3/s)。冰塞进一步发展，水位急骤升高，凌晨 3 时娘娘滩附近水位达到 868. 6 m，漫过临时围堰，全村除圣母庙前 2. 6 亩高地外，其余民房和耕地全部被淹，水深为 0. 2 ~ 1. 1 m。同时，沿河的梁家碛和县硫磺厂也进水被淹，冰塞达到最严重状态。高水位持续到 2 月 10 日才开始下降。

2 月 28 日冰塞体又向下游推进了 1. 5 km，头部到达河曲水文站观测断面，冰花厚度 5 m。北园水位下降并保持稳定，冰花厚度变薄。九良滩和河曲水文站水位上升 0. 5 ~ 0. 7 m。娘娘滩以上冰位无明显变化，冰花厚度仍在 7 m 以上。船湾断面无冰花，曲峪冰花层保持在 2 m 左右。其后，河曲水文站附近的冰花厚度增加到 6.7 m，维持到 3 ~ 10 日才结束。

此次冰塞危害涉及蒙、晋、陕三省(区)，以山西省河曲县受灾最重。受灾 131 户 534 人，房屋 738 间，淹没耕地 5 430 亩，总损失约 244 万元(其中：社队 119. 15 万元，工矿交通 61. 53 万元，机电灌站 63. 59 万元)。

二、冰坝灾害

冰坝灾害通常发生在解冻期，常发生在流向由南向北的纬度差较大的河段，形成速度快，冰坝形成后，冰坝上游水位骤涨，堤防溃决，洪水泛滥成灾。

【例 7-2】 1954 年黄河下游于 12 月 15 日在海口四号桩附近插封，封河时利津站流量 610 m^3/s，1955 年 1 月 15 日封河至河南荥阳汜水河口，封河长 623 km，总冰量约 1 亿 m^3，冰厚 0. 10 ~ 0. 40 m，海口附近冰厚 1 m 左右，槽蓄水增量约 8. 85 亿 m^3，其中孙口站以上占 69%。1955 年 1 月中旬气温回升，22 日花园口附近开河，凌峰流量 1 040 m^3/s，沿河水鼓冰裂，凌峰流量增加，28 日凌峰到达杨房，凌峰流量达 2 900 m^3/s。由于当时惠民地区日均气温仍在 −3 ℃左右，冰盖坚实不具备开河条件，29 日 3 时凌峰到达利津王庄险工下首受阻，又因该处河道狭窄，流冰愈插愈严形成冰坝，并迅速向上延伸至麻湾，冰坝全长 24 km，冰量约 1 200 万 m^3，调蓄水量约 2. 05 亿 m^3，利津站水位陡涨 4. 29 m，局部河段与堤平，形势十分危急，为此紧急采取人工爆破、大炮轰、飞机炸等措施。但终因冰量过大，冰坝坚固而告失败。此时，五庄至王旺庄河段堤防出现漏洞 20 多处，刘家河寺堤已坍塌。经山东省委批准，29 日 19 时在垦利县小街子开溢水围堤分水，因挖掘爆破困难，到 21 时才破口 60 m，过流 500 m^3/s，21 时许利津县五庄附近背河柳荫地多处冒水，抢险队一面在背河堵塞，一面在临河打冰导洞，随即塞草捆、抛土袋，但均被水流冲走，洞口急速扩大，堤顶突然塌陷成决口，先后又采用沉船堵截和船装土袋沉堵等措施，均无效，此时洞口已扩宽到 10 m 以上，晚上骤刮七级大风，16 盏照明灯全部熄灭，终因天寒地冻、取土困难、物料用尽而无力挽救，于 29 日 23 时五庄堤身溃决，洞口迅速扩宽到 305 m，决口处水深 6 m，最大过流量 1 900 m^3/s。从王庄险工形成冰坝并延伸到麻湾，到冰坝上游五庄决口，整个历时 20 h。另外，在五庄下游 2 km 处也出现堤顶塌陷，31 日 1 时发生溃决，口门宽 80 m，水深 8 m。两股溃水汇合后沿官家岔决口故道入徒骇河。五庄决口致使利津、滨县、淳化三县435个村庄、20.47万人受灾，淹没耕地5.87万km^2，倒塌房屋5 355间。

三、冰体压力和流冰撞击灾害

冰压力是冰直接作用于建筑物上的力。静冰通过冰体压力、自重或冻结过程而造成危害，流冰通过撞击、冰块堆积、堵塞河渠形成危害。如在水域中的建筑物，结冰时能产生很大的膨胀压力，进水、泄水闸门因冻结影响闸门启闭。流冰对桥墩、码头、引水建筑物及河渠护岸有冲击破坏。流冰和冰盖影响水上航运，使河渠过水能力减少，能直接影响航运、桥梁、发电、给排水等工程的建设和管理运用。

【例7-3】 1962年春，黄河内蒙古河段解冻开河时，乌达市的乌达铁路桥墩受浮冰群的撞击，桥身猛烈晃动，人几乎不能站立，振幅在2.13 mm/s，比火车在桥上行驶时的允许振幅大10余击，造成停车。大面积冰层作用于建筑物上的膨胀静压力使整个建筑物遭到破坏。

北京市密云水库石骆驼副坝引水涵洞进口的钢筋混凝土框架进水塔，1964年因受冰盖挤压而折裂倾斜，不能正常运用，被迫重建。

第四节　防凌汛措施

我国有防凌和防凌汛措施记载最早的是黄河下游，在清代末年和民国年间，人们对防凌汛多限于保护河工建筑物。每到凌汛期，在险工埽坝上挂防凌排，防止冰凌撞毁埽体。当水涨漫滩后，动员劳力上堤防守。新中国成立初期，认为凌汛的发生是由河道冰凌而形成的。因此，在防凌措施上狠下工夫，采取了一系列的办法，如人工打冰、撒土融冰、破冰船破冰、炸药爆破、群炮轰冰以及飞机投弹炸冰等。虽然取得了一定效果，但实践证明，凌汛期间因受气温、河槽蓄水量、冰量和河道形态等多种因素影响，凌洪变化迅速、复杂，单靠破冰措施，尚不能从根本上解决凌汛的危害。经过多年来防凌的实践，逐步认识到凌汛是热力因素和动力因素共同作用的结果。充分利用动力因素的作用，也可以起到减缓凌汛威胁的作用。归纳起来，现今采用的防凌措施包括工程措施和非工程措施两大类。

一、工程措施

（一）堤防守护

巩固堤防和防守大堤是确保凌汛安全的重要办法，要从思想上做好凌汛的各项防守准备。因此，凌汛前就要组织专人检查大堤及其建筑物，发现问题一定要在结冻前处理好，并准备足够的抢险物料。开河前组织好防守抢险队伍，备好工具、物料、防寒设备、照明设备等。在凌汛涨水期，组织专人分段沿堤巡查，发现险情及时抢护，保证堤防安全。必要时，请当地驻军参加紧急抢护工作。

（二）拦冰、导冰、融冰措施

1. 拦冰措施

拦冰措施是人为设置拦冰装置，以便拦截流冰或形成冰盖提早封河，减少下游河段的卡冰几率。拦冰装置常用的是在水面上将缆索横跨河道两岸锚固起来,在缆索上串联一排浮筒漂浮在水面。例如,1988 年 1 月 12 日在黄河下游西河口断面架设拦冰索装置,拦冰索拦截大量流冰,23 日在流冰密度仅 50% 时开始封冻,而拦冰索以下基本无流凌,保证了下游油田的安全。设置拦冰索必须注意可能带来的不利影响,如拦冰索上游水位上升过高,会发生淹没危害,拦冰索断裂会引起拦冰突然下泄的危害等。

另外,为防止冰块冲击,多采用建筑物前方防护和局部加固,或破碎大块流冰措施。在桥墩等建筑物前设置三角楔形的破冰体。当大块流冰撞击破冰体时会产生分力,沿其坡度上爬达到一定高度冰块就自行碎裂,沿桥墩两侧流走。其在黄河内蒙古河段实用后效果很好。

2. 导冰措施

导冰措施是在河道一侧架设导冰装置(类似拦冰装置),将流冰导向一侧,避免流冰对水工建筑物的破坏,或避免流冰堵塞引水涵闸。在水电站及隧洞进口前可设置拦冰排,避免冰块撞击及堵塞拦污栅。拦冰排是在一根钢索上等距离地连接直径 50 cm 左右的浮在水面的若干圆木。其钢索锚固在靠近拦污栅的两岸。对于护岸、护堤、坝垛可采用防凌排防护,即用木料绑扎成排,用绳索固定在容易受冰块撞击的部位。

为防止冰压力使建筑物及堤坝护坡等遭受破坏,可沿建筑物的前沿或周围,保持或开凿一条不结冰的槽,使冰盖与建筑物不直接接触。开凿冰槽可用人工打冰。在冰层较厚要求开凿距离较长河段,可利用小拖拉机带电动冰锯开凿冰槽。此外,还有吹气、拉绳、空气筛和强气流屏幕等方法。吹气法是利用空气压缩机通过胶管将压缩气体从水下向上吹,造成水面翻动和热能交换,以防止水面结冰。拉绳法是在建筑物的上游横拉一条绳索,绳索中间连结几根木板,从结冻初期开始,每隔一定时间拉动一次绳索,使木板在水中移动,将初结的薄冰拉碎,以保持建筑物前有一道不冻槽。空气筛是利用空气喷射使水面产生一定的波动,形成水体的热能交换,从而抑制冰盖形成。强气流屏幕是通过水下喷嘴向上喷出大量气流,挟带着受到加速的大股水柱上升到水面,转为水平方可使水面不封冻,并可使碎冰漂离建筑物或远离闸门。

冰凌冻结会影响水工建筑物闸门的启闭运用,故在建闸时将加热电缆埋设在闸墙上预留的槽内,用填料嵌平,到冬季可通电加热防止闸门与门槽之间冻结。

3. 融冰措施

融冰措施是在范围不大的薄冰面上撒上卵石、砂土、草木灰等深色物质(比热小,能吸收太阳热量),这些物质促使冰的融解。方法是将砂石在冰面上撒成方格形并连成网状,砂石吸热后使冰层先融化,开河时封冰容易破碎。这种方法只限于白天有太阳时。

(三)利用上游水库控制下泄水量

水流是形成凌汛危害的主导因素,如能控制河道中的流量,使其不致形成凌峰现象,这就要利用凌汛危害河段的上游水库,针对凌汛成因和本河段的凌汛危害的特性,控制下泄调节凌汛期河道流量,以防止形成冰坝,作为防凌的一项有效措施。

1. 预防性调节

水库在凌汛前预蓄一定水量,在流凌结冰期间,下游河段不致产生漫滩、冰塞或造成其他危害的前提下,适当加大河道流量,增强水流流动作用,推迟封河,以缩短封冻期,并可使冰盖下有较大的过流断面，尽量减少河槽滞蓄水量。在稳定结冰期，一般要求水库泄流量不小于封冻初期的泄流量，以充分利用河道排洪能力和保持冰盖稳定，控制因河道水位上涨形成压力鼓破冰盖，造成冰上结冰或强迫开河，发生危害到临近融冰开河期，则控制水库下泄流量由大到小，尽量使之小于下游河道冰盖下的过流能力，既减少河道槽蓄水量，又能降低河道水流动力作用，以稳定冰盖，推迟开河，使冰盖尽量吸热融消解体。黄河分别利用刘家峡水库和三门峡水库，在凌汛期间，按上述原则调节下泄流量，对其下游防凌起到了较好的效果。

2. 应急性调节

在下游河道发生卡冰，产生冰坝壅高水位，危及堤防安全时，要大幅度地减少下泄流量，必要时关闸断流，迅速降低水势，制止水位上涨，减小或避免发生灾害。水库调节运用，当有足够防凌调节库容，与发电等矛盾不突出时，可采用全凌汛期控制。当按防凌运用库容不足，或与发电等矛盾突出时，则宜采取分阶段控制。根据气温和冰情变化情况，尽量压缩水库控制泄流时间。例如，黄河三门峡水库因防凌库容有限，则采取了分阶段控制运用方式。

3. 利用水库放流提高水温，减少封冻

一些大型水库蓄水深，水温高。在封冻期，水库深层水温可达 2 ~ 3 ℃。水库下泄水量，其热量散发要有一个过程，随下泄流量、流速、水温、风速等水文气象因素而不同。例如，松花江上的丰满水库下游可维持 70 ~ 100 km 河段不封河，封江河段冰盖也明显减薄，封冻天数也较相同地区为少，这样自然缓解了河道的凌汛形势。

（四）利用江河沿岸水闸宣泄槽蓄水量

分泄槽蓄水量是把冰凌阻水或堵塞作用而滞蓄在江河中的部分水量，利用江河沿岸水闸，有计划地分泄出去，减少河槽蓄水量，以减轻凌汛威胁。

1. 预防性分水

河道封冻过程中和封冻后，在凌汛期临近开河或在开河阶段，根据河槽蓄水量分布情况，利用沿河已有的水闸进行分水，借以削减开河期的洪峰流量，为平稳开河创造有利条件。利用水闸分水防凌，宜选择有退水出路和分水能力较大的水闸，分水前要做好准备，并保证闸门运用灵活。水闸分水应尽可能与灌溉用水相结合，使水资源得到充分利用。黄河下游河南、山东河段 1977 年凌汛期利用沿河水闸分水，减少河道蓄水量，为黄河下游平稳开河起到了一定的作用。

2. 应急性分水

凌汛期一旦形成冰坝堵塞水流，河道水位猛涨，通常易在狭窄河段、弯道和河道险工处卡冰结坝，如不及时采取紧急措施，堤防可能决口造成灾害。因此，在这类河段上游的一侧，选择适当位置预先修建分洪工程，在发生冰坝壅高水位危及大堤安全时，采取紧急措施减凌分水，降低水位。分凌闸的闸孔跨度要大，以防止冰块堵塞，必要时在闸前采用破碎大冰块措施。进入分洪区的冰水，可由退水闸控制退归原河道或泄入其他河流。例如，黄河下游 1973 年在山东窄河段建成两处河道展宽工程，当凌汛在狭窄河道发生卡冰结坝水位陡涨威胁堤防安全时，就利用展宽区（分洪区）分泄冰凌洪水，以保大堤安全。这类分洪区在使用前一定要做好一切准备和群众安全转移工作。

（五）爆破措施

1. 预报性破冰

根据历史经验，在过去常发生卡冰结坝的重点河段，开河前及时将这些段落的冰盖用破冰工具打开，形成一条溜道，防止上游来的冰块卡塞，为顺利开河创造条件。

1）破冰要掌握的原则

（1）破窄河段不破宽河段。这是为了避免宽河道破碎的冰块可能在窄河道发生卡阻，而且宽河道即使发生卡冰，冰水可以绕滩下泄，对大堤威胁较小。

（2）掌握破冰时机。在开河前短时间内突击破冰，是决定破冰效果的关键。破早了，破后又冻造成浪费。破迟了，匆忙被动，一旦形成冰坝，不仅爆破难度大，还易产生灾害。

（3）狭窄河段的破冰长度要根据上游冰量大小决定，一般应延伸至窄河道下口以下一定距离，以免在窄河道下口附近插冰。

2）一般破冰办法

（1）人工打冰。所用工具有砍斧、铁镐、立锛、铁锤等。一般先在冰盖上打成宽 20 cm 的冰沟，形成 50 m×50 m 的方格，使其易于开河。但因用工较多，常用炸药炸冰代替。在渡口的航道、港岸、船闸、码头等小范围内破冰，有时还采用人工打冰。

（2）破冰船破冰。破冰船的特点是马力大，壳板厚，破冰能力强，破冰时可用特种水舱调节船的重心位置，将船前端翘起，驶到冰盖上将冰压碎，或破冰船开足马力将冰盖撞碎。它的优点是比较安全，节省人力物力，经济效果较好。黄河下游曾采用破冰船在开河前将重点河段冰盖破开，为顺利开河创造有利条件。

（3）炸药爆破。通过实践证明，用炸药爆破冰盖效果较好。爆破冰盖时，先将炸药捆扎成包，在冰盖上打孔，将炸药包下入孔洞，悬吊在冰盖下水中，通过雷管起爆，使爆炸形成的水波将冰盖破碎，达到“以药鼓水，以水鼓冰”的效果。爆破的布置，一种是从下而上爆冰，将冰炸开流走，打通河道；另一种是将药孔在冰盖上打成折线或方格，爆破后把整体冰盖分成碎块，创造不易卡冰而容易开河的条件。

2. 应急性爆破

在江河解冻流冰产生危险情况下，采取应急爆破措施：

（1）随凌追击。在凌汛期间，组织好爆破队，备好爆破器材及车辆，在重点河段驻守。当解冻开河时，爆破队在两岸随凌追击，遇冰滑动受阻或有冰凌插塞，则突击爆破，防止冰凌堆积形成冰坝。

（2）爆破大块冰。开河时大的流动冰块，其面积可达几十到数百平方米，不但冲击力很大危害水上建筑物，而且往往会在拦河建筑物（桥梁、拦河闸）上游面或弯道及狭窄河段卡塞。为保证顺利开河和水上建筑物的安全，则在上游选择有利地形，投掷手雷、炸药包爆破，用迫击炮射击效果更明显。

（3）破除冰坝。一旦冰坝形成，应根据结坝位置、河道宽窄、堤防状况和开河情况等因素，研究是否采取破除和爆破措施。如河道很宽，主槽卡塞结坝后，水可从滩地绕流而下，上游水位抬高不多；如结坝处上游无居民点和建筑物，河道又很宽，可容纳水量等，则不应立即爆破，尽量使冰坝自然溃开，因为这样可以削减凌汛洪峰，延缓河槽蓄水量的释放。同时，可防止大量冰块转移到下游不利河段卡塞结坝。必须立即破除的冰坝，也应视其上下游有无冰坝，如不止一个冰坝，应本着先下游后上游的原则，先破除下游河段的冰坝，从而使上游冰坝溃散后，冰水有畅通的流路，不致再结坝。破除冰坝常用的方法有人工爆破、炮轰和飞机轰炸（见图7-1）等。炮弹和炸药包的威力小，不易摧毁冰坝。飞机投弹威力大，但受天气和河段边界条件限制，在紧靠建筑物附近和天气条件恶劣时，不能进行。破除冰坝最好在午后进行。爆破时要针对冰坝的关键部位，即冰坝的支撑点全力爆破，由下而上连续作业，效果较好。

图7-1　飞机轰炸冰坝抢险

二、非工程措施

（一）建立各级防凌指挥机构和组织

在有凌汛发生的河流流域，一般都设立防凌总指挥部。如黄河、松花江等流域设立了防凌总指挥部及省、地、县防汛指挥机构，该机构在夏秋季负责防伏秋大汛，在冬季负责防凌汛工作。在凌汛期的主要职责是：①行使防凌指挥，组织并监督防凌工作的实施；②及时掌握水文、气象、冰情、水情、险情，制定和实施防凌调度和防凌抢险方案，发布冰情日报和预报；③负责防凌物资储备调配与管理，组织防凌检查（包括工程、通信、交通、抢险工具技术等）；④组织防凌队伍，凌洪偎堤时组织巡堤查水，出现险情及时组织指挥防守、抢险和群众的安全迁移工作，确保堤防及其他水利工程的防凌安全。

（二）组织人防队伍

组织人防队伍可实行专业队伍与群众队伍相结合，人民解放军和老百姓联合防守的原则。

（1）组织防凌抢险专业技术骨干队伍，平时承担防凌基建、岁修和工程的防守管理以及冰情、工情测报任务；凌汛涨水期，组织专人分段沿堤巡视堤防、滩岸和建筑物，及时发现堤病和险情，遇到凌汛险情时则执行紧急抢险任务，防止险情的扩大。专业队伍应训练有素、技术精良、反应迅速、机动高效，一旦接到命令，必须做到拉得出、上得去、守得住。

（2）组织以基层民兵为骨干的群众防汛队伍，群众防汛队伍一般分一、二、三线组织，明确各自的责任，做到思想、组织、技术、工料、责任“五落实”。

(3)人民解放军和武警部队是防汛抢险的中坚力量，主要承担“急、重、险、难”任务。根据防凌斗争的需要，防凌汛机构应主动与部队联系，介绍情况，明确任务，共同进行防汛抢险、救灾工作。

组织人防的同时，要预先安排好工具、物资的储存和调配，交通运输的规划等，确保凌汛防守抢险有序进行。

(三)加强冰情观测，做好冰情预报工作

冰情观测和冰情预报是防凌抢险的耳目，在黄河具有冰情危害的河段都设有冰情观测站。根据防凌需要，目前黄河上有冰情观测站300处左右，观测的项目除水位、流量、气温、风速风向等外，有流凌日期、流凌密度、流凌速度、岸冰宽、封开河日期、冰盖厚、冰量、封冻长度，以及目测的岸冰量、冰上水、冰块大小、冰色、冰堆、冰塞冰坝特征值等。

预报的方法有指标法、经验相关法、成因统计法。20世纪90年代我国分别建立了黄河下游和上游宁蒙河段的“冰凌数学预报模型”，与芬兰合作建立了“黄河下游冰情预报模型”。

(四)建立报汛通信网络

在重点防凌河段、蓄滞洪区、滩区建立专用的通信线路和通信预警警报系统，并有专门机构管理，做到专线专用。信息传递的手段除邮电部门的有线电报外，还有专门的无线微波通信和专用的防汛电台、电话网等。防汛通信必须无条件服从冰情、险情、工情的信息传递以及指挥调度指令的传递。紧急情况下可通过广播、电视、部队和公安等部门的通信设施来传达凌情和防凌抢险指令。

(五)社会各有关部门按照各自的职责分工协同做好黄河防汛工作

如民政、卫生部门应做好灾区群众的迁移安置救护、生活供给、医疗防疫及恢复生产等救灾工作。电力、交通部门保证用电，及时运送抢险人员和物资。气象、邮电部门及时提供气象信息和天气预报，保证信息及时准确传递等。

第五节　凌汛险情的抢护

凌汛险情的抢护应根据各流域的具体自然地理、气象条件、社会经济条件等不同情况采取适宜的工程措施和非工程措施统筹规划、合理部署。

一、黄河流域凌汛抢护

(一)黄河流域凌汛洪水的特点

(1)由冰塞引起的凌汛洪水表现为流量小、水位高、上涨快、变幅大、持续时间长。黄河流域冬季来水主要靠地下水补给，冬季河道流量小，当河道内出现冰凌之后，由于水流阻力受冰凌影响逐渐增大，河槽内即形成了槽蓄水，槽蓄水量增加与冰盖阻力的共同作用使河道水位升高，当河道内出现冰塞洪水时，升涨更快。

(2)由冰坝引起的凌汛洪水表现为水位上涨快、水位高、持续时间短。冰坝是由于流冰在冰盖前的大量堆积而形成的，多发生在解冻开河期，伴随着气温的急剧回升而发展和消亡。据观测记载，黄河上游内蒙古河段最大流冰块约18万m^3，卡冰结坝平均每年20

余处，最多年份有40余处，最大的冰坝长达数十米，高出水面2.5 m以上，涨水最大6 m以上，冰坝持续时间一般在15 h左右，最长2～3 d。黄河下游河段冰坝发生几率比内蒙古河段低，但其冰坝危害甚于内蒙古河段。

(3)凌峰流量演进过程沿程增大。黄河上游内蒙古河段和下游河段开河形式多为自上而下，由此决定了槽蓄水增量沿程逐渐释放的格局，同时凌峰在演进时沿程不断汇集水量，当达到一定限度时，槽蓄水增量则急剧释放，凌峰也随之增大。据统计，黄河上游石嘴山站历年最大凌峰为1 700 m^3/s，下游各站巴彦高勒为1 890 m^3/s。凌峰的大小、历时和槽蓄水增量与开河形势有关，槽蓄水增量大则凌峰历时长，反之历时则短。同时，也与河道冰量、冰凌堵塞河道的程度有关，冰量多、冰厚、堵塞河道严重时，历时则长。黄河下游河段凌峰历时一般为3～5 d，上游内蒙古河段为5～8 d。总之，黄河流域的凌峰流量是峰高量小，持续时间短。

(二)抢险实例

仍以前述例7-1 1982年的黄河冰塞险情为案例，简要介绍黄河凌汛险情抢险。1982年3月25日，黄河干流河曲段凌汛抢险结束。灾情发生后，中央防汛总指挥部先后派工程技术人员四批15人次到现场调查凌情，并成立晋、陕、蒙三省(区)联合防凌指挥部。申请空军、炮兵、工兵支援。黄河水利委员会派遣山东工程局工作人员前往协助破冰，联合防凌指挥部根据汇报及黄河下游防凌的经验做出“上控、下排，中间疏通，为开河创造条件”的部署。经刘家峡控制下泄流量(500 m^3/s以内)，天桥水电站2月28日开闸排水，工兵连从河曲县城附近向上游炸通一条宽30～70 m、长15多km的主河道；空军出动飞机四次13架，在石窑仆、长沙滩投弹26 t，部队两个高炮连分别五次在曲峪、焦尾城河段发射炮弹370发，同时河曲县人民政府组织机关职工、社队民兵，修筑地面防护工程六处，长2 400 m。3月25日，冰凌顺利排除，抢险结束。这次冰情为该河段历史上所罕见，危害三省(区)，天桥水电站也被迫停机2个月，少发电6 750万kWh，总计损失1亿元以上。

二、我国东北地区河流凌汛抢护

(一)我国东北地区河流凌汛洪水的特点

(1)由冰塞引起的冰凌洪水，其洪水的涨落过程比较缓慢，而且水位的涨落与气温变化相应，一般随着气温下降壅水位抬高，严冬过后气温开始回升，则壅水位开始徐徐下降，冰凌洪水产生的高水位持续时间较长，可长达2个多月，而在此期间，流量很小而且变化不大。

(2)由冰坝造成的冰凌洪水，洪水过程涨落迅猛，冰坝一旦形成，上游水位随即陡涨，实测最大涨率可达22 cm/min，一般7～8 h可涨到峰顶，特大冰坝的壅水高度可达10 m以上。在冰坝持续期间由于冰块时堵时开，水位多呈锯齿状，冰坝持续时间短则十几个小时，长则4～5 d，个别的如黑龙江上游的冰坝可持续十几天。冰坝一旦溃决，则冰坝上游水位迅降，集中的冰水泄向下游，往往造成新的灾害，特别是对沿江的桥梁、护岸和水工建筑物具有很大的破坏力。另外，也可能在下游适宜的地点又形成新的冰坝，造成新的凌汛洪水。

(3)单一的冰坝,其影响范围有限,短则 7 ~ 8 km,长则 30 ~ 40 km。因此,冰坝形成的凌汛洪水仅影响局部河段。但有些河流在某些年份,因解冻开江(河)前夕流域内普降中雨,在上下游同时形成多处冰坝。例如,1981 年 4 月 5 ~ 19 日,在松花江下游依兰至富锦 365 km 的河段内共出现了 16 处冰坝,高度 6 ~ 13 m。又如,1985 年 4 月 18 日至 5 月 9 日,在黑龙江上游洛古河至黑河近千米河段内共出现了 15 处冰坝。但总体来说,冰凌洪水影响的范围还是局部河段,而且在冰坝头部壅水最高,影响最大,距头部越远则影响越小。

(4)冰坝的形成虽然有其一定的规律,但仍有很大的偶然性。可能发生冰坝的河段大体上是可以判断的,但具体地点却是多变的。另外,对于产生冰坝的气候条件,目前的研究和认识还很粗浅,这些因素不像暴雨那样的单一。所以,由冰坝形成的冰凌洪水,无论在发生的地点还是时间上都具有很强的突发性,使人们防不胜防。

(5)冰凌洪水的破坏力很大,遭受冰凌洪水灾害的地区,往往是毁灭性的,因为它除了水流的冲击、浸泡,还有冰排的撞击,一块 4 m×4 m、厚 0.8 m 的冰排,质量就达 11.5 t,因而它对沿江建筑物和两岸堤防都有很大的破坏力。另外,由于洪水伴随着流冰,因而对抢救物资、转移灾民也造成了很大困难。

(二)抢险实例

1981 年在松花江流域依兰至佳木斯区间流域内,3 月降雪明显偏多,特别是在 3 月 25 日前后有一场 10 mm 左右的集中雨雪,加之 3 月中旬气温急剧回升,3 月 18 日最高气温达 10.7 ℃,致使流域内积雪融化。该区段的一些支流提前于 3 月底开河,如松木河、音木达河等河水出槽,倭肯河、乌斯浑河、牡丹江下游河水漫堤。这些支流的冰水汇入松花江干流,从而造成位于牡丹江口下游 1 700 m 处的依兰河段较常年提前 7 d 于 4 月 6 日发生武开江。集中的冰水向下游推进,4 月 6、7 日相继在依兰县的哈茧、舒乐形成冰坝,冰坝高 3 ~ 5 m。4 月 9 日又在宏克利形成更大的冰坝,高度 7 ~ 8 m,冰坝持续了 3 d,在这期间流域内又有 10 ~ 15 mm 的降雨,冰坝于 12 日溃决。13 日又在佳木斯上游近郊的永安、四合和铁路桥处相继形成冰坝,高度 3 ~ 5 m,后经人工破冰等措施于 14 日 14 时冰坝溃决。4 月 15 ~ 17 日又在佳木斯市下游 14 km 处的新民河段,桦川县境内的星火公社、汶澄岗、马库力山、卢福才、对通、免通、么通以及四博罗通等 9 处形成冰坝,冰坝高度 3 ~ 6 m,持续时间 1 ~ 2 d,直到 4 月 20 日,冰坝冰凌洪水才顺利通过富锦水文站断面。

此次冰坝灾害除了松花江干流下游河流走向自西南向东北,开江日期一般下游晚于上游,以及自依兰至富锦河段多急弯、束窄河段和浅滩等自然因素外,造成该年特大冰凌洪水的原因还有以下几点:

(1)每年 3 月中、下旬及 4 月上旬气温急剧回升,促使开江提前,自冬季降水偏多。

(2)开江期集中的降水,是形成本次冰凌洪水的又一重要因素。

(3)冬季封江水位高,开江前夕的河槽蓄水量及冰量较大,使开江时水流动力作用增大,促成了武开江和冰坝的形成。

冰坝形成后,黑龙江省委、省政府当夜派出直升机到佳木斯市抢救遇险群众;合江地委、佳木斯市委和地市防汛指挥部组织有关部门,及时投入了防凌抢险救灾的斗争。13 日夜,市武装部组织民兵向铁桥上游冰坝开炮 90 发,但未炸开冰坝。14 日,当地驻军又用10门迫击炮对准冰坝发射了120发炮弹，主航道的冰坝仍然没有炸开，最后用18个(每个重50 kg)炸药包才把主航道5万~6万 m^2 范围的冰坝炸开，顿时，冰排以3 m/s的速度顺流而下，水位迅速下降，佳木斯市转危为安。

思考题

7-1 河流动水中冰凌生成过程是怎样的?

7-2 冰的主要物理特性有哪些?

7-3 凌汛洪水的类型有哪些? 各有什么特点?

7-4 河流内冰情是如何发展的?

7-5 凌汛险情的成因有哪些方面?

7-6 防止凌汛的工程措施和非工程措施有哪些? 适合哪些险情?

第八章　防汛抢险新技术简介

学习目标

了解防汛抢险新技术的预报、探测和抢护新技术；重点学习各种防汛抢险新技术、新设备、新材料等，掌握探测和抢护新技术的实际应用与技能。

进入21世纪，随着经济社会的发展、城市化进程加快，防洪减灾已成为中国可持续发展的重大课题。我国不断探索新的治水思路，对防洪减灾工作进行了战略性调整，把与洪水抗争变为与洪水和谐相处。在建设方面，强调在流域生态系统重建的大框架下部署防洪建设；在管理方面，运用系统论理论和风险管理方法，从控制洪水向洪水管理转变，强调解决我国洪涝灾害问题的关键是要给洪水以出路，实现人与自然的和谐相处。

按照新时期的治水思路，科技工作者围绕防汛抢险中的关键技术问题进行技术创新，积极探索防洪安全保障体系与洪水风险管理理论，建设防洪信息系统和防汛指挥决策系统，开发堤坝险情快速探测技术、应急抢险技术以及各类新设备和新材料，取得了丰硕的研究成果。目前，防汛抢险新技术及其应用主要包括以下内容：

(1)防汛新技术。

(2)险情探测、监视新技术。

(3)险情抢护新技术。

抗洪抢险新技术为汛情预报、防洪工程建设、防汛部署、紧急抢险、各种险情抢护提供安全、高效的措施方案；对指挥抗洪斗争的关键问题提出对策；建立高科技立体探测网准确把握洪水的脉搏，并利用新技术，科学防洪抢险，将洪灾降低到最低。防汛抢险新技术的推广及应用，势在必行。

第一节　防汛新技术

一、水文气象信息预报系统

水文气象信息预报的重要工作是暴雨洪水情报预报。在计算机上实现洪水预报联机作业的运行系统称为洪水预报系统。实际应用中，以实时雨情、水情、工情等各类实时信息作为输入，通过启动预报模型和方法，对洪峰水位(流量)、洪水过程、洪量等洪水要素进行实时预报。我国洪水预报系统实现了水情信息的采集、传输处理，洪水预报数学模型的计算分析，预报信息的发布服务等环节联为一体的功能，为水文预报方案的建立、实时作业预报的顺利开展和预报会商制度的执行提供规范的平台与技术的支撑，为各级防汛指挥部门提供了决策依据。暴雨洪水情报预报系统主要有以下功能：

(1)接收处理洪水情报的功能。自动接收,通过国家邮电部门通信网、防汛通信系统以及中国国家公用分组数据交换网传送的水情电报;将原始水情电报整理、存储,同时通过有关通信线路向相关部门转发水情电报;将水情电报进行自动翻译,并形成各类实时水情数据库。

(2)水情信息服务功能。实时水情监控,即对暴雨、洪峰、沙峰、特殊水情等进行监控,一旦出现紧急情况,系统通过响铃、显示报警信息等方式,提醒工作人员处理;水情信息查询,即支持工作人员对所关心的水情信息进行查询,并以表格、图形方式显示;制作水情日报及其他各类统计报表;洪水特征值分析计算。

(3)接收和处理气象情报的功能。实时接收常规气象资料,并进行报文分检、格式化,自动填制天气图,进行天气形势分析、显示、打印,物理量计算、显示、打印、填图;实时接收数值预报产品,并进行解压、显示、打印;实时接收卫星云图信息,并进行红外线云图处理、可见光云图处理、可降水率计算(1 h)、红外云图分发。

(4)气象信息服务功能。网络终端大气形势图显示;网络终端卫星云图动画显示;局域网网络终端数值预报产品显示;网络终端降水预报等值线图显示。

(5)暴雨预报功能。"暴雨预报专家系统"制作未来 24 h 的暴雨预报;用"要素差值相似方法"制作未来 24 h 的降水预报;采用卫星云图进行暴雨分析。

(6)洪水预报功能。根据上游实测洪水,进行产汇流预报,并推演下游各水文站的洪水过程,作出各站洪水预报;对于较大洪水,按照防洪工程的调度运用方案,可进行调度方案的模拟计算。

(7)暴雨洪水辅助分析功能:天气形势和环流背景分析;卫星云图分析;暴雨落区与量级分析;洪水组成分析;水位流量关系分析;河道断面形态分析;历史相似洪水分析。

二、遥感技术

遥感作为一项综合性高新技术,观测空间大可远离被测物体,不受气候条件限制,在世界范围内环境与灾害的监测中一直被优先选用。它是从一定距离对地表和近地表的目标物,从紫外到微波的某些波段的电磁波发射和发射现象进行探测,从而识别目标物的理论和方法。1998 年大洪水后,水利治理在思路上有了根本性变化,RS(遥感)、GIS(地理信息系统)、GPS(全球定位系统)作为重要的高新技术手段摆在了水利信息化、现代化的首要位置。由于遥感技术相对常规方法具有宏观性好、更新周期快、人为因素干扰小等优点,可以对洪水灾害进行实时监测,遥感又一次为水利人所瞩目。遥感在防洪减灾中的应用主要有:在洪水预报中的应用,在灾情评估中的应用,在防洪规划中的应用。

(一)在洪水预报中的应用

目前,洪水预测研究,尤其是对异常暴雨形成的特大洪水的时空变化规律的研究还很少,而这类研究对防洪减灾而言是极其重要的。洪水预测的常用方法是水文学方法,即利用降雨信息经产汇流水文模型计算来预报洪水。通过由遥感卫星获取的信息进行天气预报已经是众所周知的事情了,气象卫星可以实时地监测区域的天气情况,从而推测其变化趋势,为洪水预测提供降雨因子信息。此外,利用遥感图像可以准确快速地确定流域的汇水面积,并通过对下垫面的综合分析,推断研究区域的产汇流情况;利用遥感技术手段可以提供洪水预测、预报的基础信息。

（二）在灾情评估中的应用

水利部早在1983年就利用遥感技术进行洪涝灾害调查，遥感数据常用于确定洪涝灾害的受灾范围。目前，遥感技术在洪水监测方面的一个重大突破是机载SAR实时传输系统的成功应用，SAR影像不受天气的影响，它能根据需要在灾区飞行成像，地面的实际情况实时传输到指定的监测中心，经回放显示、图像处理、信息提取、属性叠加等技术流程后，便可以为防汛指挥提供需要的信息。从飞机成像到向决策人员提供信息，整个过程连贯一起，真正做到了对灾情的实时监测。

现在正在应用或者在建的防洪减灾决策支持系统几乎都是GIS、RS、GPS的有机结合体。在洪水灾害评估中需要快速得到洪水的淹没范围，利用遥感可以准确地确定洪水灾害发生的位置、影响范围以及灾害的严重程度。不管是光学的被动式遥感还是微波的主动式遥感，其影像均可以直接或者通过波段运算判读水体边界。有了遥感获取的受灾范围，结合GIS信息库里头的属性信息，便可以对灾情的严重程度作出科学的评估，为防洪减灾决策提供依据。

（三）在防洪规划中的应用

遥感影像是成像区域下垫面情况的综合表达，对洪水灾害和承灾体均有不同程度的反映。通过系列遥感影像的对比分析，可以了解流域水系的分布状况、河势的变化趋势、产汇流区的环境变迁等情况。遥感不仅反映主干河道的来水、来沙信息，对各汇入支流的情况亦有较好的反映，这是普通的模型很难模拟的。遥感资料还广泛应用于水土流失调查、河口演变、河道工程监测等工作。各类河道工程或跨河建筑物以及各种阻水建筑物，均有可能对河道泄洪造成影响，利用遥感技术，可对工程进度及其影响进行监测。

遥感可以从大宏观的角度研究受灾区域，其观察结果既直观又客观，较少受到决策者主观因素的影响，因此能更好地把握致灾因素、致灾环境中的主导因素，为确定防洪规划工作重点、制定防洪措施提供科学依据。

三、现代化通信技术

现代通信技术主要包括数字微波通信、卫星通信、光纤通信、短波、超短波通信及移动通信等。目前，水利系统自建的防汛通信网与邮电公用通信网相结合，组成了四通八达的水情信息传输通信网络系统。它们在全国防汛水情信息传递中起到了至关重要的作用。现代通信技术在全国水情信息传递中发挥着越来越重要的作用。

（一）短波通信系统

利用无线电波传播代表声音、文字、图像等电信号的通信方式称为无线电通信。短波通信是其中之一。这种系统设备简单、架设方便、节省功率、节约频带，对其他电台干扰少，是目前利用率比较高的一种防汛通信方式，在历次大洪水中，发挥了其他通信手段无可替代的作用。

（二）超短波通信系统

防汛超短波通信系统一般分为三种类型：一是单向无线电通信，即在一个地点发送，其他若干地点只能接收，这种通信方式主要用于蓄滞洪区通信预警系统。二是单工无线电通信，通信时两个地点只能交替联络，这种通信方式主要用于蓄滞洪区的县、乡和重点深水村的预警系统，是一种通过中继台转发的单工双向通信系统。三是双工无线电通信，通信时两个地点可以同时进行发送和接收，目前，一些省、市防汛部门主要用于与重点水库、重点洪泛区的无线接入系统、预警反馈系统等。

（三）微波通信系统

微波一般是按直线传播的，由于地球的曲面性，所以微波传播距离有限，一般只有40～60 km。为了进行远距离通信，就要在两个终端之间设置许多中继站，按接力的方式将信号一站接一站地传下去，因此微波通信又称为微波中继通信。该系统可传送宽频带信号，受外界干扰影响小，集中管理方便。微波线路既能传输数据，又能通话音，为防汛指挥调度提供了保障。

（四）卫星通信系统

卫星通信是利用人造地球卫星（通信卫星）作为中继站来转发或反射无线电信号，把来自一个地面站的信号转发或反射给另一个地面站，实现两个或多个地面站之间的相互通信，称之为卫星通信。卫星通信是一种新的现代化通信手段，它既能传输电话、电报，又能传输数据、电视等。其主要具有不受地形和天气变化的影响，通信距离远、容量大、稳定可靠、灵活机动等优点。卫星通信是解决边远山区及其他通信手段无法保证通信畅通的一种特殊通信方式，在防汛通信中占有十分重要的位置，是我国今后发展防汛通信必不可少的一种手段。

（五）宽带通信系统

宽带网一般是以目前拨号上网速率的上限56 kb/s为分界，将1.5 Mb/s以上的称之为宽带。宽带技术是运行在原有普通电话线上或采用光纤电路的一种新的高速宽带技术，宽带网络通信快速便捷，允许更多多媒体应用，深受各界欢迎。目前，我国宽带网建设已初具规模，许多乡以上都通了光纤电路，有的接到了部分行政村。一些省、市政府到各市、县防汛调度中心宽带网已开通了专用光纤电路，为防汛信息快速传输提供了信道保障，也为各省防汛指挥系统建设向县级发展打下了基础。

（六）应急通信系统

应急通信系统主要完成突发性自然灾害应急通信任务。目前，应急通信系统主要设备有KV频段卫星通信车、VSAT卫星地面站、海事卫星电话、900兆数字移动通信系统、1000线车载程控交换机等。当防汛系统专网与通信系统公网因气候或其他原因，不能保证防汛信息畅通时或在重点抗洪抢险前线需要组建临时局域网时，首先启用应急通信系统，保证防汛指令畅通。为了防汛应急需要，防汛部门还可利用驻当地部队、武警、公安、电力、铁路、交通、气象、广播、电视、地震等专网作为防汛补充应急网。同时，要求各有关部门的通信专网，在汛情紧急时，首先保证汛情信息和调度指令的及时传递。

四、科学调度洪水

随着科学技术的不断进步和发展，人们对洪水的认识也有了深刻的变化。21世纪初，国家防汛抗旱总指挥部提出的“实现由控制洪水向洪水管理转变，由单一抗旱向全面抗旱转变”的理念。这“两个转变”的理念，是对我国传统治水思路的历史总结和升华，是实现人水和谐的迫切需要，是经济社会发展的必然要求，适应了我国社会变革的新形势，体现了尊重自然规律，以人为本，全面、协调、可持续发展的原则。

要实现控制洪水向管理洪水理念的转变，在科学调度洪水方面，应做到以下几点：

（1）树立正确防洪理念，主动迎汛防御。努力减轻大洪水对防汛工程的压力，降低洪水风险程度，关键是要确立主动防御思想，按主动防御的指导思想制定科学调度方案，通过采取风险分析、事前干预等科学手段，改变以往主要依靠“人海战术”的传统抗洪方式，实现从被动应付到主动引导，体现以人为本、尊重自然规律、人与自然和谐相处的防洪新理念。

（2）搞好水文水情测报系统、水库洪水预报调度系统和防汛指挥系统等非工程措施建设。充分利用现代信息技术，建立从遥测数据采集、分析、处理到洪水预报、洪水调度、实时水雨情数据查询、工情数据查询、历史洪水查询、实时和历史数据整编计算机化全过程，为洪水预报调度系统提供灵活预报参数和模型管理、调度方案管理与专家会商的功能，形成具有广泛适应性、较强通用性、性能稳定、运行可靠的标准化、规范化的洪水预报和洪水调度决策的完整体系开发模块，提高水库洪水预报调度水平。

（3）实施流域防洪工程体系的洪水调度。以水库群为主组成的防洪系统，能充分发挥各种防洪工程措施或非工程措施的优势，是解决防洪问题的方向。流域的水库群实行防洪和兴利的联合调度，为科学调度洪水提供了基础条件。应优先考虑充分发挥大型水利工程作用，精心管理洪水，努力实现防洪减灾效益最大化。通过对不同量级降水的水库来水、区间洪水的分析、调洪演算，在确保水库自身安全的前提下，发挥防洪工程体系的综合作用，对不同量级的洪水确定不同的防御措施，制定不同的防洪调度方案，是实现防洪减灾目标的有效途径。

（4）重视防洪调度工作的实时预报调度。防洪调度工作从内涵讲应分四个层次，即规划设计调度、年度计划调度、短期方案调度、实时预报调度。实时预报调度是根据实时的雨情、水情、工情，实行预报调度、及时滚动修正，是做好防洪调度工作的基本方法。要针对暴雨、洪水都具有随机性的特点以及气象预报、洪水预报的可能偏差，制定每几天的一个短期预报调度方案，并根据实际情况滚动修正，尽量满足防洪目标的要求。这种方法虽然烦琐，但可靠性较高。

第二节　险情探测、监视新技术

一、堤防软弱层探测技术

受汛期洪水影响，堤防软弱层容易形成渗漏通道，可能会出现较大渗漏，严重时会导致决口，危及堤防的安全，是堤防的重要隐患。如何快速准确地检测出堤坝软弱层等隐患至关重要。在国家重点科研项目“堤防隐患探测新技术”的研究中，经过多种方法和不同仪器反复试验，最后确定用瞬变电磁法快速普查软弱层分布范围；用瞬态瑞雷面波对堤身相对强度、软弱层分布位置进行探测，实践证明，效果良好。

（一）瞬变电磁探测技术

瞬变电磁法，简称 TEM 法，或称时间域电磁法。它是利用不接地回线或接地线源向地下发送一次脉冲磁场，在一次脉冲磁场的间歇期间，利用线圈或接地电极观测地下半空间二次涡流场的变化，从而达到探测目的的方法。这种方法的主要优点是信噪比高、分辨力强、探测深度大、探测速度快。经研究部门在黄河下游九堡大堤老口门处探测：瞬变电磁法探测的断面与工程地质剖面比照，图色绘大体积异性材料的分布范围，反映位置与钻探资料基本一致。

（二）瞬态瑞雷面波探测技术

瞬态瑞雷面波探测技术是 20 世纪 80 年代中期开发的一种弹性波地面探测技术。其理论依据是利用瑞雷面波的频散（波速随频率变化）特性达到探测深部构造的目的。经研究部门在黄河下游九堡大堤老口门处用瞬态瑞雷面波探测技术，得到了较好的探测效果，其频散曲线与钻孔资料有较好的对应关系。

二、堤防裂缝的探测技术

用物探中的电测技术可以确定堤坝裂缝的位置、埋深、产状及其规模。

（一）中间梯度法

中间梯度法是固定供电电极 A、B，在中间 1/2 ~ 1/3 区间内，根据设计的测量电极距移动 MN 电极，逐点测量视电阻率值。

（二）高密度电阻率法

高密度电阻率法可以实现电阻率的快速测试并在现场进行数据处理，从而改变电法勘探的工作模式使其和地震勘探的工作方式相类似，提高工作效率，减轻劳动强度。高密度电阻率法是电剖面与电测深的结合。经研究部门在武陟沁河大堤新左堤进行探测，实测结果与河务部门湮水试验及灌浆试验结果相符合。

三、堤防工程洞穴探测技术

“千里之堤，溃于蚁穴”。据近期统计，一些大堤的决口除堤身高度不足所发生的少量漫溢决口外，多数是洞穴造成的溃决。因此，洞穴隐患被列为堤防工程八大险情之一。

根据试验研究，高密度电阻率法是目前进行洞穴探测的有效方法。

四、水下工程基础探测技术

水下工程基础探测主要是堤防丁坝根石探测。险工和控导工程的丁坝、垛、护岸等是堤防的前卫，当受水流淘刷时，常常发生吊垫、坍塌、溃膛、滑动倾倒等险情。根石走失是出险的主要因素。因此，探测险工根石分布情况是防洪工作中掌握工程动态、预报险情的主要手段。目前，常用的根石探测方法是锥探，不能满足防洪要求，为了更有效探测根石分布情况，“八五”期间曾采用过直流电法、声纳、地质雷达、瞬变电磁、反射等探测技术，均未取得突破。经我国引进美国新型“X - STAR 全谱扫频式数字剖面仪”进行根石探测后，取得了突破性进展，为今后堤防根石探测开辟了一条新路。该探测仪器最大特点之一就是能够穿透淤泥层，同时进行水下根石探测，不受恶劣的水流条件限制；现该仪器已和

GPS 配套,可随时定位测取根石数据,分辨率较高。经黄河下游河道整治工程水下根石快速探测的应用试验,与人工定点探测和剖面对比探测,两者基本一致,取得了较好的探测效果。

第三节 险情抢护新技术

一、堤防隐患加固新技术

混凝土防渗墙在堤防、土坝等工程中有着广泛的应用。混凝土防渗墙渗透系数小,可截断流路,延长渗径,降低浸润线,对堤防因渗水、管涌、裂缝、洞穴等造成的险情,能起到较好的防护作用。近些年,各地根据多年进行堤防加固的实践经验,相继开展了不同形式的地下连续墙施工新工艺、新机械、新材料方面的研究,主要有射水法建造混凝土防渗墙、液压开槽机进行地下连续墙施工等技术。

(一)射水法建造混凝土防渗墙技术

射水法建造混凝土防渗墙技术是利用自行研制的射水法造墙机,在砂质、软土地基上建造混凝土防渗墙,具有施工简单、工效高及相对造价低的优点。造墙机由造孔机、水下混凝土浇筑机、混凝土拌和机及轨道设备四部分组成,已获实用型专利。它是利用矩形成孔器射出的高速水流冲击破坏土层结构,水土混合回流溢出地面;同时利用卷扬机操纵成孔器上下冲动,进一步破坏土层并修正控制孔壁,造成规则的槽孔;槽孔采用一定浓度的泥浆固壁。成孔后采用常规水下混凝土直管浇筑法,建成混凝土或钢筋混凝土单槽孔,先施工奇数孔单槽板侧壁,使混凝土浇筑后接缝紧密。造墙深度在 14 m 内,成墙厚度为 0.22 m 或 0.35 m。

(二)液压开槽机进行地下连续墙施工

液压开槽机是由液压缸带动装在导向架内的牵拉架运动,牵拉架上装有锯体,整性、连续性,可实现 0.2 ~0.6 m 不同厚度墙体的施工。当然墙体材料可灵活选用钢筋混凝土、混凝土、水泥土、低强度等级黏土、土工布等不同类型,其中土工布连续铺设是开槽机施工法的优势所在,它可以降低造价,适应不同地基情况,避免刚性墙断裂的问题,很值得推广。

二、险情抢护新技术

(一)抢护管涌破坏的新技术

防汛装配式围井和防汛土工滤垫作为抢护堤防管涌破坏的一种新技术和新器具,具备独特的优势,有较大的推广应用价值。

1. NH - GW 型装配式围井

NH - GW 型装配式围井,是由单元围板现场装配而成的。通常作为国家、流域或省市定点仓库抢险器材储备,也可直接作为国家及地方防汛抢险队的抢险装备。

1)用途

NH - GW 装配式围井主要用于抢护堤防和大坝的管涌破坏险情。它的主要作用是抬高堤防管涌孔口处的水位，减少江河水位（上游）与管涌孔口处的水位差和水力坡降，抑制堤防管涌破坏的进一步发展。它既可抢护单个管涌，也可抢护管涌群。

2）主要特点

NH－GW 装配式围井突破了传统构筑围井的思维模式，摒弃了传统的围井材料、结构和施工工艺，采用装配式围井和土工滤垫，是一种全新、快捷、廉价、环保型防汛抢险器材。具有施工高效快捷，节省抢险时间，降低抢险强度，装配简捷灵活，适应性强，便于储运，造价低廉，可重复使用，绿色环保等特点。

2. NH－GF 型土工滤垫

NH－GF 型土工滤垫的结构是根据堤坝管涌险情的机制研制的，由五部分组成。它是一种抢护堤防和大坝管涌险情的专用器材。通常可作为国家、流域或省市定点仓库抢险物资储备，还可装备于国家及地方抗洪抢险特殊部队和机动抢险队。

1）用途

NH－GF 土工滤垫主要用于堤防或大坝的管涌险情，其作用为滤土排水。即防止土颗粒流失，排除渗水，削减全部或大部渗透压力，以保护土体结构不发生变化，达到稳定险情的目的。它既可用于抢护单个管涌，又可用于抢护管涌群。

2）主要特点

防汛土工合成材料滤垫突破了以往的思维模式，摒弃了传统的砂石抢护材料和填筑工艺，与传统的反滤料相比，土工滤垫质量轻，连接简单、快捷、效果好，不存在淤堵失效等风险。它是一种全新、快捷、廉价、环保型防汛抢险器材。其具有高效快捷，装配灵活，适应性强，便于储运，造价低廉，可重复使用和绿色环保等特点。

（二）挡水子堤新技术

1. NH－GE 型装配式子堤

抢护堤防漫溢浪坎险情的 NH－GE 型装配式子堤，是由单元挡板现场装配而成的。通常作为国家、流域或省市定点仓库抢险器材储备，也可直接作为国家及地方防汛抢险队的抢险装备。

1）用途

NH－GE 型装配式子堤主要用于抢护堤防和大坝的漫溢浪坎险情。它的主要作用一方面是防止由于堤防防洪标准低或遭到超标准特大洪水，江河水位猛涨并超过堤顶高程而造成漫溢成灾；另一方面是防止在汛期高水位，由于遭受强风大浪江河水翻越堤顶而造成局部堤段浪坎险情。

2）主要特点

NH－GE 型装配式子堤突破了传统构筑子堤的思维模式，摒弃了传统的子堤材料、结构和施工工艺，是一种全新、快捷、廉价、环保型防汛抢险器材。它具有施工高效快捷，装配灵活，适应性强，便于储运，造价低廉，可重复使用，绿色环保等特点。

2. ZD27－100B 型板坝式子堤

ZD27－100B 型板坝式子堤作为一种新型现场装配式挡水子堤，较好地克服了传统子堤的不足，通常作为国家、流域或省市定点仓库抢险器材储备，也可直接装备于 19 支抗洪抢险特殊部队和机动抢险队。

1)用途

ZD27－100B 型板坝式子堤主要用于沙壤土、壤土、黏土及混凝土、沥青等软硬质堤防作应急防漫堤抢险。

2)主要特点

ZD27－100B 型板坝式子堤是突破传统思维模式,摒弃传统筑堤材料、工艺的一种全新、快捷、廉价、环保型防灾减灾器材。它具有依水治水,高效快捷,组坝灵活,适应性强,便于储运,造价低廉,回收复用,绿色环保等特点。

3. 吸水速凝挡水子堤

吸水速凝挡水子堤是由土工织物做外袋、土工膜做内袋和装在内袋里的高效保水材料以及护垫、加强带、注水孔、防渗带、防渗条等组成的。袋体吸(充)水后体积胀大,随即水体凝结成具有一定抗压强度能自立的凝胶体,从而沿堤顶形成一道连续矮墙,即挡水子堤。

1)用途及范围

吸水速凝挡水子堤主要用于防止洪水漫顶,抗御风浪、护坡。其适用于江、河、湖、水库各种挡水、防漫溢抢险工程以及城市防洪。

2)主要特点

(1)吸水速凝挡水子堤高度与形状可按设计要求确定,充水后可快速将液体水变为凝胶体,发挥挡水作用,满足防汛应急需要。

(2)袋内充填物为水体,不需要开挖运送土石料,节约大量的人力、物料和运输,有利于环保与生态,在缺乏土石料源处,尤突出其优越性。

(3)充水操作迅速,效率高,速度快,在防汛千钧一发的紧急时刻,能快速应对。

(4)高效保水材料是环保型新材料,其无毒、无味、无污染。

(5)充水前的子堤质量轻(7.5 kg/m)、体积小(0.05 m^3/m),人工搬运方便。

(6)设备无须复杂技术,安装简易,安装工程费用低廉。

(三)速凝膨胀水泥堵塞技术

1. 材料组成

速凝膨胀水泥堵塞材料由速凝专用粉、膨胀剂和普通硅酸盐水泥组成。

2. 应用范围

速凝膨胀水泥堵塞材料可用于江河大堤及水工建筑物的孔洞、裂隙及其他缺陷的修补与抢护,也可用于各种地下工程渗漏水的封堵。

3. 技术性能指标

速凝膨胀水泥堵塞材料物理力学性能指标见表 8-1。

表 8-1　速凝膨胀水泥堵塞材料物理力学性能指标

项目	凝结时间(min)		抗渗强度(MPa)	膨胀率(%)	抗压强度(MPa)		抗折强度(MPa)	
	初凝	终凝			1 h	1 d	1 h	1 d
指标	2～4	5～7	>1.5	0.8～1.0	5.0	10.0	1.0	3.0

4. 技术特点

(1)凝结时间短、早期强度高。速凝膨胀水泥堵塞材料初凝时间为2～4 min,终凝时间不大于7 min。1 d抗压强度可达10 MPa。与其他速凝材料相比,28 d抗压强度不降低。

(2)密度性能好。速凝专用粉与水泥水化产物氢氧化钙生成一种不溶于水的凝胶状结晶物质,这种物质呈悬浮状充填于水化结构的空隙中,起到改善内部组织、提高密实性的作用。

(3)操作简单,使用方便,可用水直接拌和使用,也可制成大小不同的药卷备用。药卷的形状及尺寸视漏洞大小调整,药卷材料可用透水性较好的土工布、棉布或锚杆纸制作,施工时直接将大小合适的药卷塞入漏洞即可。药卷堵塞法可用于江河大堤、水工建筑物洪水季节的孔洞漏水抢护及地下工程的涌水封堵,用于较小的裂隙和孔洞渗漏水处理,效果较好。

(四)钢木土石组合坝封堵决口技术

1. 堵口方法

钢木土石组合坝封堵决口技术是一种有别于常规措施的新型堵口技术。该技术是将打入地基的钢管纵向、横向连接在一起,用木桩加固,形成能承受一定压力和冲击力的钢木框架,并在其内填塞袋装土石料,再用土工布、塑料布等材料进行覆盖,形成具有综合抗力和防渗透能力的拦水堤坝。这样形成的堵口建筑物,改变了传统的以抛投物自然休止形成戗堤模式的堵口。

2. 技术特点

该结构以钢木框架结构和土石料直墙为主,以设置防渗层为辅。具有钢管架阻水面少,受动水载荷作用力较少的特点,此项技术使用简便,安全可靠,平时适用于加固堤坝、封堵防洪决口和一般水利工程的河道截流,战时在制式器材不能满足需要的情况下,可用于快速架设简易桥梁,克服较深的泥泞路段、沼泽地和封堵遭敌破坏的隘口、水库、人坝等。

3. 钢木土石组合坝封堵决口方案的优缺点

钢木土石组合坝封堵决口技术的优点如下:

(1)钢木土石组合坝采用三维钢木框架,在其中填土石袋料,钢木框架起到了集拢料物使其免于被洪水卷冲到下游去的作用,使抛投料物的利用率大大提高,从而节约堵口工程量和工程投资,并缩短堵口时间,减少下游淹没损失,其社会经济效益明显。

(2)稳定性好,其中三维钢木骨架及其内填充的土石料全部由人经过有计划的设计和施工而成,发挥了各自的物理力学特性优势,完成各自的受力任务。

(3)提高了防洪堵口的成功率,缩短了堵口时间。

钢木土石组合封堵决口技术的缺点:钢木土石组合坝在堵口过程中,需要在动水中打桩、连接,具有一定难度。

4. 钢木土石组合坝的应用

1996年8月3日、4日,河北省中南地区因受8号台风影响普降暴雨,岗南、黄壁庄水库达到了建库以来最高洪水位,滹沱河下游河道也达到50年一遇设计标准洪水,由于种种原因，滹沱河南大堤饶阳县故城段出现溃堤决口。某部队奉命对其实施堵口，当时决口口门流速为3～4 m/s，水深达4～6 m，其施工难度可想而知。利用钢木土石组合坝的方案，经过7 d奋力抢堵，胜利完成了164 m宽口门的封堵任务。1998年长江发生特大洪水，九江城区以西4 km处的决口，也采用此方案，经过五天五夜的奋战，使长江大堤决口终于堵复合龙。

第四节　防汛抢险新技术的设备、材料简介

在抵御洪水、奋力抢险的危急关头，决策者、技术人员都很希望能及时获取险情的准确状况、险情的发展趋势、预测险情的最终结果、排除险情的最佳措施等，随着防汛抢险新技术的深入研究，一大批高新技术成果被应用，这些想法都一一得到了实现。下面，将近年来防汛抢险新技术的设备（机具）及新材料作简要介绍，如表8-2所示。

表8-2　近年来防汛抢险新技术的设备及新材料

新技术新材料	设备/材料名称	功能（用途）简介	生产（研制）单位
堤防隐患探测	MIR－IC覆盖式高密度电测仪	探测堤坝裂缝、洞穴，探测裂缝位置、顶部埋深、走向等问题，而且解决了裂缝下延深度及规模，使裂缝、空洞探测技术更加完善	黄河水利委员会勘测规划设计研究院
	ZDT－1型智能堤防隐患探测仪	迅速准确查找出堤内漏洞、管涌、蚁穴、泡泉等隐患。可测埋深与直径比为30∶1，堤防普测速度可达100 m/15 min。适用于江河水库堤坝，还可用于铁路、桥梁、建筑物地基探查及找水探矿等多种行业	黄河水利委员会山东黄河河务局
	DB－3A普及型堤坝管涌渗漏检测仪	探测土石坝、河堤等各种坝体和坝基的管涌及渗漏，能对堤坝管涌渗漏入水口进行高准确度和快速探测。适用于江河、水库的堤坝防护、养护工程，不同类型堤坝与坝基、不同水流速度和不同气候条件	中南大学、湖南继善高科技有限公司
	TTY－1型便携式智能堤坝隐患探测仪	普查及重点探查堤坝软弱土层、堤身裂缝、堤身洞穴、渗漏等隐患	江西九江市水利科学研究所
防汛抢险通信设备	防汛移动信息工作平台	集实时信息采集、远程通信和数据查询于一体的移动式决策指挥平台。能较好地实现野外工情信息与中心网络的完全连接，全方位实现信息传输、资料查询和视频、音频远程同频会商。它采用有线拨号上网和GPRS线或海事卫星相结合的通信方式，其速度可达128 kb/s，全方位实现恶劣环境无障碍远程决策指挥	

续表 8-2

新技术新材料	设备/材料名称	功能(用途)简介	生产(研制)单位
防汛抢险通信设备	防汛指挥调度系统	城市(区)范围内或流域范围内的防汛抗旱系统工程的远程控制调度、视频监视、异地会商视频会议及指挥调度、水雨情信息查询、远程计算机城域网、市防汛抗旱指挥调度中心与省级防汛指挥调度中心通信骨干网的连接	
	险工控导工程出险无线报警系统	采用磁传感、水传感、脉冲发射及微电脑显示技术结合而成的报警装置。它由探测盒、多功能传感无线发射器,中转无线接收发射器和无线多功能接收机等组成。探测盒可探测监控 200 m 左右,多功能传感无线发射器可传感发射 400 m 左右,中转无线发射可达 4 km 左右,可直接对工程的堤坡或堤根及根石下蛰移动和滑坡的险情进行监测,无误动作,抗干扰性强,并且多路出险可以轮流循环显示出险方位的坝号及声光报警	黄河水利委员会中牟县黄河河务局
险情抢护	吸水速凝挡水子堤	由土工织物做外袋、土工膜做内袋和装在内袋里的高效保水材料制作,袋体吸(充)水后体积胀大,随即水体凝结成具有一定抗压强度能自立的凝胶体,从而沿堤顶形成一道连续矮墙,即挡水子堤。用途:防止漫溢、防浪、护坡。适用:江、河、湖、水库各种挡水、防漫溢抢险工程以及城市防洪	深圳市驷治科技开发有限公司和水利部科技推广中心
	软体袋围井	一种用柔软、高强、不透水材料制成的环形袋子,用刚性材料作为其支撑,通过向袋内充水形成一种围井。它是利用袋子内部与井内管涌出水产生的水压差,使软体袋底部与地面紧紧贴合,阻止管涌水的渗出,从而达到养水、抢护险情的目的。比传统的土袋围井有许多优势,是一种值得进一步研究和完善的抢险新技术	
	装配式围井	由围井单元体构成。单元体设有围板加筋、连接件、固定件等,围板之间的接缝处固定有防渗水材料,围板上设置控制井内水位的排水系统,围井高度可根据需要调整。在抢护管涌中,应用装配式围井蓄水,抬高管涌破坏孔口处水位,减少上下游水位差,抑制堤防管涌破坏的恶化	
	抢护管涌滤垫	主要作用是“透水保砂”。上层为保护层,保护土工织物,防止其变形而影响过滤特性;下层为减压层,控制水势,削减流速水头;中层为滤层,用土工织物作过滤材料,它可根据土质的不同而选用不同的土工织物,三层材料固定成一整体。抢护管涌破坏,只需将这种滤垫直接铺设到清理好的地面上即可。铺设、更换和连接方便迅速,可重复使用,储运方便	

续表 8-2

新技术新材料	设备/材料名称	功能(用途)简介	生产(研制)单位
险情抢护	土工枕抢险技术	利用新型材料编织而成的厢式土工枕,主要解决柳石枕抢险中石料、柳料缺乏,枕体单价高等问题	
防汛抢险机具	多功能防汛抢险车	该车配制有 8 kW 同步发电机,1.5 t 卷扬机、割草机、电焊、气焊电锯等设备,可卷扬、吊装、焊接、切割、锯木、割草及照明等,并可提供充足电源,尤其适应江河抢险和日常维护,亦可广泛用于公路、铁路施工、野外作业,建筑及其他无电源场所等。具有一车多用,操作简单,适应性强的特点	
	拧双扣铅丝网片编制机	该设备具有编网速度快、日平均生产 480 m^2,是人工的 4 倍,结构合理、操作使用维修方便,编织力大(可编 8 号铅丝)等特点,大大减轻了劳动强度	
	YP－A 型液压自动抛石机	主要由移动装置、滑槽、料斗、行走装置、配套动力五部分组成。采用液压传动技术,实现了抛石槽伸展定位、收放及抛石等操作液压传动。整机质量 1.2 t,水平抛投距离达 14 m	
	新型柳石枕捆扎机	以简单易操作的棘轮机构实现柳石枕捆扎。具有捆扎牢固,结构简单、体积小、轻便灵活、便于携带移动、捆扎及抛掷省力、效率高的特点。实现了铺枕、捆枕和抛枕的一体化,适用于河流防汛抢险工程	
	防洪抢险土料装运机	采用机械传动原理,分自助上土、装袋、爬坡运动运输三部分。组合装袋机由蟹爪耙装、刮板运输、自动称重等七部分组成。蟹爪耙装机构采用两只机械蟹爪交替运动,连续地将集于铲板上的物料耙入刮板运输机中,刮板运输机构将物料输送到集料仓,物料在集料仓被螺旋分料机械破碎并强制下送到编织袋,从而实现了集料、输送、称重、装袋全过程的自动化	
	组合装袋机	可自动地将堆积于地面上的物料装入编织袋中,具有自动化、机械化程度高,省时、省力等优点。可用于堤防、河道工程抢险,每小时装 1 200 袋。一台组合装袋机每台班装袋量相当于 125 人 1 d 的工作量	
	防汛抢险用钢桩及快速旋桩设备	快速旋桩机是一种机动灵活、工效高、适应于各种土质的快速植桩机具。钢桩向下旋转运动时加大了土体密度,增加了土壤与旋桩之间的摩擦力,使旋转在土壤中更加坚固	

续表 8-2

新技术新材料	设备/材料名称	功能(用途)简介	生产(研制)单位
防汛抢险机具	便携式打桩机	专门用于抗洪抢险、堤防加固、维护江河湖塘堤岸的打桩机械,由主机和动力装置组成。主机是击打设备,两人即可操作,主机与动力装置分离,采用软轴连接传动。对长度 2.5 m 以内、桩径 8 ~ 12 cm 的木桩,3 min 内可打入木桩 1 ~ 2 m	
防汛抢险机具	YBZ 拔桩机	由液压顶起机构,链轮、链条机构,夹具、底盘结构组成。工作时,液压顶起机构举起链轮、链条机构,链条一端固定于底盘上,另一端通过卡具与木桩相接;随着顶起机构的上升,即可将木桩拔出。与传统拔桩方法相比,工效提高 15 倍	

思考题

8-1 防汛抢险工作的新思路及指导思想的内涵是什么?

8-2 暴雨洪水信息预报系统有哪些功能?

8-3 什么是遥感?它分为哪几种?

8-4 堤防裂缝、漏洞及水下工程基础探测有什么新技术?

8-5 抢护管涌破坏有哪些新技术?

8-6 挡水子堤有哪些新技术?

8-7 堤防隐患加固有哪些新技术?

8-8 速凝膨胀水泥有何技术优点?

8-9 防汛抢险有哪些新机具?

8-10 钢木土石组合坝封堵决口方案有何优缺点?

第九章　防汛与险情抢护实训

学习目标

通过到现场或到仿真模拟现场实训，感受现场的真实气氛和环境，增加对防汛与抢险工作内容的了解，增强防范意识，加深对防汛抢险基本概念的理解；通过实际操作训练，提升对抢险环节的认知能力，掌握险情抢护的基本技能。

第一节　防汛工作认识实训

实训项目Ⅰ：防汛指挥机构组成、岗位职责、工作内容及信息指挥系统的认识实训

一、实训目的

了解防汛指挥机构组成、岗位职责、工作内容及信息指挥系统。

二、实训场地

当地（省、市、县、乡）防汛抗旱总指挥部。

三、实训内容

（一）了解当地防汛指挥机构的组成情况。

（二）了解当地防汛机构相关各部门的岗位职责。

（三）了解各地方政府防汛指挥中心的工作内容。

(1)组织检查防汛准备工作情况。

(2)防汛的物资储备、管理和资金的计划使用情况。

(3)组织防汛抢险队伍，调配抢险劳力和技术力量情况。

(4)每年洪涝灾害情况。

(5)滞洪区安全建设和应急撤离转移准备工作情况。

(6)防汛通信和预警系统的建设管理情况。

(7)开展防汛宣传教育和培训，推广先进的防汛抢险技术情况。

（四）了解当地防汛总指挥部的信息指挥系统

(1)数据信息采集系统（汛期气象形势、雨情、水情、工情等）。

(2)防汛通信系统。

(3)计算机网络系统。

(4)防汛决策支持系统。

(5)相关设备及工作情况等。

（五）了解当地防汛抢险应急预案及编制依据。

（六）了解当地防汛指挥机构贯彻执行防汛工作方针、政策、法规、法令情况。

（七）了解制定和实施各种防御洪水方案情况。

（1）洪水调度原则、洪水调度方案。

（2）重要江河的防御特大洪水方案。

（3）蓄滞洪区运用的预案。

（4）水库汛期调度计划。

（5）提出实时洪水调度方案和防洪抢险对策。

四、实训方法及要求

方法：（1）请当地防汛指挥机构的技术人员作报告，结合当地实际情况及上述实训内容，讲述水利防汛的基本情况。

（2）参观防汛指挥部及信息指挥系统。

（3）学生听报告记笔记。

要求：每个学生写一篇实训报告。

考核：实训指导教师根据学生实训表现、笔记内容及实训报告评定成绩。

实训项目Ⅱ：水库防汛调度、水库防汛工作检查的认识实训

一、实训目的

了解水库的防汛工作内容、防汛调度实施情况、防汛工作检查。

二、实训场地

当地大中型水库防汛调度中心。

三、实训内容

（一）了解水库的水库雨情、水情预报设备及通信预警设备。

（二）了解水库的应急预案的内容。

（三）了解水库防洪调度的方案实施情况。

（1）洪水调度原则、实时洪水调度方案。

（2）防洪抢险对策。

（四）了解水库防汛工作检查。

（1）防汛工作管理制度。

（2）责任制的落实情况。

（3）工程设施检查的内容、方法及范围。

四、实训方法及要求

方法：（1）请水库技术人员作报告，结合水库实际情况及上述实训内容，讲述水库雨情、水情、工情等信息采集，防汛、抢险预案及水库防洪调度方案实施的基本情况。

（2）参观水库防汛调度中心、信息采集及通信预警系统。

（3）学生听报告记笔记。

要求：每个学生写一篇实训报告。

考核：实训指导教师根据学生实训表现、笔记内容及实训报告评定成绩。

实训项目Ⅲ:防汛抢险物资的认识实训

一、实训目的

了解各种防汛抢险材料、设备、数量、存放位置、用途等。

二、实训场地

防汛抢险物资仓库、防汛物料堆放场。

三、实训内容

参观防汛抢险物资仓库、防汛物料堆放场。

(一)了解选用防汛抢险物料的重要原则(就地取材、适应复杂的气候、水流条件及河床的变形、具有较好的防腐和抗冲性能、有一定的韧性)。

(二)了解防汛抢险的各种设备(机具)、数量及用途。

(1)冲锋舟;

(2)打桩机;

(3)柴油发电机;

(4)小型汽油发电机。

(三)了解水库、河堤防汛抢险常用的物料种类。

土、石、砂、柳、木、麻、竹料、编织袋及土工合成材料等。

(四)了解各种物料的数量及基本用途。

四、实训方法及要求

方法:(1)请防汛抢险物资仓库的管理人员、技术人员作报告,结合水库、河堤防汛抢险要求及上述实训内容,讲述水库、河堤防汛抢险物资的存放位置、数量要求、基本用途等。

(2)参观防汛抢险物资仓库、防汛物料堆放场。

(3)学生听报告记笔记、拍照片。

要求:每个学生写一篇实训报告。

考核:实训指导教师根据学生实训表现、笔记内容及实训报告评定成绩。

第二节　土质堤坝险情抢护实训

几点说明:

(1)险情案例均为虚拟,实训方案仅供参考,指导教师可根据学员人数、场地条件和准备工作情况进行调整。

(2)将“安全第一”思想贯穿于实训全过程。

(3)参训学生应发扬不怕苦、不怕累、不怕脏精神。

(4)应讲究施工质量,严格按实训方案操作。

(5)各小组应团结协作,组员分工明确。

(6)在实训中,指导教师应讲清险情判断和抢护方法,并注意控制实训时间。

实训项目Ⅰ:坝顶纵向裂缝抢护

一、实训目的

了解坝顶纵向裂缝险情的基本特征,学会判断险情方法,掌握坝顶纵向裂缝险情的抢护技术。

二、险情描述

某水库为均质坝,坝长 200 m。在汛期巡视检查过程中,7 月 6 日在坝顶中间段附近发现一裂缝:缝长 2.5 m、缝宽 1 cm,平行于坝轴线、垂直于水流方向,近似于一条直线。经密切监视,7 月 11 日裂缝缝长 6 m、缝宽 1.5 cm,中间宽两端尖灭,已趋于稳定。经缝中灌注石灰水,确定缝深 2 m。

三、险情判断

(1)裂缝两端未呈弧形下挂,也未见错缝,确定为纵向裂缝。

(2)水库持续高水位,坝体浸润线抬高,土体浸水饱和,大坝中间段为压应变区,确定为沉陷裂缝。

四、实训方案

因水库水位较高,不宜采用黏土灌浆方案,确定采用开挖回填抢护方案。沿缝挖槽,槽的两端各超过缝长 1 m,槽深超过缝深 0.4 m。由于裂缝较深,拟采用两级阶梯形,每级深 1.2 m,台阶宽度 0.5 m,槽底宽 0.5 m,如图 9-1(b)所示。

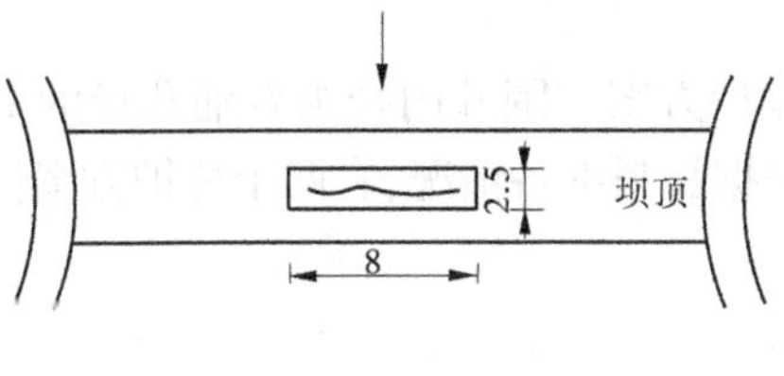

(a)平面图

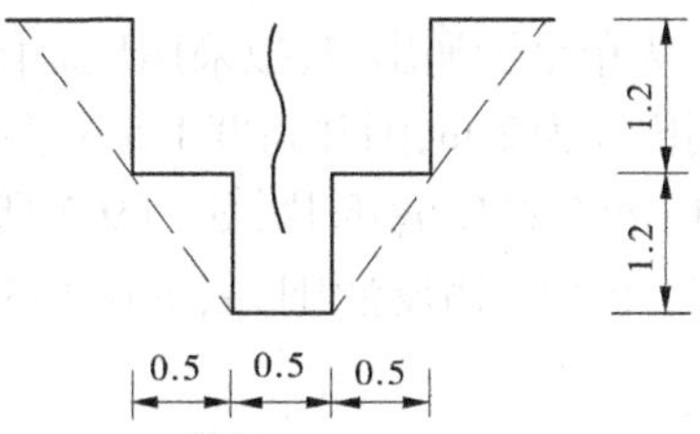

(b)横断面图

图 9-1 开挖回填抢护裂缝实训方案示意图 (单位:m)

五、准备工作

(1)场地:10 m×5 m 空场地一块,用石灰画出槽的平面图,模拟为堤坝坝顶抢险现场,如图 9-1(a)所示。

(2)粉质土或黏性土土料:45~50 m^3,渗透系数 5×10^{-3} cm/s,土料不得掺有草根、树叶、砖石等,土块直径不得大于 5~8 cm。

(3)工具:锄头、铁铲若干;翻斗车或土箕若干;木夯两个;皮尺一把。

(4)人员合理分组:挖土组、运土组、挖槽与削坡组、夯土组。

六、方案实施

(1)沿缝挖槽与土料准备同步进行,挖槽完成后应验槽。

(2)在回填前应削坡,即削去台阶和将陡坡削缓,如图 9-1(b)中虚线所示,并将边坡凿毛,如土料过于干燥应将表面洒水湿润。

(3)分层夯实回填。每层虚土 15 ~ 20 cm,依次用木夯夯实(夯压 5 ~ 10 遍),不留死角,回填至坝顶或略高于坝顶。如有条件可做土工试验,干容重不低于原坝体设计容重 16 kN/m^3,渗透系数小于原坝体渗透系数 5×10^{-3} cm/s。

七、清理场地

八、指导教师讲评

九、学生写实训报告

实训项目Ⅱ:堤防管涌抢护

一、实训目的

了解堤防管涌险情的基本特征,学会判断险情方法,掌握堤防管涌险情的抢护技术。

二、险情描述

某堤防 8 月 15 日在汛期巡视检查过程中,在桩号 5 + 315 堤段距堤脚 10 m 处发现一处冒水泉眼,翻砂鼓水,涌水高出地面 5 cm,并挟带堤基的大量粉砂逸出,涌水带砂呈黄褐色,涌水出口孔径 0.2 m,四周砂环直径 1 m。

三、险情判断

经现场观察确定为管涌险情。险情产生原因分析:堤基 5 m 以下为强透水砂层,其上部虽有黏性土覆盖,但临堤水位较高,形成较大上下游水位差,在渗流出逸点的渗透坡降大于允许渗透坡降,导致堤基发生渗透变形。

四、实训方案

因险情为单个管涌出口,拟采用反滤围井抢护方案。围井内径为管涌孔径的 10 倍左右,经研究采用内径为 2 m,围井高度 1.5 m 左右,根据材料准备情况,有两个抢护方案供选择。

方案 1:砂石料反滤围井,如图 9-2 所示。

方案 2:土工织物反滤围井,如图 9-3 所示。

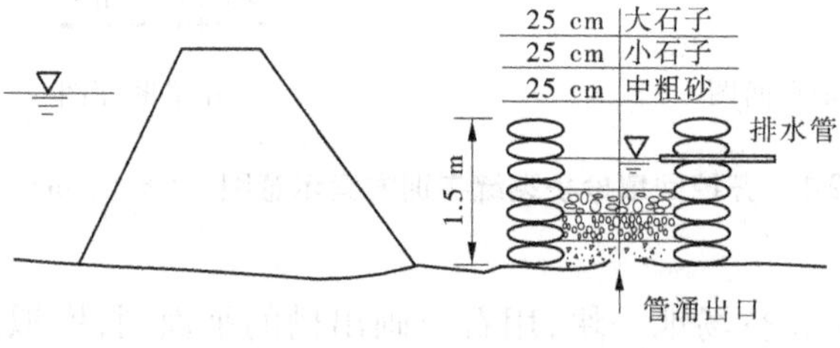

图 9-2　砂石料反滤围井示意图

五、准备工作

(1)场地:5 m×5 m 空地一块,形心位置为管涌出口,用石灰画出围井内圈(直径 2 m)和外圈(直径 2.8 m),模拟为管涌抢险现场,如图 9-4 所示。

(2)编织袋 100 个。

(3)黏性土 5 m^3 左右。

(4)取土工具(铁铲、锄头、土箕)若干,皮尺 1 把。

(5)缝土袋的针和线若干。

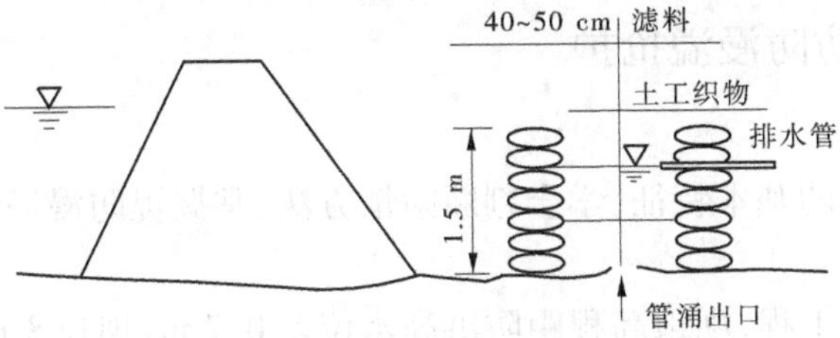

图 9-3 土工织物反滤围井示意图

(6)滤料。

方案 1:①中粗砂($d=0.35\sim2$ mm)1 m^3。②小石子($d=5\sim20$ mm)1 m^3。③大石子($d=40\sim100$ mm)1 m^3。

方案 2:①土工织物 3 m×3 m(宽度不够可以搭接)。②滤料($d=0.5\sim50$ mm)2.5 m^3。

(7)人员合理分组:挖土组、运土组、垒砌围井组、铺填滤料组。

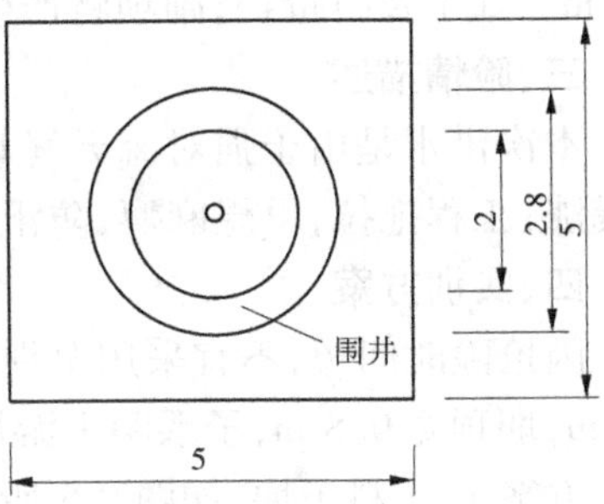

图 9-4 实训场地平面示意图 (单位:m)

六、方案实施

实施方案 1:

(1)垒砌土袋围井。土袋装黏性土 70% ~80% 后用线将袋口缝严,不要用绳扎口,袋口朝向背水,排砌紧密,袋缝上下层错开,缝隙可在垒砌时用黏土填垫密实。以管涌出口为圆心,围井内圈直径 2 m、外圈直径约 2.8 m、井高 1.5 m,筑成土袋围井。

(2)铺垫滤料。土袋围井筑成后,井内铺垫中粗砂厚 25 cm,再铺小石子 25 cm,最后铺 25 cm 厚大石子。

(3)铺排水管。在最高二层土袋间插一铁管或竹管,用于排水。

实施方案 2:

(1)铺设土工织物。选用 3 m×3 m 土工织物一块,宽度不够可搭接,搭接宽度 >30 cm。目前生产的土工织物有效孔眼一般为 0.03 ~0.6 mm。在清理、平整场地后,在土袋围井范围满铺土工织物。

(2)垒砌土袋围井。要求与方案 1 相同。

(3)铺垫滤料。土袋围井筑成后,井内铺垫滤料 40 ~50 cm,不需要分层。

(4)插排水管。要求与方案 1 相同。

七、灌水试验

反滤围井筑成后,如有条件可在围井内灌水,检验土袋围井强度和防渗性能,多余水量从排水管排出。

八、清理场地

九、指导教师讲评

十、学生写实训报告

实训项目Ⅲ:堤防防漫溢抢护

一、实训目的

了解堤防漫溢险情的基本特征,学会判断险情方法,掌握堤防漫溢险情的抢护技术。

二、险情描述

某水库副坝为未完工程,坝顶高程距防洪高水位差0.7 m,坝长8 m,顶宽5 m。根据5月17日8时洪水预报:当日12时库水位将达到设计洪水位,即超过现有副坝坝顶高程0.7 m。如不及时抢护,副坝将产生漫溢,危及下游群众生命财产安全。

三、险情描述

本次洪水是由于强对流天气暴雨产生的,降雨强度大,产流汇流时间短,引起水库水位暴涨;工程拖拉,思想麻痹,防汛准备工作不到位,是发生险情的主要原因。

四、实训方案

因抢险时间短,不宜采用全坝段加高,拟采用抢筑子堰抢护方案。经研究,确定堰高1.3 m,堰顶宽0.8 m,子堰距上游堤肩1 m。根据材料准备情况,有两个抢护方案供选择。

方案1:土料子堰,如图9-5所示。

方案2:土袋子堰,如图9-6所示。

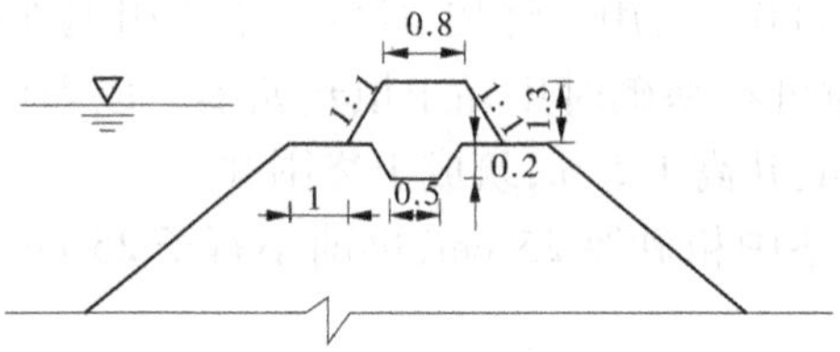

图9-5　土料子堰示意图　(单位:m)

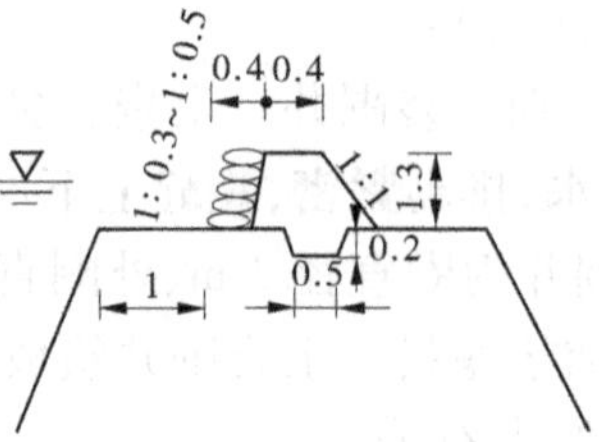

图9-6　土袋子堰示意图　(单位:m)

五、准备工作

(1)场地:5 m×8 m空地一块,用石灰画出子堰所在位置,模拟防漫溢抢护现场,如图9-7所示。

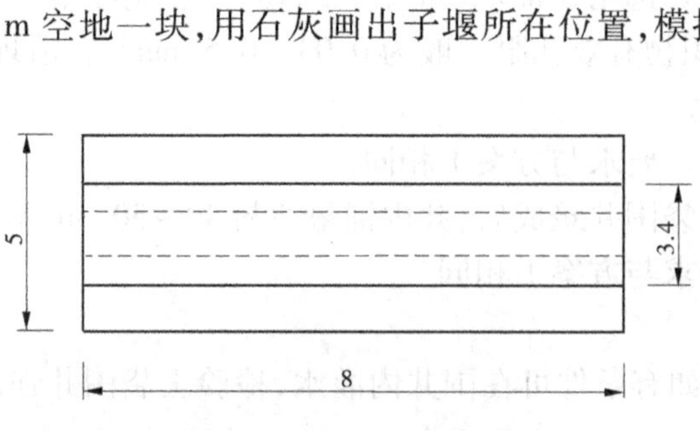

图9-7　实训场地平面示意图　(单位:m)

(2)取土工具(锄头、铁铲、土箕)若干,皮尺1把,木夯2个。

(3)筑堰材料。

方案1:黏性土30 m^3。

方案2:①编织袋160个。②黏性土25 m^3。③缝土袋的针和线若干。

(4)人员合理分组:取土组、运土组、筑堰组。

六、方案实施

实施方案1:

(1)结合槽。在距上游坝肩2.4~2.9 m处沿坝线挖结合槽,槽宽0.5 m、深0.2 m,并填土夯实至副坝顶。

(2)筑子堰。子堰距上游堤肩1 m,堰顶宽0.8 m,底宽3.4 m,两侧边坡均为1∶1,按设计断面分层填土夯实至堰成型,每层虚土20 cm,夯压5~10遍。

实施方案2:

(1)结合槽。在距上游坝肩1.5~2.0 m处沿坝线挖结合槽,槽宽0.5 m、深0.2 m,并填土夯实至坝顶。

(2)筑子堰。距上游坝肩1 m处筑一土袋挡水墙。土袋装黏性土70%~80%,袋口用线缝实,不要用绳扎口。垒砌时,袋口朝向背水,垒砌紧密,上下层错缝,上层土袋稍向后退一些,土袋挡水墙边坡为1∶0.3~1∶0.5。土袋挡水墙后修筑土戗,土戗与土袋挡水墙同步升高,分层铺土夯实。土戗顶宽0.4 m、背水坡1∶1。土袋内侧缝隙在垒砌时用土袋填塞密实,外露缝隙用稻草填塞。土袋挡水墙主要作用是防冲,土袋内可装填砂土。

七、清理场地

八、指导教师讲评

九、学生写实训报告

实训项目Ⅳ:背水坡渗水抢护(设置反滤层方案)

一、实训目的

了解堤防背水坡渗水险情的基本特征,学会判断险情方法,掌握堤防反滤层的抢护技术。

二、险情描述

某堤防工程长2 km,堤基高程0.00 m,堤顶高程6.00 m,河道正常水位4.00 m,由于上游遭遇大洪水,临堤水位达5.50 m。在8月16日堤防巡查过程中发现:在桩号1+500堤段附近,背水坡土体潮湿发软,脚踩明显下陷,并有细小水流流出。最高处距堤基3 m,长度4 m。

三、险情判断

由于临堤水位上涨,堤身浸润线抬高,背水坡渗流出逸区范围扩大,确定为渗水险情。由于渗流出逸区土体浸水饱和,抗剪强度降低,如不及时抢护,有可能发生滑坡,甚至决堤失事。

四、实训方案

渗水抢护的原则是“临水截渗,背水导渗”。因河道水面坡降较大,流速较快,附近也缺乏足够的黏性土料,不宜采用临水截渗方案。经研究,确定采用背水坡反滤层导渗抢护方案,其作用是反滤导渗,保土排水,保护渗流出逸区。反滤层顶端超过浸润线出逸点0.5 m,即筑至高程3.50 m;反滤层两侧各超过渗流出逸区0.5 m,即反滤层沿堤线长度5

m;反滤层下端由坡脚向外水平延伸 1 m。根据材料准备情况,有两个抢护方案供选择。

方案 1:砂石料反滤层,如图 9-8 所示。

方案 2:土工织物反滤层,如图 9-9 所示。

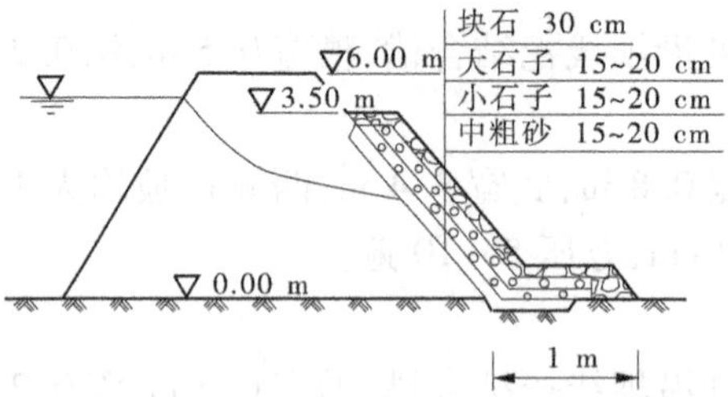

图 9-8 砂石料反滤层示意图

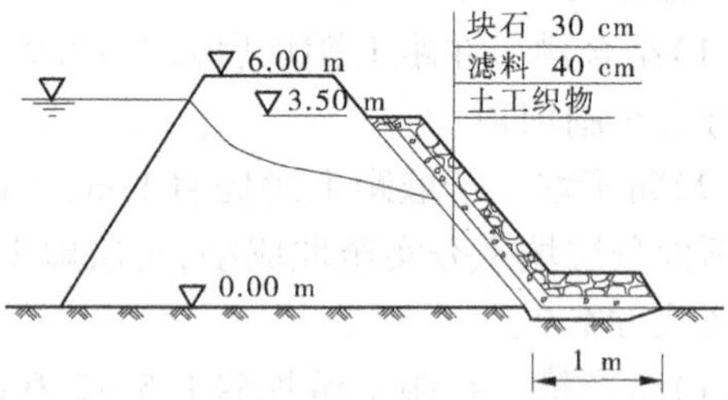

图 9-9 土工织物反滤层示意图

五、准备工作

(1)场地一块,选用山坡、土质路基、堤坡、坝坡、土堆等,高度 >4 m,长度 >7 m,边坡 1∶1 ~1∶3.5(方案实施以 1∶2为例),用石灰画出反滤层位置,如图 9-10 所示。

(2)工具:铁铲、土箕若干,皮尺 1 把,薄板、三夹板若干(宽度 >30 cm)。

(3)滤料。

方案 1:①中粗砂(d=0.35 ~2 mm)7 m^3。②小石子(d = 5 ~ 20 mm)7 m^3。③大石子(d=40 ~100 mm)7 m^3。④块石(厚度 >200 mm)14 m^3。

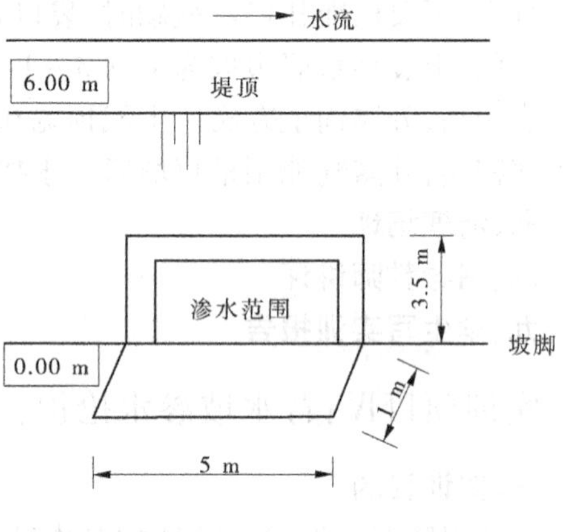

图 9-10 实训场地平面示意图

方案 2:①合适土工织物 5 m ×9 m 一块,宽度不够可搭接。②滤料(d =0.5 ~50 mm) 20 m^3。③草袋或席片约 45 m^2。④块石(厚度 >200 mm)14 m^3。

(4)人员合理分组:铺垫组、运料组(人员按砂石料粒径分工)、场地清理组。

六、方案实施

实施方案 1:

(1)场地清理。先将表层草皮、杂物、软泥等清除,并将铺筑反滤层范围内表土挖深 20 cm。

(2)铺填滤料。按下细上粗反滤要求分层铺垫滤料,即底层为 15 cm 厚中粗砂,其上铺 15 cm 厚小石子,再铺 15 cm 厚大石子,其上面铺一层草袋或席片(防止反滤料淤塞),最后用块石压盖保护。反滤层边坡一般与原堤坡相同。

实施方案 2:

(1)场地清理。参见方案 1,地表注意清除尖石,以防顶破土工织物。

(2)铺填滤料。待场地清理后,在铺筑反滤层范围满铺合适土工织物,宽度不够可搭接,搭接宽度 >20 cm。其上铺垫滤料 40 cm,不需分层,上面再铺一层草袋或席片,最后用块石压盖保护。

七、清理场地

八、指导教师讲评

九、学生写实训报告

实训项目Ⅴ:背水坡渗水抢护(设置反滤导渗沟方案)

一、实训目的

了解堤防背水坡渗水险情的基本特征,学会判断险情方法,掌握堤防反滤导渗沟的抢护技术。

二、险情描述

某堤防工程长2 km,堤基高程0.00 m,堤顶高程6.00 m,河道正常水位4.00 m。由于上游遭遇大洪水,临堤水位达5.50 m。在8月16日堤防巡查过程中发现:在桩号1+500堤段附近,背水坡土体潮湿发软,脚踩明显下陷,并有细小水流流出。最高处距堤基3 m,长度6 m。

三、险情判断

由于临堤水位上涨,堤身浸润线抬高,背水坡渗流出逸区范围扩大,确定为渗水险情。由于渗流出逸区土体浸水饱和,抗剪强度降低,如不及时抢护,有可能发生滑坡,甚至决堤失事。

四、实训方案

渗水抢护的原则是"临水截渗,背水导渗"。因河道水面坡降较大,流速较快,附近也缺乏足够的黏性土料,不宜采用临水截渗方案。经研究,确定采用背水坡反滤导渗沟抢护方案,其作用是反滤导渗,保土排水,降低浸润线,保护渗流出逸区。导渗沟顶端超过浸润线出逸点0.5 m,即筑至高程3.50 m;导渗沟采用两个"Y"形,两竖沟净距6 m,竖沟高2 m;导渗沟顶宽1 m、沟深0.8 m、底宽0.6 m;渗水由纵向排水沟排出。根据材料准备情况,有两个抢护方案供选择。

方案1:砂石料导渗沟,如图9-11所示。

方案2:土工织物导渗沟,如图9-12所示。

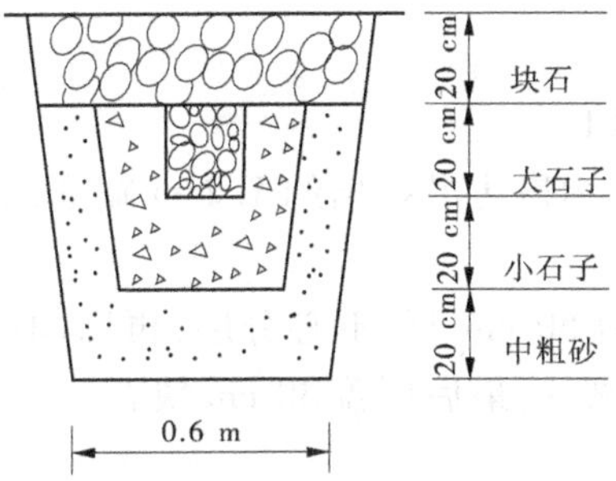

图9-11　砂石料导渗沟横断面示意图

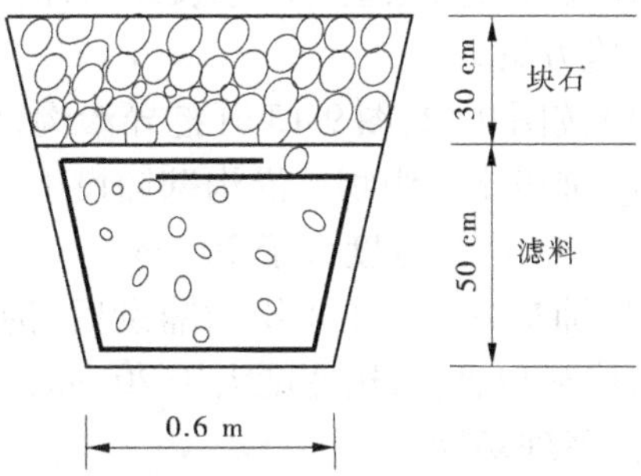

图9-12　土工织物导渗沟横断面示意图

五、准备工作

(1)场地一块,选用山坡、土质路基、堤坡、坝坡、土堆等,高度 >4 m,长度 >10 m,边坡 1:1 ~1:3.5(方案实施以 1:1为例),用石灰画出导渗沟位置图,如图 9-13 所示。

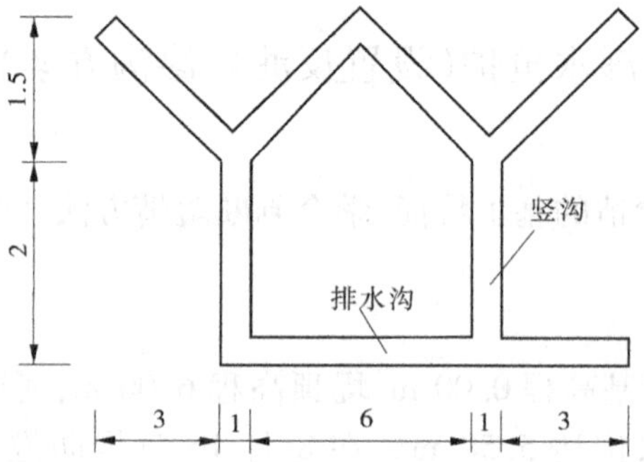

图 9-13 反滤导渗沟示意图 (单位:m)

(2)工具:铁铲、土箕若干,皮尺 1 把,宽度 >20 cm 的长条薄板、三夹板若干(分隔滤料用)。

(3)滤料。

方案 1:①中粗砂(d =0.35 ~2 mm)8 m^3。②小石子(d =5 ~20 mm)48 m^3。③大石子(d =40 ~100 mm)38 m^3。④块石(厚度 >200 mm)108 m^3。

方案 2:①土工织物 3.4 m ×30 m。②滤料(d =0.5 ~50 mm)258 m^3。③块石(厚度 >200 mm)108 m^3。

(4)草袋或席片 308 m^3。

(5)人员合理分组:运料组(人员按滤料粒径分工)、开挖组、铺垫组。

六、方案实施

实施方案 1:

(1)按图 9-12、图 9-13 开挖导渗沟,开挖前先用石灰画出沟线,开挖后应验槽。

(2)按四周细中间粗反滤要求铺垫滤料。铺垫滤料时应填充密实,底层先铺 20 cm 厚中粗砂,再借助薄板分隔滤料,使各种粒径砂石料按设计同步填充。为防止导渗沟堵塞,可在铺块石前先垫一层草袋或席片。

实施方案 2:

(1)按图 9-12、图 9-13 开挖导渗沟,要求同方案 1。

(2)铺设土工织物。沿沟壁铺设土工织物,并在沟口边沿露出约 1.2 m 宽度,如宽度不够可搭接,搭接宽度大于 20 cm。

(3)铺垫滤料。土工织物铺设后,沟内填充滤料 50 cm 厚,不必分层,再用沟口土工织物将滤料包裹,搭接宽度大于 20 cm,上铺草袋或席片,最后压盖 30 cm 块石。

七、清理场地

八、指导教师讲评

九、学生写实训报告

附录　有关重要法规

中华人民共和国水法

《中华人民共和国水法》已由中华人民共和国第九届全国人民代表大会常务委员会第二十九次会议于 2002 年 8 月 29 日修订通过，现将修订后的《中华人民共和国水法》公布，自 2002 年 10 月 1 日起施行。

中华人民共和国主席　　江泽民

二〇〇二年八月二十九日

第一章　总　则

第一条　为了合理开发、利用、节约和保护水资源，防治水害，实现水资源的可持续利用，适应国民经济和社会发展的需要，制定本法。

第二条　在中华人民共和国领域内开发、利用、节约、保护、管理水资源，防治水害，适用本法。

本法所称水资源，包括地表水和地下水。

第三条　水资源属于国家所有。水资源的所有权由国务院代表国家行使。农村集体经济组织的水塘和由农村集体经济组织修建管理的水库中的水，归各该农村集体经济组织使用。

第四条　开发、利用、节约、保护水资源和防治水害，应当全面规划、统筹兼顾、标本兼治、综合利用、讲求效益，发挥水资源的多种功能，协调好生活、生产经营和生态环境用水。

第五条　县级以上人民政府应当加强水利基础设施建设，并将其纳入本级国民经济和社会发展计划。

第六条　国家鼓励单位和个人依法开发、利用水资源，并保护其合法权益。开发、利用水资源的单位和个人有依法保护水资源的义务。

第七条　国家对水资源依法实行取水许可制度和有偿使用制度。但是，农村集体经济组织及其成员使用本集体经济组织的水塘、水库中的水的除外。国务院水行政主管部门负责全国取水许可制度和水资源有偿使用制度的组织实施。

第八条　国家厉行节约用水，大力推行节约用水措施，推广节约用水新技术、新工艺，发展节水型工业、农业和服务业，建立节水型社会。

各级人民政府应当采取措施，加强对节约用水的管理，建立节约用水技术开发推广体系，培育和发展节约用水产业。

单位和个人有节约用水的义务。

第九条　国家保护水资源，采取有效措施，保护植被，植树种草，涵养水源，防治水土流失和水体污染，改善生态环境。

第十条　国家鼓励和支持开发、利用、节约、保护、管理水资源和防治水害的先进科学技术的研究、推广和应用。

第十一条　在开发、利用、节约、保护、管理水资源和防治水害等方面成绩显著的单位和个人，由人民政府给予奖励。

第十二条　国家对水资源实行流域管理与行政区域管理相结合的管理体制。

国务院水行政主管部门负责全国水资源的统一管理和监督工作。

国务院水行政主管部门在国家确定的重要江河、湖泊设立的流域管理机构(以下简称流域管理机构),在所管辖的范围内行使法律、行政法规规定的和国务院水行政主管部门授予的水资源管理和监督职责。

县级以上地方人民政府水行政主管部门按照规定的权限,负责本行政区域内水资源的统一管理和监督工作。

第十三条　国务院有关部门按照职责分工,负责水资源开发、利用、节约和保护的有关工作。

县级以上地方人民政府有关部门按照职责分工,负责本行政区域内水资源开发、利用、节约和保护的有关工作。

第二章　水资源规划

第十四条　国家制定全国水资源战略规划。

开发、利用、节约、保护水资源和防治水害,应当按照流域、区域统一制定规划。规划分为流域规划和区域规划。流域规划包括流域综合规划和流域专业规划;区域规划包括区域综合规划和区域专业规划。

前款所称综合规划,是指根据经济社会发展需要和水资源开发利用现状编制的开发、利用、节约、保护水资源和防治水害的总体部署。前款所称专业规划,是指防洪、治涝、灌溉、航运、供水、水力发电、竹木流放、渔业、水资源保护、水土保持、防沙治沙、节约用水等规划。

第十五条　流域范围内的区域规划应当服从流域规划,专业规划应当服从综合规划。

流域综合规划和区域综合规划以及与土地利用关系密切的专业规划,应当与国民经济和社会发展规划以及土地利用总体规划、城市总体规划和环境保护规划相协调,兼顾各地区、各行业的需要。

第十六条　制定规划,必须进行水资源综合科学考察和调查评价。水资源综合科学考察和调查评价,由县级以上人民政府水行政主管部门会同同级有关部门组织进行。

县级以上人民政府应当加强水文、水资源信息系统建设。县级以上人民政府水行政主管部门和流域管理机构应当加强对水资源的动态监测。

基本水文资料应当按照国家有关规定予以公开。

第十七条　国家确定的重要江河、湖泊的流域综合规划,由国务院水行政主管部门会同国务院有关部门和有关省、自治区、直辖市人民政府编制,报国务院批准。跨省、自治区、直辖市的其他江河、湖泊的流域综合规划和区域综合规划,由有关流域管理机构会同江河、湖泊所在地的省、自治区、直辖市人民政府水行政主管部门和有关部门编制,分别经有关省、自治区、直辖市人民政府审查提出意见后,报国务院水行政主管部门审核;国务院水行政主管部门征求国务院有关部门意见后,报国务院或者其授权的部门批准。

前款规定以外的其他江河、湖泊的流域综合规划和区域综合规划,由县级以上地方人民政府水行政主管部门会同同级有关部门和有关地方人民政府编制,报本级人民政府或者其授权的部门批准,并报上一级水行政主管部门备案。

专业规划由县级以上人民政府有关部门编制,征求同级其他有关部门意见后,报本级人民政府批准。其中,防洪规划、水土保持规划的编制、批准,依照防洪法、水土保持法的有关规定执行。

第十八条　规划一经批准,必须严格执行。

经批准的规划需要修改时,必须按照规划编制程序经原批准机关批准。

第十九条 建设水工程，必须符合流域综合规划。在国家确定的重要江河、湖泊和跨省、自治区、直辖市的江河、湖泊上建设水工程，其工程可行性研究报告报请批准前，有关流域管理机构应当对水工程的建设是否符合流域综合规划进行审查并签署意见；在其他江河、湖泊上建设水工程，其工程可行性研究报告报请批准前，县级以上地方人民政府水行政主管部门应当按照管理权限对水工程的建设是否符合流域综合规划进行审查并签署意见。水工程建设涉及防洪的，依照防洪法的有关规定执行；涉及其他地区和行业的，建设单位应当事先征求有关地区和部门的意见。

第三章　水资源开发利用

第二十条 开发、利用水资源，应当坚持兴利与除害相结合，兼顾上下游、左右岸和有关地区之间的利益，充分发挥水资源的综合效益，并服从防洪的总体安排。

第二十一条 开发、利用水资源，应当首先满足城乡居民生活用水，并兼顾农业、工业、生态环境用水以及航运等需要。

在干旱和半干旱地区开发、利用水资源，应当充分考虑生态环境用水需要。

第二十二条 跨流域调水，应当进行全面规划和科学论证，统筹兼顾调出和调入流域的用水需要，防止对生态环境造成破坏。

第二十三条 地方各级人民政府应当结合本地区水资源的实际情况，按照地表水与地下水统一调度开发、开源与节流相结合、节流优先和污水处理再利用的原则，合理组织开发、综合利用水资源。

国民经济和社会发展规划以及城市总体规划的编制、重大建设项目的布局，应当与当地水资源条件和防洪要求相适应，并进行科学论证；在水资源不足的地区，应当对城市规模和建设耗水量大的工业、农业和服务业项目加以限制。

第二十四条 在水资源短缺的地区，国家鼓励对雨水和微咸水的收集、开发、利用和对海水的利用、淡化。

第二十五条 地方各级人民政府应当加强对灌溉、排涝、水土保持工作的领导，促进农业生产发展；在容易发生盐碱化和渍害的地区，应当采取措施，控制和降低地下水的水位。

农村集体经济组织或者其成员依法在本集体经济组织所有的集体土地或者承包土地上投资兴建水工程设施的，按照谁投资建设谁管理和谁受益的原则，对水工程设施及其蓄水进行管理和合理使用。

农村集体经济组织修建水库应当经县级以上地方人民政府水行政主管部门批准。

第二十六条 国家鼓励开发、利用水能资源。在水能丰富的河流，应当有计划地进行多目标梯级开发。

建设水力发电站，应当保护生态环境，兼顾防洪、供水、灌溉、航运、竹木流放和渔业等方面的需要。

第二十七条 国家鼓励开发、利用水运资源。在水生生物洄游通道、通航或者竹木流放的河流上修建永久性拦河闸坝，建设单位应当同时修建过鱼、过船、过木设施，或者经国务院授权的部门批准采取其他补救措施，并妥善安排施工和蓄水期间的水生生物保护、航运和竹木流放，所需费用由建设单位承担。

在不通航的河流或者人工水道上修建闸坝后可以通航的，闸坝建设单位应当同时修建过船设施或者预留过船设施位置。

第二十八条 任何单位和个人引水、截（蓄）水、排水，不得损害公共利益和他人的合法权益。

第二十九条 国家对水工程建设移民实行开发性移民的方针，按照前期补偿、补助与后期扶持相结合的原则，妥善安排移民的生产和生活，保护移民的合法权益。

移民安置应当与工程建设同步进行。建设单位应当根据安置地区的环境容量和可持续发展的原则，因地制宜，编制移民安置规划，经依法批准后，由有关地方人民政府组织实施。所需移民经费列入工程建设投资计划。

第四章　水资源、水域和水工程的保护

第三十条　县级以上人民政府水行政主管部门、流域管理机构以及其他有关部门在制定水资源开发、利用规划和调度水资源时，应当注意维持江河的合理流量和湖泊、水库以及地下水的合理水位，维护水体的自然净化能力。

第三十一条　从事水资源开发、利用、节约、保护和防治水害等水事活动，应当遵守经批准的规划；因违反规划造成江河和湖泊水域使用功能降低、地下水超采、地面沉降、水体污染的，应当承担治理责任。

开采矿藏或者建设地下工程，因疏干排水导致地下水水位下降、水源枯竭或者地面塌陷，采矿单位或者建设单位应当采取补救措施；对他人生活和生产造成损失的，依法给予补偿。

第三十二条　国务院水行政主管部门会同国务院环境保护行政主管部门、有关部门和有关省、自治区、直辖市人民政府，按照流域综合规划、水资源保护规划和经济社会发展要求，拟定国家确定的重要江河、湖泊的水功能区划，报国务院批准。跨省、自治区、直辖市的其他江河、湖泊的水功能区划，由有关流域管理机构会同江河、湖泊所在地的省、自治区、直辖市人民政府水行政主管部门、环境保护行政主管部门和其他有关部门拟定，分别经有关省、自治区、直辖市人民政府审查提出意见后，由国务院水行政主管部门会同国务院环境保护行政主管部门审核，报国务院或者其授权的部门批准。

前款规定以外的其他江河、湖泊的水功能区划，由县级以上地方人民政府水行政主管部门会同同级人民政府环境保护行政主管部门和有关部门拟定，报同级人民政府或者其授权的部门批准，并报上一级水行政主管部门和环境保护行政主管部门备案。

县级以上人民政府水行政主管部门或者流域管理机构应当按照水功能区对水质的要求和水体的自然净化能力，核定该水域的纳污能力，向环境保护行政主管部门提出该水域的限制排污总量意见。

县级以上地方人民政府水行政主管部门和流域管理机构应当对水功能区的水质状况进行监测，发现重点污染物排放总量超过控制指标的，或者水功能区的水质未达到水域使用功能对水质的要求的，应当及时报告有关人民政府采取治理措施，并向环境保护行政主管部门通报。

第三十三条　国家建立饮用水水源保护区制度。省、自治区、直辖市人民政府应当划定饮用水水源保护区，并采取措施，防止水源枯竭和水体污染，保证城乡居民饮用水安全。

第三十四条　禁止在饮用水水源保护区内设置排污口。

在江河、湖泊新建、改建或者扩大排污口，应当经过有管辖权的水行政主管部门或者流域管理机构同意，由环境保护行政主管部门负责对该建设项目的环境影响报告书进行审批。

第三十五条　从事工程建设，占用农业灌溉水源、灌排工程设施，或者对原有灌溉用水、供水水源有不利影响的，建设单位应当采取相应的补救措施；造成损失的，依法给予补偿。

第三十六条　在地下水超采地区，县级以上地方人民政府应当采取措施，严格控制开采地下水。在地下水严重超采地区，经省、自治区、直辖市人民政府批准，可以划定地下水禁止开采或者限制开采区。在沿海地区开采地下水，应当经过科学论证，并采取措施，防止地面沉降和海水入侵。

第三十七条　禁止在江河、湖泊、水库、运河、渠道内弃置、堆放阻碍行洪的物体和种植阻碍行洪的林木及高秆作物。

禁止在河道管理范围内建设妨碍行洪的建筑物、构筑物以及从事影响河势稳定、危害河岸堤防安全和其他妨碍河道行洪的活动。

第三十八条　在河道管理范围内建设桥梁、码头和其他拦河、跨河、临河建筑物、构筑物，铺设跨河管道、电缆，应当符合国家规定的防洪标准和其他有关的技术要求，工程建设方案应当依照防洪法的有关规定报经有关水行政主管部门审查同意。

因建设前款工程设施,需要扩建、改建、拆除或者损坏原有水工程设施的,建设单位应当负担扩建、改建的费用和损失补偿。但是,原有工程设施属于违法工程的除外。

第三十九条 国家实行河道采砂许可制度。河道采砂许可制度实施办法,由国务院规定。

在河道管理范围内采砂,影响河势稳定或者危及堤防安全的,有关县级以上人民政府水行政主管部门应当划定禁采区和规定禁采期,并予以公告。

第四十条 禁止围湖造地。已经围垦的,应当按照国家规定的防洪标准有计划地退地还湖。

禁止围垦河道。确需围垦的,应当经过科学论证,经省、自治区、直辖市人民政府水行政主管部门或者国务院水行政主管部门同意后,报本级人民政府批准。

第四十一条 单位和个人有保护水工程的义务,不得侵占、毁坏堤防、护岸、防汛、水文监测、水文地质监测等工程设施。

第四十二条 县级以上地方人民政府应当采取措施,保障本行政区域内水工程,特别是水坝和堤防的安全,限期消除险情。水行政主管部门应当加强对水工程安全的监督管理。

第四十三条 国家对水工程实施保护。国家所有的水工程应当按照国务院的规定划定工程管理和保护范围。

国务院水行政主管部门或者流域管理机构管理的水工程,由主管部门或者流域管理机构商有关省、自治区、直辖市人民政府划定工程管理和保护范围。

前款规定以外的其他水工程,应当按照省、自治区、直辖市人民政府的规定,划定工程保护范围和保护职责。

在水工程保护范围内,禁止从事影响水工程运行和危害水工程安全的爆破、打井、采石、取土等活动。

第五章　水资源配置和节约使用

第四十四条 国务院发展计划主管部门和国务院水行政主管部门负责全国水资源的宏观调配。全国的和跨省、自治区、直辖市的水中长期供求规划,由国务院水行政主管部门会同有关部门制订,经国务院发展计划主管部门审查批准后执行。地方的水中长期供求规划,由县级以上地方人民政府水行政主管部门会同同级有关部门依据上一级水中长期供求规划和本地区的实际情况制订,经本级人民政府发展计划主管部门审查批准后执行。

水中长期供求规划应当依据水的供求现状、国民经济和社会发展规划、流域规划、区域规划,按照水资源供需协调、综合平衡、保护生态、厉行节约、合理开源的原则制定。

第四十五条 调蓄径流和分配水量,应当依据流域规划和水中长期供求规划,以流域为单元制定水量分配方案。

跨省、自治区、直辖市的水量分配方案和旱情紧急情况下的水量调度预案,由流域管理机构商有关省、自治区、直辖市人民政府制订,报国务院或者其授权的部门批准后执行。其他跨行政区域的水量分配方案和旱情紧急情况下的水量调度预案,由共同的上一级人民政府水行政主管部门商有关地方人民政府制订,报本级人民政府批准后执行。

水量分配方案和旱情紧急情况下的水量调度预案经批准后,有关地方人民政府必须执行。

在不同行政区域之间的边界河流上建设水资源开发、利用项目,应当符合该流域经批准的水量分配方案,由有关县级以上地方人民政府报共同的上一级人民政府水行政主管部门或者有关流域管理机构批准。

第四十六条 县级以上地方人民政府水行政主管部门或者流域管理机构应当根据批准的水量分配方案和年度预测来水量,制定年度水量分配方案和调度计划,实施水量统一调度;有关地方人民政府必须服从。

国家确定的重要江河、湖泊的年度水量分配方案,应当纳入国家的国民经济和社会发展年度计划。

第四十七条 国家对用水实行总量控制和定额管理相结合的制度。

省、自治区、直辖市人民政府有关行业主管部门应当制订本行政区域内行业用水定额,报同级水行政主管部门和质量监督检验行政主管部门审核同意后,由省、自治区、直辖市人民政府公布,并报国务院水行政主管部门和国务院质量监督检验行政主管部门备案。

县级以上地方人民政府发展计划主管部门会同同级水行政主管部门,根据用水定额、经济技术条件以及水量分配方案确定的可供本行政区域使用的水量,制定年度用水计划,对本行政区域内的年度用水实行总量控制。

第四十八条 直接从江河、湖泊或者地下取用水资源的单位和个人,应当按照国家取水许可制度和水资源有偿使用制度的规定,向水行政主管部门或者流域管理机构申请领取取水许可证,并缴纳水资源费,取得取水权。但是,家庭生活和零星散养、圈养畜禽饮用等少量取水的除外。

实施取水许可制度和征收管理水资源费的具体办法,由国务院规定。

第四十九条 用水应当计量,并按照批准的用水计划用水。

用水实行计量收费和超定额累进加价制度。

第五十条 各级人民政府应当推行节水灌溉方式和节水技术,对农业蓄水、输水工程采取必要的防渗漏措施,提高农业用水效率。

第五十一条 工业用水应当采用先进技术、工艺和设备,增加循环用水次数,提高水的重复利用率。

国家逐步淘汰落后的、耗水量高的工艺、设备和产品,具体名录由国务院经济综合主管部门会同国务院水行政主管部门和有关部门制定并公布。生产者、销售者或者生产经营中的使用者应当在规定的时间内停止生产、销售或者使用列入名录的工艺、设备和产品。

第五十二条 城市人民政府应当因地制宜采取有效措施,推广节水型生活用水器具,降低城市供水管网漏失率,提高生活用水效率;加强城市污水集中处理,鼓励使用再生水,提高污水再生利用率。

第五十三条 新建、扩建、改建建设项目,应当制订节水措施方案,配套建设节水设施。节水设施应当与主体工程同时设计、同时施工、同时投产。

供水企业和自建供水设施的单位应当加强供水设施的维护管理,减少水的漏失。

第五十四条 各级人民政府应当积极采取措施,改善城乡居民的饮用水条件。

第五十五条 使用水工程供应的水,应当按照国家规定向供水单位缴纳水费。供水价格应当按照补偿成本、合理收益、优质优价、公平负担的原则确定。具体办法由省级以上人民政府价格主管部门会同同级水行政主管部门或者其他供水行政主管部门依据职权制定。

第六章 水事纠纷处理与执法监督检查

第五十六条 不同行政区域之间发生水事纠纷的,应当协商处理;协商不成的,由上一级人民政府裁决,有关各方必须遵照执行。在水事纠纷解决前,未经各方达成协议或者共同的上一级人民政府批准,在行政区域交界线两侧一定范围内,任何一方不得修建排水、阻水、取水和截(蓄)水工程,不得单方面改变水的现状。

第五十七条 单位之间、个人之间、单位与个人之间发生的水事纠纷,应当协商解决;当事人不愿协商或者协商不成的,可以申请县级以上地方人民政府或者其授权的部门调解,也可以直接向人民法院提起民事诉讼。县级以上地方人民政府或者其授权的部门调解不成的,当事人可以向人民法院提起民事诉讼。

在水事纠纷解决前,当事人不得单方面改变现状。

第五十八条 县级以上人民政府或者其授权的部门在处理水事纠纷时,有权采取临时处置措施,有关各方或者当事人必须服从。

第五十九条 县级以上人民政府水行政主管部门和流域管理机构应当对违反本法的行为加强监督检查并依法进行查处。

水政监督检查人员应当忠于职守,秉公执法。

第六十条 县级以上人民政府水行政主管部门、流域管理机构及其水政监督检查人员履行本法规定的监督检查职责时,有权采取下列措施:

(一)要求被检查单位提供有关文件、证照、资料;

(二)要求被检查单位就执行本法的有关问题作出说明;

(三)进入被检查单位的生产场所进行调查;

(四)责令被检查单位停止违反本法的行为,履行法定义务。

第六十一条 有关单位或者个人对水政监督检查人员的监督检查工作应当给予配合,不得拒绝或者阻碍水政监督检查人员依法执行职务。

第六十二条 水政监督检查人员在履行监督检查职责时,应当向被检查单位或者个人出示执法证件。

第六十三条 县级以上人民政府或者上级水行政主管部门发现本级或者下级水行政主管部门在监督检查工作中有违法或者失职行为的,应当责令其限期改正。

中华人民共和国防洪法

（1997年8月29日第八届全国人民代表大会常务委员会第二十七次会议通过 1997年8月29日中华人民共和国主席令第88号公布 自1998年1月1日起施行）

第一章 总 则

第一条 为了防治洪水，防御、减轻洪涝灾害，维护人民的生命和财产安全，保障社会主义现代化建设顺利进行，制定本法。

第二条 防洪工作实行全面规划、统筹兼顾、预防为主、综合治理、局部利益服从全局利益的原则。

第三条 防洪工程设施建设，应当纳入国民经济和社会发展计划。

防洪费用按照政府投入同受益者合理承担相结合的原则筹集。

第四条 开发利用和保护水资源，应当服从防洪总体安排，实行兴利与除害相结合的原则。

江河、湖泊治理以及防洪工程设施建设，应当符合流域综合规划，与流域水资源的综合开发相结合。

本法所称综合规划是指开发利用水资源和防治水害的综合规划。

第五条 防洪工作按照流域或者区域实行统一规划、分级实施和流域管理与行政区域管理相结合的制度。

第六条 任何单位和个人都有保护防洪工程设施和依法参加防汛抗洪的义务。

第七条 各级人民政府应当加强对防洪工作的统一领导，组织有关部门、单位，动员社会力量，依靠科技进步，有计划地进行江河、湖泊治理，采取措施加强防洪工程设施建设，巩固、提高防洪能力。

各级人民政府应当组织有关部门、单位，动员社会力量，做好防汛抗洪和洪涝灾害后的恢复与救济工作。

各级人民政府应当对蓄滞洪区予以扶持；蓄滞洪后，应当依照国家规定予以补偿或者救助。

第八条 国务院水行政主管部门在国务院的领导下，负责全国防洪的组织、协调、监督、指导等日常工作。国务院水行政主管部门在国家确定的重要江河、湖泊设立的流域管理机构，在所管辖的范围内行使法律、行政法规规定和国务院水行政主管部门授权的防洪协调和监督管理职责。

国务院建设行政主管部门和其他有关部门在国务院的领导下，按照各自的职责，负责有关的防洪工作。

县级以上地方人民政府水行政主管部门在本级人民政府的领导下，负责本行政区域内防洪的组织、协调、监督、指导等日常工作。县级以上地方人民政府建设行政主管部门和其他有关部门在本级人民政府的领导下，按照各自的职责，负责有关的防洪工作。

第二章 防洪规划

第九条 防洪规划是指为防治某一流域、河段或者区域的洪涝灾害而制定的总体部署，包括国家确定的重要江河、湖泊的流域防洪规划，其他江河、河段、湖泊的防洪规划以及区域防洪规划。

防洪规划应当服从所在流域、区域的综合规划；区域防洪规划应当服从所在流域的流域防洪规划。

防洪规划是江河、湖泊治理和防洪工程设施建设的基本依据。

第十条 国家确定的重要江河、湖泊的防洪规划，由国务院水行政主管部门依据该江河、湖泊的流域综合规划，会同有关部门和有关省、自治区、直辖市人民政府编制，报国务院批准。

其他江河、河段、湖泊的防洪规划或者区域防洪规划，由县级以上地方人民政府水行政主管部门分别依据流域综合规划、区域综合规划，会同有关部门和有关地区编制，报本级人民政府批准，并报上一级人民政府水行政主管部门备案；跨省、自治区、直辖市的江河、河段、湖泊的防洪规划由有关流域管理机构会同江河、河段、湖泊所在地的省、自治区、直辖市人民政府水行政主管部门、有关主管部门拟定，分别经有关省、自治区、直辖市人民政府审查提出意见后，报国务院水行政主管部门批准。

城市防洪规划，由城市人民政府组织水行政主管部门、建设行政主管部门和其他有关部门依据流域防洪规划、上一级人民政府区域防洪规划编制，按照国务院规定的审批程序批准后纳入城市总体规划。

修改防洪规划，应当报经原批准机关批准。

第十一条 编制防洪规划，应当遵循确保重点、兼顾一般，以及防汛和抗旱相结合、工程措施和非工程措施相结合的原则，充分考虑洪涝规律和上下游、左右岸的关系以及国民经济对防洪的要求，并与国土规划和土地利用总体规划相协调。

防洪规划应当确定防护对象、治理目标和任务、防洪措施和实施方案，划定洪泛区、蓄滞洪区和防洪保护区的范围，规定蓄滞洪区的使用原则。

第十二条 受风暴潮威胁的沿海地区的县级以上地方人民政府，应当把防御风暴潮纳入本地区的防洪规划，加强海堤（海塘）、挡潮闸和沿海防护林等防御风暴潮工程体系建设，监督建筑物、构筑物的设计和施工符合防御风暴潮的需要。

第十三条 山洪可能诱发山体滑坡、崩塌和泥石流的地区以及其他山洪多发地区的县级以上地方人民政府，应当组织负责地质矿产管理工作的部门、水行政主管部门和其他有关部门对山体滑坡、崩塌和泥石流隐患进行全面调查，划定重点防治区，采取防治措施。

城市、村镇和其他居民点以及工厂、矿山、铁路和公路干线的布局，应当避开山洪威胁；已经建在受山洪威胁的地方的，应当采取防御措施。

第十四条 平原、洼地、水网圩区、山谷、盆地等易涝地区的有关地方人民政府，应当制定除涝治涝规划，组织有关部门、单位采取相应的治理措施，完善排水系统，发展耐涝农作物种类和品种，开展洪涝、干旱、盐碱综合治理。

城市人民政府应当加强对城区排涝管网、泵站的建设和管理。

第十五条 国务院水行政主管部门应当会同有关部门和省、自治区、直辖市人民政府制定长江、黄河、珠江、辽河、淮河、海河入海河口的整治规划。

在前款入海河口围海造地，应当符合河口整治规划。

第十六条 防洪规划确定的河道整治计划用地和规划建设的堤防用地范围内的土地，经土地管理部门和水行政主管部门会同有关地区核定，报经县级以上人民政府按照国务院规定的权限批准后，可以划定为规划保留区；该规划保留区范围内的土地涉及其他项目用地的，有关土地管理部门和水行政主管部门核定时，应当征求有关部门的意见。

规划保留区依照前款规定划定后，应当公告。

前款规划保留区内不得建设与防洪无关的工矿工程设施；在特殊情况下，国家工矿建设项目确需占用前款规划保留区内的土地的，应当按照国家规定的基本建设程序报请批准，并征求有关水行政主管部门的意见。

防洪规划确定的扩大或者开辟的人工排洪道用地范围内的土地，经省级以上人民政府土地管理部门和水行政主管部门会同有关部门、有关地区核定，报省级以上人民政府按照国务院规定的权限批准后，可以划定为规划保留区，适用前款规定。

第十七条 在江河、湖泊上建设防洪工程和其他水工程、水电站等，应当符合防洪规划的要求；水库应当按照防洪规划的要求留足防洪库容。

前款规定的防洪工程和其他水工程、水电站的可行性研究报告按照国家规定的基本建设程序报请批准时，应当附具有关水行政主管部门签署的符合防洪规划要求的规划同意书。

第三章　治理与防护

第十八条　防治江河洪水，应当蓄泄兼施，充分发挥河道行洪能力和水库、洼淀、湖泊调蓄洪水的功能，加强河道防护，因地制宜地采取定期清淤疏浚等措施，保持行洪畅通。

防治江河洪水，应当保护、扩大流域林草植被，涵养水源，加强流域水土保持综合治理。

第十九条　整治河道和修建控制引导河水流向、保护堤岸等工程，应当兼顾上下游、左右岸的关系，按照规划治导线实施，不得任意改变河水流向。

国家确定的重要江河的规划治导线由流域管理机构拟定，报国务院水行政主管部门批准。

其他江河、河段的规划治导线由县级以上地方人民政府水行政主管部门拟定，报本级人民政府批准；跨省、自治区、直辖市的江河、河段和省、自治区、直辖市之间的省界河道的规划治导线由有关流域管理机构组织江河、河段所在地的省、自治区、直辖市人民政府水行政主管部门拟定，经有关省、自治区、直辖市人民政府审查提出意见后，报国务院水行政主管部门批准。

第二十条　整治河道、湖泊，涉及航道的，应当兼顾航运需要，并事先征求交通主管部门的意见。整治航道，应当符合江河、湖泊防洪安全要求，并事先征求水行政主管部门的意见。

在竹木流放的河流和渔业水域整治河道的，应当兼顾竹木水运和渔业发展的需要，并事先征求林业、渔业行政主管部门的意见。在河道中流放竹木，不得影响行洪和防洪工程设施的安全。

第二十一条　河道、湖泊管理实行按水系统一管理和分级管理相结合的原则，加强防护，确保畅通。

国家确定的重要江河、湖泊的主要河段，跨省、自治区、直辖市的重要河段、湖泊，省、自治区、直辖市之间的省界河道、湖泊以及国(边)界河道、湖泊，由流域管理机构和江河、湖泊所在地的省、自治区、直辖市人民政府水行政主管部门按照国务院水行政主管部门的划定依法实施管理。其他河道、湖泊，由县级以上地方人民政府水行政主管部门按照国务院水行政主管部门或者国务院水行政主管部门授权的机构的划定依法实施管理。

有堤防的河道、湖泊，其管理范围为两岸堤防之间的水域、沙洲、滩地、行洪区和堤防及护堤地；无堤防的河道、湖泊，其管理范围为历史最高洪水位或者设计洪水位之间的水域、沙洲、滩地和行洪区。

流域管理机构直接管理的河道、湖泊管理范围，由流域管理机构会同有关县级以上地方人民政府依照前款规定界定；其他河道、湖泊管理范围，由有关县级以上地方人民政府依照前款规定界定。

第二十二条　河道、湖泊管理范围内的土地和岸线的利用，应当符合行洪、输水的要求。

禁止在河道、湖泊管理范围内建设妨碍行洪的建筑物、构筑物，倾倒垃圾、渣土，从事影响河势稳定、危害河岸堤防安全和其他妨碍河道行洪的活动。

禁止在行洪河道内种植阻碍行洪的林木和高秆作物。

在船舶航行可能危及堤岸安全的河段，应当限定航速。限定航速的标志，由交通主管部门与水行政主管部门商定后设置。

第二十三条　禁止围湖造地。已经围垦的，应当按照国家规定的防洪标准进行治理，有计划地退地还湖。

禁止围垦河道。确需围垦的，应当进行科学论证，经水行政主管部门确认不妨碍行洪、输水后，报省级以上人民政府批准。

第二十四条　对居住在行洪河道内的居民，当地人民政府应当有计划地组织外迁。

第二十五条　护堤护岸的林木，由河道、湖泊管理机构组织营造和管理。护堤护岸林木，不得任意砍伐。采伐护堤护岸林木的，须经河道、湖泊管理机构同意后，依法办理采伐许可手续，并完成规定的更新补种任务。

第二十六条　对壅水、阻水严重的桥梁、引道、码头和其他跨河工程设施，根据防洪标准，有关水行政主管部门可以报请县级以上人民政府按照国务院规定的权限责令建设单位限期改建或者拆除。

第二十七条 建设跨河、穿河、穿堤、临河的桥梁、码头、道路、渡口、管道、缆线、取水、排水等工程设施,应当符合防洪标准、岸线规划、航运要求和其他技术要求,不得危害堤防安全,影响河势稳定、妨碍行洪畅通;其可行性研究报告按照国家规定的基本建设程序报请批准前,其中的工程建设方案应当经有关水行政主管部门根据前述防洪要求审查同意。

前款工程设施需要占用河道、湖泊管理范围内土地,跨越河道、湖泊空间或者穿越河床的,建设单位应当经有关水行政主管部门对该工程设施建设的位置和界限审查批准后,方可依法办理开工手续;安排施工时,应当按照水行政主管部门审查批准的位置和界限进行。

第二十八条 对于河道、湖泊管理范围内依照本法规定建设的工程设施,水行政主管部门有权依法检查;水行政主管部门检查时,被检查者应当如实提供有关的情况和资料。

前款规定的工程设施竣工验收时,应当有水行政主管部门参加。

第四章 防洪区和防洪工程设施的管理

第二十九条 防洪区是指洪水泛滥可能淹及的地区,分为洪泛区、蓄滞洪区和防洪保护区。

洪泛区是指尚无工程设施保护的洪水泛滥所及的地区。

蓄滞洪区是指包括分洪口在内的河堤背水面以外临时贮存洪水的低洼地区及湖泊等。

防洪保护区是指在防洪标准内受防洪工程设施保护的地区。

洪泛区、蓄滞洪区和防洪保护区的范围,在防洪规划或者防御洪水方案中划定,并报请省级以上人民政府按照国务院规定的权限批准后予以公告。

第三十条 各级人民政府应当按照防洪规划对防洪区内的土地利用实行分区管理。

第三十一条 地方各级人民政府应当加强对防洪区安全建设工作的领导,组织有关部门、单位对防洪区内的单位和居民进行防洪教育,普及防洪知识,提高水患意识;按照防洪规划和防御洪水方案建立并完善防洪体系和水文、气象、通信、预警以及洪涝灾害监测系统,提高防御洪水能力;组织防洪区内的单位和居民积极参加防洪工作,因地制宜地采取防洪避洪措施。

第三十二条 洪泛区、蓄滞洪区所在地的省、自治区、直辖市人民政府应当组织有关地区和部门,按照防洪规划的要求,制定洪泛区、蓄滞洪区安全建设计划,控制蓄滞洪区人口增长,对居住在经常使用的蓄滞洪区的居民,有计划地组织外迁,并采取其他必要的安全保护措施。

因蓄滞洪区而直接受益的地区和单位,应当对蓄滞洪区承担国家规定的补偿、救助义务。国务院和有关的省、自治区、直辖市人民政府应当建立对蓄滞洪区的扶持和补偿、救助制度。

国务院和有关的省、自治区、直辖市人民政府可以制定洪泛区、蓄滞洪区安全建设管理办法以及对蓄滞洪区的扶持和补偿、救助办法。

第三十三条 在洪泛区、蓄滞洪区内建设非防洪建设项目,应当就洪水对建设项目可能产生的影响和建设项目对防洪可能产生的影响作出评价,编制洪水影响评价报告,提出防御措施。建设项目可行性研究报告按照国家规定的基本建设程序报请批准时,应当附具有关水行政主管部门审查批准的洪水影响评价报告。

在蓄滞洪区内建设的油田、铁路、公路、矿山、电厂、电信设施和管道,其洪水影响评价报告应当包括建设单位自行安排的防洪避洪方案。建设项目投入生产或者使用时,其防洪工程设施应当经水行政主管部门验收。

在蓄滞洪区内建造房屋应当采用平顶式结构。

第三十四条 大中城市,重要的铁路、公路干线,大型骨干企业,应当列为防洪重点,确保安全。

受洪水威胁的城市、经济开发区、工矿区和国家重要的农业生产基地等,应当重点保护,建设必要的防洪工程设施。

城市建设不得擅自填堵原有河道沟叉、贮水湖塘洼淀和废除原有防洪围堤；确需填堵或者废除的，应当经水行政主管部门审查同意，并报城市人民政府批准。

第三十五条 属于国家所有的防洪工程设施，应当按照经批准的设计，在竣工验收前由县级以上人民政府按照国家规定，划定管理和保护范围。

属于集体所有的防洪工程设施，应当按照省、自治区、直辖市人民政府的规定，划定保护范围。

在防洪工程设施保护范围内，禁止进行爆破、打井、采石、取土等危害防洪工程设施安全的活动。

第三十六条 各级人民政府应当组织有关部门加强对水库大坝的定期检查和监督管理。对未达到设计洪水标准、抗震设防要求或者有严重质量缺陷的险坝，大坝主管部门应当组织有关单位采取除险加固措施，限期消除危险或者重建，有关人民政府应当优先安排所需资金。对可能出现垮坝的水库，应当事先制定应急抢险和居民临时撤离方案。

各级人民政府和有关主管部门应当加强对尾矿坝的监督管理，采取措施，避免因洪水导致垮坝。

第三十七条 任何单位和个人不得破坏、侵占、毁损水库大坝、堤防、水闸、护岸、抽水站、排水渠系等防洪工程和水文、通信设施以及防汛备用的器材、物料等。

第五章 防汛抗洪

第三十八条 防汛抗洪工作实行各级人民政府行政首长负责制，统一指挥、分级分部门负责。

第三十九条 国务院设立国家防汛指挥机构，负责领导、组织全国的防汛抗洪工作，其办事机构设在国务院水行政主管部门。

在国家确定的重要江河、湖泊可以设立由有关省、自治区、直辖市人民政府和该江河、湖泊的流域管理机构负责人等组成的防汛指挥机构，指挥所管辖范围内的防汛抗洪工作，其办事机构设在流域管理机构。

有防汛抗洪任务的县级以上地方人民政府设立由有关部门、当地驻军、人民武装部负责人等组成的防汛指挥机构，在上级防汛指挥机构和本级人民政府的领导下，指挥本地区的防汛抗洪工作，其办事机构设在同级水行政主管部门；必要时，经城市人民政府决定，防汛指挥机构也可以在建设行政主管部门设城市市区办事机构，在防汛指挥机构的统一领导下，负责城市市区的防汛抗洪日常工作。

第四十条 有防汛抗洪任务的县级以上地方人民政府根据流域综合规划、防洪工程实际状况和国家规定的防洪标准，制定防御洪水方案（包括对特大洪水的处置措施）。

长江、黄河、淮河、海河的防御洪水方案，由国家防汛指挥机构制定，报国务院批准；跨省、自治区、直辖市的其他江河的防御洪水方案，由有关流域管理机构会同有关省、自治区、直辖市人民政府制定，报国务院或者国务院授权的有关部门批准。防御洪水方案经批准后，有关地方人民政府必须执行。

各级防汛指挥机构和承担防汛抗洪任务的部门和单位，必须根据防御洪水方案做好防汛抗洪准备工作。

第四十一条 省、自治区、直辖市人民政府防汛指挥机构根据当地的洪水规律，规定汛期起止日期。

当江河、湖泊的水情接近保证水位或者安全流量，水库水位接近设计洪水位，或者防洪工程设施发生重大险情时，有关县级以上人民政府防汛指挥机构可以宣布进入紧急防汛期。

第四十二条 对河道、湖泊范围内阻碍行洪的障碍物，按照谁设障、谁清除的原则，由防汛指挥机构责令限期清除；逾期不清除的，由防汛指挥机构组织强行清除，所需费用由设障者承担。

在紧急防汛期，国家防汛指挥机构或者其授权的流域、省、自治区、直辖市防汛指挥机构有权对壅水、阻水严重的桥梁、引道、码头和其他跨河工程设施作出紧急处置。

第四十三条 在汛期，气象、水文、海洋等有关部门应当按照各自的职责，及时向有关防汛指挥机构提供天气、水文等实时信息和风暴潮预报；电信部门应当优先提供防汛抗洪通信的服务；运输、电力、物资材料供应等有关部门应当优先为防汛抗洪服务。

中国人民解放军、中国人民武装警察部队和民兵应当执行国家赋予的抗洪抢险任务。

第四十四条 在汛期，水库、闸坝和其他水工程设施的运用，必须服从有关的防汛指挥机构的调度指挥和监督。

在汛期，水库不得擅自在汛期限制水位以上蓄水，其汛期限制水位以上的防洪库容的运用，必须服从防汛指挥机构的调度指挥和监督。

在凌汛期，有防凌汛任务的江河的上游水库的下泄水量必须征得有关的防汛指挥机构的同意，并接受其监督。

第四十五条 在紧急防汛期，防汛指挥机构根据防汛抗洪的需要，有权在其管辖范围内调用物资、设备、交通运输工具和人力，决定采取取土占地、砍伐林木、清除阻水障碍物和其他必要的紧急措施；必要时，公安、交通等有关部门按照防汛指挥机构的决定，依法实施陆地和水面交通管制。

依照前款规定调用的物资、设备、交通运输工具等，在汛期结束后应当及时归还；造成损坏或者无法归还的，按照国务院有关规定给予适当补偿或者作其他处理。取土占地、砍伐林木的，在汛期结束后依法向有关部门补办手续；有关地方人民政府对取土后的土地组织复垦，对砍伐的林木组织补种。

第四十六条 江河、湖泊水位或者流量达到国家规定的分洪标准，需要启用蓄滞洪区时，国务院，国家防汛指挥机构，流域防汛指挥机构，省、自治区、直辖市人民政府，省、自治区、直辖市防汛指挥机构，按照依法经批准的防御洪水方案中规定的启用条件和批准程序，决定启用蓄滞洪区。依法启用蓄滞洪区，任何单位和个人不得阻拦、拖延；遇到阻拦、拖延时，由有关县级以上地方人民政府强制实施。

第四十七条 发生洪涝灾害后，有关人民政府应当组织有关部门、单位做好灾区的生活供给、卫生防疫、救灾物资供应、治安管理、学校复课、恢复生产和重建家园等救灾工作以及所管辖地区的各项水毁工程设施修复工作。水毁防洪工程设施的修复，应当优先列入有关部门的年度建设计划。

国家鼓励、扶持开展洪水保险。

第六章　保障措施

第四十八条 各级人民政府应当采取措施，提高防洪投入的总体水平。

第四十九条 江河、湖泊的治理和防洪工程设施的建设和维护所需投资，按照事权和财权相统一的原则，分级负责，由中央和地方财政承担。城市防洪工程设施的建设和维护所需投资，由城市人民政府承担。

受洪水威胁地区的油田、管道、铁路、公路、矿山、电力、电信等企业、事业单位应当自筹资金，兴建必要的防洪自保工程。

第五十条 中央财政应当安排资金，用于国家确定的重要江河、湖泊的堤坝遭受特大洪涝灾害时的抗洪抢险和水毁防洪工程修复。省、自治区、直辖市人民政府应当在本级财政预算中安排资金，用于本行政区域内遭受特大洪涝灾害地区的抗洪抢险和水毁防洪工程修复。

第五十一条 国家设立水利建设基金，用于防洪工程和水利工程的维护和建设。具体办法由国务院规定。

受洪水威胁的省、自治区、直辖市为加强本行政区域内防洪工程设施建设，提高防御洪水能力，按照国务院的有关规定，可以规定在防洪保护区范围内征收河道工程修建维护管理费。

第五十二条 有防洪任务的地方各级人民政府应当根据国务院的有关规定，安排一定比例的农村义务工和劳动积累工，用于防洪工程设施的建设、维护。

第五十三条 任何单位和个人不得截留、挪用防洪、救灾资金和物资。

各级人民政府审计机关应当加强对防洪、救灾资金使用情况的审计监督。

第七章　法律责任

第五十四条　违反本法第十七条规定，未经水行政主管部门签署规划同意书，擅自在江河、湖泊上建设防洪工程和其他水工程、水电站的，责令停止违法行为，补办规划同意书手续；违反规划同意书的要求，严重影响防洪的，责令限期拆除；违反规划同意书的要求，影响防洪但尚可采取补救措施的，责令限期采取补救措施，可以处一万元以上十万元以下的罚款。

第五十五条　违反本法第十九条规定，未按照规划治导线整治河道和修建控制引导河水流向、保护堤岸等工程，影响防洪的，责令停止违法行为，恢复原状或者采取其他补救措施，可以处一万元以上十万元以下的罚款。

第五十六条　违反本法第二十二条第二款、第三款规定，有下列行为之一的，责令停止违法行为，排除阻碍或者采取其他补救措施，可以处五万元以下的罚款：

（一）在河道、湖泊管理范围内建设妨碍行洪的建筑物、构筑物的；

（二）在河道、湖泊管理范围内倾倒垃圾、渣土，从事影响河势稳定、危害河岸堤防安全和其他妨碍河道行洪的活动的；

（三）在行洪河道内种植阻碍行洪的林木和高秆作物的。

第五十七条　违反本法第十五条第二款、第二十三条规定，围海造地、围湖造地、围垦河道的，责令停止违法行为，恢复原状或者采取其他补救措施，可以处五万元以下的罚款；既不恢复原状也不采取其他补救措施的，代为恢复原状或者采取其他补救措施，所需费用由违法者承担。

第五十八条　违反本法第二十七条规定，未经水行政主管部门对其工程建设方案审查同意或者未按照有关水行政主管部门审查批准的位置、界限，在河道、湖泊管理范围内从事工程设施建设活动的，责令停止违法行为，补办审查同意或者审查批准手续；工程设施建设严重影响防洪的，责令限期拆除，逾期不拆除的，强行拆除，所需费用由建设单位承担；影响行洪但尚可采取补救措施的，责令限期采取补救措施，可以处一万元以上十万元以下的罚款。

第五十九条　违反本法第三十三条第一款规定，在洪泛区、蓄滞洪区内建设非防洪建设项目，未编制洪水影响评价报告的，责令限期改正；逾期不改正的，处五万元以下的罚款。

违反本法第三十三条第二款规定，防洪工程设施未经验收，即将建设项目投入生产或者使用的，责令停止生产或者使用，限期验收防洪工程设施，可以处五万元以下的罚款。

第六十条　违反本法第三十四条规定，因城市建设擅自填堵原有河道沟汊、贮水湖塘洼淀和废除原有防洪围堤的，城市人民政府应当责令停止违法行为，限期恢复原状或者采取其他补救措施。

第六十一条　违反本法规定，破坏、侵占、毁损堤防、水闸、护岸、抽水站、排水渠系等防洪工程和水文、通信设施以及防汛备用的器材、物料的，责令停止违法行为，采取补救措施，可以处五万元以下的罚款；造成损坏的，依法承担民事责任；应当给予治安管理处罚的，依照治安管理处罚条例的规定处罚；构成犯罪的，依法追究刑事责任。

第六十二条　阻碍、威胁防汛指挥机构、水行政主管部门或者流域管理机构的工作人员依法执行职务，构成犯罪的，依法追究刑事责任；尚不构成犯罪，应当给予治安管理处罚的，依照治安管理处罚条例的规定处罚。

第六十三条　截留、挪用防洪、救灾资金和物资，构成犯罪的，依法追究刑事责任；尚不构成犯罪的，给予行政处分。

第六十四条　除本法第六十条的规定外，本章规定的行政处罚和行政措施，由县级以上人民政府水行政主管部门决定，或者由流域管理机构按照国务院水行政主管部门规定的权限决定。但是，本法第六十一条、第六十二条规定的治安管理处罚的决定机关，按照治安管理处罚条例的规定执行。

第六十五条 国家工作人员，有下列行为之一，构成犯罪的，依法追究刑事责任；尚不构成犯罪的，给予行政处分：

（一）违反本法第十七条、第十九条、第二十二条第二款、第二十二条第三款、第二十七条或者第三十四条规定，严重影响防洪的；

（二）滥用职权，玩忽职守，徇私舞弊，致使防汛抗洪工作遭受重大损失的；

（三）拒不执行防御洪水方案、防汛抢险指令或者蓄滞洪方案、措施、汛期调度运用计划等防汛调度方案的；

（四）违反本法规定，导致或者加重毗邻地区或者其他单位洪灾损失的。

第八章　附　则

第六十六条 本法自 1998 年 1 月 1 日起施行。

国务院关于修改《中华人民共和国防汛条例》的决定

中华人民共和国国务院令

第441号

现公布《国务院关于修改〈中华人民共和国防汛条例〉的决定》，自公布之日起施行。

总理　温家宝

二〇〇五年七月十五日

国务院关于修改《中华人民共和国防汛条例》的决定

国务院决定对《中华人民共和国防汛条例》(以下简称《条例》)作如下修改：

一、增加一条作为第十二条，规定："有防汛任务的地方，应当根据经批准的防御洪水方案制定洪水调度方案。长江、黄河、淮河、海河(海河流域的永定河、大清河、漳卫南运河和北三河)、松花江、辽河、珠江和太湖流域的洪水调度方案，由有关流域机构会同有关省、自治区、直辖市人民政府制定，报国家防汛总指挥部批准。跨省、自治区、直辖市的其他江河的洪水调度方案，由有关流域机构会同有关省、自治区、直辖市人民政府制定，报流域防汛指挥机构批准；没有设立流域防汛指挥机构的，报国家防汛总指挥部批准。其他江河的洪水调度方案，由有管辖权的水行政主管部门会同有关地方人民政府制定，报有管辖权的防汛指挥机构批准。

"洪水调度方案经批准后，有关地方人民政府必须执行。修改洪水调度方案，应当报经原批准机关批准。"

二、将《条例》原第十二条作为第十三条，修改为："有防汛抗洪任务的企业应当根据所在流域或者地区经批准的防御洪水方案和洪水调度方案，规定本企业的防汛抗洪措施，在征得其所在地县级人民政府水行政主管部门同意后，由有管辖权的防汛指挥机构监督实施。

三、将《条例》原第十三条作为第十四条，将该条第一款修改为："水库、水电站、拦河闸坝等工程的管理部门，应当根据工程规划设计、经批准的防御洪水方案和洪水调度方案以及工程实际状况，在兴利服从防洪，保证安全的前提下，制定汛期调度运用计划，经上级主管部门审查批准后，报有管辖权的人民政府防汛指挥部备案，并接受其监督。"

四、将《条例》原第四十二条作为第四十三条，将该条第(一)项修改为"拒不执行经批准的防御洪水方案、洪水调度方案，或者拒不执行有管辖权的防汛指挥机构的防汛调度方案或者防汛抢险指令的"。

同时，对条文的顺序作了相应调整。

本决定自公布之日起施行。

《中华人民共和国防汛条例》根据本决定作相应的修改，重新公布。

中华人民共和国防汛条例

（1991年7月2日中华人民共和国国务院令第86号发布 根据2005年7月15日《国务院关于修改〈中华人民共和国防汛条例〉的决定》修订）

第一章 总 则

第一条 为了做好防汛抗洪工作，保障人民生命财产安全和经济建设的顺利进行，根据《中华人民共和国水法》，制定本条例。

第二条 在中华人民共和国境内进行防汛抗洪活动，适用本条例。

第三条 防汛工作实行“安全第一，常备不懈，以防为主，全力抢险”的方针，遵循团结协作和局部利益服从全局利益的原则。

第四条 防汛工作实行各级人民政府行政首长负责制，实行统一指挥，分级分部门负责。各有关部门实行防汛岗位责任制。

第五条 任何单位和个人都有参加防汛抗洪的义务。

中国人民解放军和武装警察部队是防汛抗洪的重要力量。

第二章 防汛组织

第六条 国务院设立国家防汛总指挥部，负责组织领导全国的防汛抗洪工作，其办事机构设在国务院水行政主管部门。

长江和黄河，可以设立由有关省、自治区、直辖市人民政府和该江河的流域管理机构（以下简称流域机构）负责人等组成的防汛指挥机构，负责指挥所辖范围的防汛抗洪工作，其办事机构设在流域机构。长江和黄河的重大防汛抗洪事项须经国家防汛总指挥部批准后执行。

国务院水行政主管部门所属的淮河、海河、珠江、松花江、辽河、太湖等流域机构，设立防汛办事机构，负责协调本流域的防汛日常工作。

第七条 有防汛任务的县级以上地方人民政府设立防汛指挥部，由有关部门、当地驻军、人民武装部负责人组成，由各级人民政府首长担任指挥。各级人民政府防汛指挥部在上级人民政府防汛指挥部和同级人民政府的领导下，执行上级防汛指令，制定各项防汛抗洪措施，统一指挥本地区的防汛抗洪工作。

各级人民政府防汛指挥部办事机构设在同级水行政主管部门；城市市区的防汛指挥部办事机构也可以设在城建主管部门，负责管理所辖范围的防汛日常工作。

第八条 石油、电力、邮电、铁路、公路、航运、工矿以及商业、物资等有防汛任务的部门和单位，汛期应当设立防汛机构，在有管辖权的人民政府防汛指挥部统一领导下，负责做好本行业和本单位的防汛工作。

第九条 河道管理机构、水利水电工程管理单位和江河沿岸在建工程的建设单位，必须加强对所辖水工程设施的管理维护，保证其安全正常运行，组织和参加防汛抗洪工作。

第十条 有防汛任务的地方人民政府应当组织以民兵为骨干的群众性防汛队伍，并责成有关部门将防汛队伍组成人员登记造册，明确各自的任务和责任。

河道管理机构和其他防洪工程管理单位可以结合平时的管理任务，组织本单位的防汛抢险队伍，作为紧急抢险的骨干力量。

第三章　防汛准备

第十一条　有防汛任务的县级以上人民政府，应当根据流域综合规划、防洪工程实际状况和国家规定的防洪标准，制定防御洪水方案（包括对特大洪水的处置措施）。

长江、黄河、淮河、海河的防御洪水方案，由国家防汛总指挥部制定，报国务院批准后施行；跨省、自治区、直辖市的其他江河的防御洪水方案，有关省、自治区、直辖市人民政府制定后，经有管辖权的流域机构审查同意，由省、自治区、直辖市人民政府报国务院或其授权的机构批准后施行。

有防汛抗洪任务的城市人民政府，应当根据流域综合规划和江河的防御洪水方案，制定本城市的防御洪水方案，报上级人民政府或其授权的机构批准后施行。

防御洪水方案经批准后，有关地方人民政府必须执行。

第十二条　有防汛任务的地方，应当根据经批准的防御洪水方案制定洪水调度方案。长江、黄河、淮河、海河（海河流域的永定河、大清河、漳卫南运河和北三河）、松花江、辽河、珠江和太湖流域的洪水调度方案，由有关流域机构会同有关省、自治区、直辖市人民政府制定，报国家防汛总指挥部批准。跨省、自治区、直辖市的其他江河的洪水调度方案，由有关流域机构会同有关省、自治区、直辖市人民政府制定，报流域防汛指挥机构批准；没有设立流域防汛指挥机构的，报国家防汛总指挥部批准。其他江河的洪水调度方案，由有管辖权的水行政主管部门会同有关地方人民政府制定，报有管辖权的防汛指挥机构批准。

洪水调度方案经批准后，有关地方人民政府必须执行。修改洪水调度方案，应当报经原批准机关批准。

第十三条　有防汛抗洪任务的企业应当根据所在流域或者地区经批准的防御洪水方案和洪水调度方案，规定本企业的防汛抗洪措施，在征得其所在地县级人民政府水行政主管部门同意后，由有管辖权的防汛指挥机构监督实施。

第十四条　水库、水电站、拦河闸坝等工程的管理部门，应当根据工程规划设计、经批准的防御洪水方案和洪水调度方案以及工程实际状况，在兴利服从防洪，保证安全的前提下，制定汛期调度运用计划，经上级主管部门审查批准后，报有管辖权的人民政府防汛指挥部备案，并接受其监督。

经国家防汛总指挥部认定的对防汛抗洪关系重大的水电站，其防洪库容的汛期调度运用计划经上级主管部门审查同意后，须经有管辖权的人民政府防汛指挥部批准。

汛期调度运用计划经批准后，由水库、水电站、拦河闸坝等工程的管理部门负责执行。

有防凌任务的江河，其上游水库在凌汛期间的下泄水量，必须征得有管辖权的人民政府防汛指挥部的同意，并接受其监督。

第十五条　各级防汛指挥部应当在汛前对各类防洪设施组织检查，发现影响防洪安全的问题，责成责任单位在规定的期限内处理，不得贻误防汛抗洪工作。

各有关部门和单位按照防汛指挥部的统一部署，对所管辖的防洪工程设施进行汛前检查后，必须将影响防洪安全的问题和处理措施报有管辖权的防汛指挥部和上级主管部门，并按照该防汛指挥部的要求予以处理。

第十六条　关于河道清障和对壅水、阻水严重的桥梁、引道、码头和其他跨河工程设施的改建或者拆除，按照《中华人民共和国河道管理条例》的规定执行。

第十七条　蓄滞洪区所在地的省级人民政府应当按照国务院的有关规定，组织有关部门和市、县，制定所管辖的蓄滞洪区的安全与建设规划，并予实施。

各级地方人民政府必须对所管辖的蓄滞洪区的通信、预报警报、避洪、撤退道路等安全设施，以及紧急撤离和救生的准备工作进行汛前检查，发现影响安全的问题，及时处理。

第十八条 山洪、泥石流易发地区，当地有关部门应当指定预防监测员及时监测。雨季到来之前，当地人民政府防汛指挥部应当组织有关单位进行安全检查，对险情征兆明显的地区，应当及时把群众撤离险区。

风暴潮易发地区，当地有关部门应当加强对水库、海堤、闸坝、高压电线等设施和房屋的安全检查，发现影响安全的问题，及时处理。

第十九条 地区之间在防汛抗洪方面发生的水事纠纷，由发生纠纷地区共同的上一级人民政府或其授权的主管部门处理。

前款所指人民政府或者部门在处理防汛抗洪方面的水事纠纷时，有权采取临时紧急处置措施，有关当事各方必须服从并贯彻执行。

第二十条 有防汛任务的地方人民政府应当建设和完善江河堤防、水库、蓄滞洪区等防洪设施，以及该地区的防汛通信、预报警报系统。

第二十一条 各级防汛指挥部应当储备一定数量的防汛抢险物资，由商业、供销、物资部门代储的，可以支付适当的保管费。受洪水威胁的单位和群众应当储备一定的防汛抢险物料。

防汛抢险所需的主要物资，由计划主管部门在年度计划中予以安排。

第二十二条 各级人民政府防汛指挥部汛前应当向有关单位和当地驻军介绍防御洪水方案，组织交流防汛抢险经验。有关方面汛期应当及时通报水情。

第四章 防汛与抢险

第二十三条 省级人民政府防汛指挥部，可以根据当地的洪水规律，规定汛期起止日期。当江河、湖泊、水库的水情接近保证水位或者安全流量时，或者防洪工程设施发生重大险情，情况紧急时，县级以上地方人民政府可以宣布进入紧急防汛期，并报告上级人民政府防汛指挥部。

第二十四条 防汛期内，各级防汛指挥部必须有负责人主持工作。有关责任人员必须坚守岗位，及时掌握汛情，并按照防御洪水方案和汛期调度运用计划进行调度。

第二十五条 在汛期，水利、电力、气象、海洋、农林等部门的水文站、雨量站，必须及时准确地向各级防汛指挥部提供实时水文信息；气象部门必须及时向各级防汛指挥部提供有关天气预报和实时气象信息；水文部门必须及时向各级防汛指挥部提供有关水文预报；海洋部门必须及时向沿海地区防汛指挥部提供风暴潮预报。

第二十六条 在汛期，河道、水库、闸坝、水运设施等水工程管理单位及其主管部门在执行汛期调度运用计划时，必须服从有管辖权的人民政府防汛指挥部的统一调度指挥或者监督。

在汛期，以发电为主的水库，其汛限水位以上的防洪库容以及洪水调度运用必须服从有管辖权的人民政府防汛指挥部的统一调度指挥。

第二十七条 在汛期，河道、水库、水电站、闸坝等水工程管理单位必须按照规定对水工程进行巡查，发现险情，必须立即采取抢护措施，并及时向防汛指挥部和上级主管部门报告。其他任何单位和个人发现水工程设施出现险情，应当立即向防汛指挥部和水工程管理单位报告。

第二十八条 在汛期，公路、铁路、航运、民航等部门应当及时运送防汛抢险人员和物资；电力部门应当保证防汛用电。

第二十九条 在汛期，电力调度通信设施必须服从防汛工作需要；邮电部门必须保证汛情和防汛指令的及时、准确传递，电视、广播、公路、铁路、航运、民航、公安、林业、石油等部门应当运用本部门的通信工具优先为防汛抗洪服务。

电视、广播、新闻单位应当根据人民政府防汛指挥部提供的汛情，及时向公众发布防汛信息。

第三十条 在紧急防汛期，地方人民政府防汛指挥部必须由人民政府负责人主持工作，组织动员本地区各有关单位和个人投入抗洪抢险。所有单位和个人必须听从指挥，承担人民政府防汛指挥部分配的抗洪抢险任务。

第三十一条 在紧急防汛期，公安部门应当按照人民政府防汛指挥部的要求，加强治安管理和安全保卫工作。必要时须由有关部门依法实行陆地和水面交通管制。

第三十二条 在紧急防汛期，为了防汛抢险需要，防汛指挥部有权在其管辖范围内，调用物资、设备、交通运输工具和人力，事后应当及时归还或者给予适当补偿。因抢险需要取土占地、砍伐林木、清除阻水障碍物的，任何单位和个人不得阻拦。

前款所指取土占地、砍伐林木的，事后应当依法向有关部门补办手续。

第三十三条 当河道水位或者流量达到规定的分洪、滞洪标准时，有管辖权的人民政府防汛指挥部有权根据经批准的分洪、滞洪方案，采取分洪、滞洪措施。采取上述措施对毗邻地区有危害的，须经有管辖权的上级防汛指挥机构批准，并事先通知有关地区。

在非常情况下，为保护国家确定的重点地区和大局安全，必须作出局部牺牲时，在报经有管辖权的上级人民政府防汛指挥部批准后，当地人民政府防汛指挥部可以采取非常紧急措施。

实施上述措施时，任何单位和个人不得阻拦，如遇到阻拦和拖延时，有管辖权的人民政府有权组织强制实施。

第三十四条 当洪水威胁群众安全时，当地人民政府应当及时组织群众撤离至安全地带，并做好生活安排。

第三十五条 按照水的天然流势或者防洪、排涝工程的设计标准，或者经批准的运行方案下泄的洪水，下游地区不得设障阻水或者缩小河道的过水能力；上游地区不得擅自增大下泄流量。

未经有管辖权的人民政府或其授权的部门批准，任何单位和个人不得改变江河河势的自然控制点。

第五章 善后工作

第三十六条 在发生洪水灾害的地区，物资、商业、供销、农业、公路、铁路、航运、民航等部门应当做好抢险救灾物资的供应和运输；民政、卫生、教育等部门应当做好灾区群众的生活供给、医疗防疫、学校复课以及恢复生产等救灾工作；水利、电力、邮电、公路等部门应当做好所管辖的水毁工程的修复工作。

第三十七条 地方各级人民政府防汛指挥部，应当按照国家统计部门批准的洪涝灾害统计报表的要求，核实和统计所管辖范围的洪涝灾情，报上级主管部门和同级统计部门，有关单位和个人不得虚报、瞒报、伪造、篡改。

第三十八条 洪水灾害发生后，各级人民政府防汛指挥部应当积极组织和帮助灾区群众恢复和发展生产。修复水毁工程所需费用，应当优先列入有关主管部门年度建设计划。

第六章 防汛经费

第三十九条 由财政部门安排的防汛经费，按照分级管理的原则，分别列入中央财政和地方财政预算。

在汛期，有防汛任务的地区的单位和个人应当承担一定的防汛抢险的劳务和费用，具体办法由省、自治区、直辖市人民政府制定。

第四十条 防御特大洪水的经费管理，按照有关规定执行。

第四十一条 对蓄滞洪区，逐步推行洪水保险制度，具体办法另行制定。

第七章 奖励与处罚

第四十二条 有下列事迹之一的单位和个人，可以由县级以上人民政府给予表彰或者奖励：

(一)在执行抗洪抢险任务时,组织严密,指挥得当,防守得力,奋力抢险,出色完成任务者;

(二)坚持巡堤查险,遇到险情及时报告,奋力抗洪抢险,成绩显著者;

(三)在危险关头,组织群众保护国家和人民财产,抢救群众有功者;

(四)为防汛调度、抗洪抢险献计献策、效益显著者;

(五)气象、雨情、水情测报和预报准确及时,情报传递迅速,克服困难,抢测洪水,因而减轻重大洪水灾害者;

(六)及时供应防汛物料和工具,爱护防汛器材,节约经费开支,完成防汛抢险任务成绩显著者;

(七)有其他特殊贡献,成绩显著者。

第四十三条 有下列行为之一者,视情节和危害后果,由其所在单位或者上级主管机关给予行政处分;应当给予治安管理处罚的,依照《中华人民共和国治安管理处罚条例》的规定处罚;构成犯罪的,依法追究刑事责任:

(一)拒不执行经批准的防御洪水方案、洪水调度方案,或者拒不执行有管辖权的防汛指挥机构的防汛调度方案或者防汛抢险指令的;

(二)玩忽职守,或者在防汛抢险的紧要关头临阵逃脱的;

(三)非法扒口决堤或者开闸的;

(四)挪用、盗窃、贪污防汛或者救灾的钱款或者物资的;

(五)阻碍防汛指挥机构工作人员依法执行职务的;

(六)盗窃、毁损或者破坏堤防、护岸、闸坝等水工程建筑物和防汛工程设施以及水文监测、测量设施、气象测报设施、河岸地质监测设施、通信照明设施的;

(七)其他危害防汛抢险工作的。

第四十四条 违反河道和水库大坝的安全管理,依照《中华人民共和国河道管理条例》和《水库大坝安全管理条例》的有关规定处理。

第四十五条 虚报、瞒报洪涝灾情,或者伪造、篡改洪涝灾害统计资料的,依照《中华人民共和国统计法》及其实施细则的有关规定处理。

第四十六条 当事人对行政处罚不服的,可以在接到处罚通知之日起十五日内,向作出处罚决定机关的上一级机关申请复议;对复议决定不服的,可以在接到复议决定之日起十五日内,向人民法院起诉。当事人也可以在接到处罚通知之日起十五日内,直接向人民法院起诉。

当事人逾期不申请复议或者不向人民法院起诉,又不履行处罚决定的,由作出处罚决定的机关申请人民法院强制执行;在汛期,也可以由作出处罚决定的机关强制执行;对治安管理处罚不服的,依照《中华人民共和国治安管理处罚条例》的规定办理。

当事人在申请复议或者诉讼期间,不停止行政处罚决定的执行。

第八章　附　则

第四十七条 省、自治区、直辖市人民政府,可以根据本条例的规定,结合本地区的实际情况,制定实施细则。

第四十八条 本条例由国务院水行政主管部门负责解释。

第四十九条 本条例自发布之日起施行。

军队参加抢险救灾条例

中华人民共和国国务院
中华人民共和国中央军事委员会 令

现公布《军队参加抢险救灾条例》,自2005年7月1日起施行。

国务院总理　温家宝
中央军委主席　胡锦涛
二〇〇五年六月七日

第一条　为了发挥中国人民解放军(以下称军队)在抢险救灾中的作用,保护人民生命和财产安全,根据国防法的规定,制定本条例。

第二条　军队是抢险救灾的突击力量,执行国家赋予的抢险救灾任务是军队的重要使命。

各级人民政府和军事机关应当按照本条例的规定,做好军队参加抢险救灾的组织、指挥、协调、保障等工作。

第三条　军队参加抢险救灾主要担负下列任务:

(一)解救、转移或者疏散受困人员;

(二)保护重要目标安全;

(三)抢救、运送重要物资;

(四)参加道路(桥梁、隧道)抢修、海上搜救、核生化救援、疫情控制、医疗救护等专业抢险;

(五)排除或者控制其他危重险情、灾情。

必要时,军队可以协助地方人民政府开展灾后重建等工作。

第四条　国务院组织的抢险救灾需要军队参加的,由国务院有关主管部门向中国人民解放军总参谋部提出,中国人民解放军总参谋部按照国务院、中央军事委员会的有关规定办理。

县级以上地方人民政府组织的抢险救灾需要军队参加的,由县级以上地方人民政府通过当地同级军事机关提出,当地同级军事机关按照国务院、中央军事委员会的有关规定办理。

在险情、灾情紧急的情况下,地方人民政府可以直接向驻军部队提出救助请求,驻军部队应当按照规定立即实施救助,并向上级报告;驻军部队发现紧急险情、灾情也应当按照规定立即实施救助,并向上级报告。

抢险救灾需要动用军用飞机(直升机)、舰艇的,按照有关规定办理。

第五条　国务院有关主管部门、县级以上地方人民政府提出需要军队参加抢险救灾的,应当说明险情或者灾情发生的种类、时间、地域、危害程度、已经采取的措施,以及需要使用的兵力、装备等情况。

第六条　县级以上地方人民政府组建的抢险救灾指挥机构,应当有当地同级军事机关的负责人参加;当地有驻军部队的,还应当有驻军部队的负责人参加。

第七条　军队参加抢险救灾应当在人民政府的统一领导下进行,具体任务由抢险救灾指挥机构赋予,部队的抢险救灾行动由军队负责指挥。

第八条　县级以上地方人民政府应当向当地军事机关及时通报有关险情、灾情的信息。

在经常发生险情、灾情的地方,县级以上地方人民政府应当组织军地双方进行实地勘察和抢险救灾演习、训练。

第九条　省军区(卫戍区、警备区)、军分区(警备区)、县(市、市辖区)人民武装部应当及时掌握当地有关险情、灾情信息，办理当地人民政府提出的军队参加抢险救灾事宜，做好人民政府与执行抢险救灾任务的部队之间的协调工作。有关军事机关应当制定参加抢险救灾预案，组织部队开展必要的抢险救灾训练。

第十条 军队参加抢险救灾时，当地人民政府应当提供必要的装备、物资、器材等保障，派出专业技术人员指导部队的抢险救灾行动；铁路、交通、民航、公安、电信、邮政、金融等部门和机构，应当为执行抢险救灾任务的部队提供优先、便捷的服务。

军队执行抢险救灾任务所需要的燃油，由执行抢险救灾任务的部队和当地人民政府共同组织保障。

第十一条 军队参加抢险救灾需要动用作战储备物资和装备器材的，必须按照规定报经批准。对消耗的部队携行装备器材和作战储备物资、装备器材，应当及时补充。

第十二条 灾害发生地人民政府应当协助执行抢险救灾任务的部队做好饮食、住宿、供水、供电、供暖、医疗和卫生防病等必需的保障工作。

地方人民政府与执行抢险救灾任务的部队应当互相通报疫情，共同做好卫生防疫工作。

第十三条 军队参加国务院组织的抢险救灾所耗费用由中央财政负担。军队参加地方人民政府组织的抢险救灾所耗费用由地方财政负担。

前款所指的费用包括：购置专用物资和器材费用，指挥通信、装备维修、燃油、交通运输等费用，补充消耗的携行装备器材和作战储备物资费用，以及人员生活、医疗的补助费用。

抢险救灾任务完成后，军队有关部门应当及时统计军队执行抢险救灾任务所耗费用，报抢险救灾指挥机构审核。

第十四条 国务院有关主管部门和县级以上地方人民政府应当在险情、灾情频繁发生或者列为灾害重点监视防御的地区储备抢险救灾专用装备、物资和器材，保障抢险救灾需要。

第十五条 军队参加重大抢险救灾行动的宣传报道，由国家和军队有关主管部门统一组织实施。新闻单位采访、报道军队参加抢险救灾行动，应当遵守国家和军队的有关规定。

第十六条 对在执行抢险救灾任务中有突出贡献的军队单位和个人，按照国家和军队的有关规定给予奖励；对死亡或者致残的人员，按照国家有关规定给予抚恤优待。

第十七条 中国人民武装警察部队参加抢险救灾，参照本条例执行。

第十八条 本条例自 2005 年 7 月 1 日起施行。

国家防汛抗旱应急预案

1 总 则

1.1 编制目的

做好水旱灾害突发事件防范与处置工作，使水旱灾害处于可控状态，保证抗洪抢险、抗旱救灾工作高效有序进行，最大程度地减少人员伤亡和财产损失。

1.2 编制依据

依据《中华人民共和国水法》、《中华人民共和国防洪法》和《国家突发公共事件总体应急预案》等，制定本预案。

1.3 适用范围

本预案适用于全国范围内突发性水旱灾害的预防和应急处置。突发性水旱灾害包括：江河洪水、渍涝灾害、山洪灾害（指由降雨引发的山洪、泥石流、滑坡灾害）、台风暴潮灾害、干旱灾害、供水危机以及由洪水、风暴潮、地震、恐怖活动等引发的水库垮坝、堤防决口、水闸倒塌供水水质被侵害等次生衍生灾害。

1.4 工作原则

1.4.1 坚持以"三个代表"重要思想为指导，以人为本，树立和落实科学发展观，防汛抗旱并举，努力实现由控制洪水向洪水管理转变，由单一抗旱向全面抗旱转变，不断提高防汛抗旱的现代化水平。

1.4.2 防汛抗旱工作实行各级人民政府行政首长负责制，统一指挥，分级分部门负责。

1.4.3 防汛抗旱以防洪安全和城乡供水安全、粮食生产安全为首要目标，实行安全第一，常备不懈，以防为主，防抗结合的原则。

1.4.4 防汛抗旱工作按照流域或区域统一规划，坚持因地制宜，城乡统筹，突出重点，兼顾一般，局部利益服从全局利益。

1.4.5 坚持依法防汛抗旱，实行公众参与，军民结合，专群结合，平战结合。中国人民解放军、中国人民武装警察部队主要承担防汛抗洪的急难险重等攻坚任务。

1.4.6 抗旱用水以水资源承载能力为基础，实行先生活、后生产，先地表、后地下，先节水、后调水，科学调度，优化配置，最大程度地满足城乡生活、生产、生态用水需求。

1.4.7 坚持防汛抗旱统筹，在防洪保安的前提下，尽可能利用洪水资源；以法规约束人的行为，防止人对水的侵害，既利用水资源又保护水资源，促进人与自然和谐相处。

2 组织指挥体系及职责

国务院设立国家防汛抗旱指挥机构，县级以上地方人民政府、有关流域设立防汛抗旱指挥机构，负责本行政区域的防汛抗旱突发事件应对工作。有关单位可根据需要设立防汛抗旱指挥机构，负责本单位防汛抗旱突发事件应对工作。

国家防汛抗旱总指挥部（以下简称国家防总）负责领导、组织全国的防汛抗旱工作，其办事机构国家防总办公室设在水利部。国家防总主要职责是拟订国家防汛抗旱的政策、法规和制度等，组织制订大江大河防御洪水方案和跨省、自治区、直辖市行政区划的调水方案，及时掌握全国汛情、旱情、灾情并组织实施抗洪抢险及抗旱减灾措施，统一调控和调度全国水利、水电设施的水量，做好洪水管理工作，组织灾后处置，并做好有关协调工作。

长江、黄河、松花江、淮河等流域设立流域防汛总指挥部，负责指挥所管辖范围内的防汛抗旱工作。流域防汛总指挥部由有关省、自治区、直辖市人民政府和该江河流域管理机构的负责人等组成，其办事机构设在流域管理机构。

有防汛抗旱任务的县级以上地方人民政府设立防汛抗旱指挥部，在上级防汛抗旱指挥机构和本级人民政府的领导下，组织和指挥本地区的防汛抗旱工作。防汛抗旱指挥部由本级政府和有关部门、当地驻军、人民武装部负责人等组成，其办事机构设在同级水行政主管部门。

水利部门所属的各流域管理机构、水利工程管理单位、施工单位以及水文部门等，汛期成立相应的专业防汛抗灾组织，负责本流域、本单位的防汛抗灾工作；有防洪任务的重大水利水电工程、有防洪任务的大中型企业根据需要成立防汛指挥部。针对重大突发事件，可以组建临时指挥机构，具体负责应急处理工作。

3　预防和预警机制

3.1　预防预警信息

3.1.1　气象水文海洋信息

各级气象、水文、海洋部门应加强对当地灾害性天气的监测和预报，并将结果及时报送有关防汛抗旱指挥机构。当预报即将发生严重水旱灾害和风暴潮灾害时，当地防汛抗旱指挥机构应提早预警，通知有关区域做好相关准备。当江河发生洪水时，水文部门应加密测验时段，及时上报测验结果，雨情、水情应在2小时内报到国家防总，重要站点的水情应在30分钟内报到国家防总，为防汛抗旱指挥机构适时指挥决策提供依据。

3.1.2　工程信息

当江河出现警戒水位以上洪水时，各级堤防管理单位应加强工程监测，并将堤防、涵闸、泵站等工程设施的运行情况报上级工程管理部门和同级防汛抗旱指挥机构。大江大河干流重要堤防、涵闸等发生重大险情应在险情发生后4小时内报到国家防总。

当堤防和涵闸、泵站等穿堤建筑物出现险情或遭遇超标准洪水袭击，以及其他不可抗拒因素而可能决口时，工程管理单位应迅速组织抢险，并在第一时间向可能淹没的有关区域预警，同时向上级堤防管理部门和同级防汛抗旱指挥机构准确报告。

当水库水位超过汛限水位时，水库管理单位应按照有管辖权的防汛抗旱指挥机构批准的洪水调度方案调度，其工程运行状况应向防汛抗旱指挥机构报告。当水库出现险情时，水库管理单位应立即在第一时间向下游预警，并迅速处置险情，同时向上级主管部门和同级防汛抗旱指挥机构报告。大型水库发生重大险情应在险情发生后4小时内上报到国家防总。当水库遭遇超标准洪水或其他不可抗拒因素而可能溃坝时，应提早向水库溃坝洪水风险图确定的淹没范围发出预警，为群众安全转移争取时间。

3.1.3　洪涝灾情信息

(1)洪涝灾情信息主要包括：灾害发生的时间、地点、范围、受灾人口以及群众财产、农林牧渔、交通运输、邮电通信、水电设施等方面的损失。

(2)洪涝灾情发生后，有关部门及时向防汛抗旱指挥机构报告洪涝受灾情况，防汛抗旱指挥机构应收集动态灾情，全面掌握受灾情况，并及时向同级政府和上级防汛抗旱指挥机构报告。对人员伤亡和较大财产损失的灾情，应立即上报，重大灾情在灾害发生后4小时内将初步情况报到国家防总，并对实时灾情组织核实，核实后及时上报，为抗灾救灾提供准确依据。

(3)地方各级人民政府、防汛抗旱指挥机构应按照规定上报洪涝灾情。

3.1.4　旱情信息

(1)旱情信息主要包括：干旱发生的时间、地点、程度、受旱范围、影响人口，以及对工农业生产、城乡生活、生态环境等方面造成的影响。

(2)防汛抗旱指挥机构应掌握水雨情变化、当地蓄水情况、农田土壤墒情和城乡供水情况，加强旱情监测，地方各级人民政府防汛抗旱指挥机构应按照规定上报受旱情况。遇旱情急剧发展时应及时加报。

3.2 预防预警行动

3.2.1 预防预警准备工作

(1)思想准备。加强宣传，增强全民预防水旱灾害和自我保护的意识，做好防大汛抗大旱的思想准备。

(2)组织准备。建立健全防汛抗旱组织指挥机构，落实防汛抗旱责任人、防汛抗旱队伍和山洪易发重点区域的监测网络及预警措施，加强防汛专业机动抢险队和抗旱服务组织的建设。

(3)工程准备。按时完成水毁工程修复和水源工程建设任务，对存在病险的堤防、水库、涵闸、泵站等各类水利工程设施实行应急除险加固，在有堤防防护的大中城市及时封闭穿越堤防的输排水管道、交通路口和排水沟；对跨汛期施工的水利工程和病险工程，要落实安全度汛方案。

(4)预案准备。修订完善各类江河湖库和城市防洪预案、台风暴潮防御预案、洪水预报方案、防洪工程调度规程、堤防决口和水库垮坝应急方案、蓄滞洪区安全转移预案、山区防御山洪灾害预案和抗旱预案、城市抗旱预案。研究制订防御超标准洪水的应急方案，主动应对大洪水。针对江河堤防险工险段，还要制订工程抢险方案。

(5)物料准备。按照分级负责的原则，储备必需的防汛物料，合理配置。在防汛重点部位应储备一定数量的抢险物料，以应急需。

(6)通信准备。充分利用社会通信公网，确保防汛通信专网、蓄滞洪区的预警反馈系统完好和畅通。健全水文、气象测报站网，确保雨情、水情、工情、灾情信息和指挥调度指令的及时传递。

(7)防汛抗旱检查。实行以查组织、查工程、查预案、查物资、查通信为主要内容的分级检查制度，发现薄弱环节，要明确责任、限时整改。

(8)防汛日常管理工作。加强防汛日常管理工作，对在江河、湖泊、水库、滩涂、人工水道、蓄滞洪区内建设的非防洪建设项目应当编制洪水影响评价报告，对未经审批并严重影响防洪的项目，依法强行拆除。

3.2.2 江河洪水预警

(1)当江河即将出现洪水时，各级水文部门应做好洪水预报工作，及时向防汛抗旱指挥机构报告水位、流量的实测情况和洪水走势，为预警提供依据。

(2)各级防汛抗旱指挥机构应按照分级负责原则，确定洪水预警区域、级别和洪水信息发布范围，按照权限向社会发布。

(3)水文部门应跟踪分析江河洪水的发展趋势，及时滚动预报最新水情，为抗灾救灾提供基本依据。

3.2.3 渍涝灾害预警

当气象预报将出现较大降雨时，各级防汛抗旱指挥机构应按照分级负责原则，确定渍涝灾害预警区域、级别，按照权限向社会发布，并做好排涝的有关准备工作。必要时，通知低洼地区居民及企事业单位及时转移财产。

3.2.4 山洪灾害预警

(1)凡可能遭受山洪灾害威胁的地方，应根据山洪灾害的成因和特点，主动采取预防和避险措施。水文、气象、国土资源等部门应密切联系，相互配合，实现信息共享，提高预报水平，及时发布预报警报。

(2)凡有山洪灾害的地方，应由防汛抗旱指挥机构组织国土资源、水利、气象等部门编制山洪灾害防御预案，绘制区域内山洪灾害风险图，划分并确定区域内易发生山洪灾害的地点及范围，制订安全转移方案，明确组织机构的设置及职责。

(3)山洪灾害易发区应建立专业监测与群测群防相结合的监测体系，落实观测措施，汛期坚持24小时值班巡逻制度，降雨期间，加密观测、加强巡逻。每个乡镇、村、组和相关单位都要落实信号发送员，一旦发现危险征兆，立即向周边群众报警，实现快速转移，并报本地防汛抗旱指挥机构，以便及时组织抗灾救灾。

3.2.5　台风暴潮灾害预警

(1)根据中央气象台发布的台风(含热带风暴、热带低压等)信息,省级及其以下有关气象管理部门应密切监视,做好未来趋势预报,并及时将台风中心位置、强度、移动方向和速度等信息报告同级人民政府和防汛抗旱指挥机构。

(2)可能遭遇台风袭击的地方,各级防汛抗旱指挥机构应加强值班,跟踪台风动向,并将有关信息及时向社会发布。

(3)水利部门应根据台风影响的范围,及时通知有关水库、主要湖泊和河道堤防管理单位,做好防范工作。各工程管理单位应组织人员分析水情和台风带来的影响,加强工程检查,必要时实施预泄预排措施。

(4)预报将受台风影响的沿海地区,当地防汛抗旱指挥机构应及时通知相关部门和人员做好防台风工作。

(5)加强对城镇危房、在建工地、仓库、交通道路、电信电缆、电力电线、户外广告牌等公用设施的检查和采取加固措施,组织船只回港避风和沿海养殖人员撤离工作。

3.2.6　蓄滞洪区预警

(1)蓄滞洪区管理单位应拟订群众安全转移方案。

(2)蓄滞洪区工程管理单位应加强工程运行监测,发现问题及时处理,并报告上级主管部门和同级防汛抗旱指挥机构。

(3)运用蓄滞洪区,当地人民政府和防汛抗旱指挥机构应把人民的生命安全放在首位,迅速启动预警系统,按照群众安全转移方案实施转移。

3.2.7　干旱灾害预警

(1)各级防汛抗旱指挥机构应针对干旱灾害的成因、特点,因地制宜采取预警防范措施。

(2)各级防汛抗旱指挥机构应建立健全旱情监测网络和干旱灾害统计队伍,随时掌握实时旱情灾情,并预测干旱发展趋势,根据不同干旱等级,提出相应对策,为抗旱指挥决策提供科学依据。

(3)各级防汛抗旱指挥机构应当加强抗旱服务网络建设,鼓励和支持社会力量开展多种形式的社会化服务组织建设,以防范干旱灾害的发生和蔓延。

3.2.8　供水危机预警

当因供水水源短缺或被破坏、供水线路中断、供水水质被侵害等原因而出现供水危机,由当地防汛抗旱指挥机构向社会公布预警,居民、企事业单位做好储备应急用水的准备,有关部门做好应急供水的准备。

3.3　预警支持系统

3.3.1　洪水、干旱风险图

(1)各级防汛抗旱指挥机构应组织工程技术人员,研究绘制本地区的城市洪水风险图、蓄滞洪区洪水风险图、流域洪水风险图、山洪灾害风险图、水库洪水风险图和干旱风险图。

(2)防汛抗旱指挥机构应以各类洪水、干旱风险图作为抗洪抢险救灾、群众安全转移安置和抗旱救灾决策的技术依据。

3.3.2　防御洪水方案

防汛抗旱指挥机构应根据需要,编制和修订防御江河洪水方案,主动应对江河洪水。

3.3.3　抗旱预案

各级防汛抗旱指挥机构应编制抗旱预案,以主动应对不同等级的干旱灾害。

4　应急响应

4.1　应急响应的总体要求

4.1.1　按洪涝、旱灾的严重程度和范围,将应急响应行动分为四级。

4.1.2 进入汛期、旱期,各级防汛抗旱指挥机构应实行24小时值班制度,全程跟踪雨情、水情、工情、旱情、灾情,并根据不同情况启动相关应急程序。

4.1.3 国务院和国家防总或流域防汛指挥机构负责关系重大的水利、防洪工程调度;其他水利、防洪工程的调度由所属地方人民政府和防汛抗旱指挥机构负责,必要时,视情况由上一级防汛抗旱指挥机构直接调度。防总各成员单位应按照指挥部的统一部署和职责分工开展工作并及时报告有关工作情况。

4.1.4 洪涝、干旱等灾害发生后,由地方人民政府和防汛抗旱指挥机构负责组织实施抗洪抢险、排涝、抗旱减灾和抗灾救灾等方面的工作。

4.1.5 洪涝、干旱等灾害发生后,由当地防汛抗旱指挥机构向同级人民政府和上级防汛抗旱指挥机构报告情况。造成人员伤亡的突发事件,可越级上报,并同时报上级防汛抗旱指挥机构。任何个人发现堤防、水库发生险情时,应立即向有关部门报告。

4.1.6 对跨区域发生的水旱灾害,或者突发事件将影响到邻近行政区域的,在报告同级人民政府和上级防汛抗旱指挥机构的同时,应及时向受影响地区的防汛抗旱指挥机构通报情况。

4.1.7 因水旱灾害而衍生的疾病流行、水陆交通事故等次生灾害,当地防汛抗旱指挥机构应组织有关部门全力抢救和处置,采取有效措施切断灾害扩大的传播链,防止次生或衍生灾害的蔓延,并及时向同级人民政府和上级防汛抗旱指挥机构报告。

4.2 Ⅰ级应急响应

4.2.1 出现下列情况之一者,为Ⅰ级响应

(1)某个流域发生特大洪水;

(2)多个流域同时发生大洪水;

(3)大江大河干流重要河段堤防发生决口;

(4)重点大型水库发生垮坝;

(5)多个省(区、市)发生特大干旱;

(6)多座大型以上城市发生极度干旱。

4.2.2 Ⅰ级响应行动

(1)国家防总总指挥主持会商,防总成员参加。视情启动国务院批准的防御特大洪水方案,作出防汛抗旱应急工作部署,加强工作指导,并将情况上报党中央、国务院。国家防总密切监视汛情、旱情和工情的发展变化,做好汛情、旱情预测预报,做好重点工程调度,并在24小时内派专家组赴一线加强技术指导。国家防总增加值班人员,加强值班,每天在中央电视台发布《汛(旱)情通报》,报道汛(旱)情及抗洪抢险、抗旱措施。财政部门为灾区及时提供资金帮助。国家防总办公室为灾区紧急调拨防汛抗旱物资;铁路、交通、民航部门为防汛抗旱物资运输提供运输保障。民政部门及时救助受灾群众。卫生部门根据需要,及时派出医疗卫生专业防治队伍赴灾区协助开展医疗救治和疾病预防控制工作。国家防总其他成员单位按照职责分工,做好有关工作。

(2)相关流域防汛指挥机构按照权限调度水利、防洪工程;为国家防总提供调度参谋意见。派出工作组、专家组,支援地方抗洪抢险、抗旱。

(3)相关省、自治区、直辖市的流域防汛指挥机构,省、自治区、直辖市的防汛抗旱指挥机构启动Ⅰ级响应,可依法宣布本地区进入紧急防汛期,按照《中华人民共和国防洪法》的相关规定,行使权力。同时,增加值班人员,加强值班,动员部署防汛抗旱工作;按照权限调度水利、防洪工程;根据预案转移危险地区群众,组织强化巡堤查险和堤防防守,及时控制险情,或组织强化抗旱工作。受灾地区的各级防汛抗旱指挥机构负责人、成员单位负责人,应按照职责到分管的区域组织指挥防汛抗旱工作,或驻点具体帮助重灾区做好防汛抗旱工作。各省、自治区、直辖市的防汛抗旱指挥机构应将工作情况上报当地人民政

府和国家防总。相关省、自治区、直辖市的防汛抗旱指挥机构成员单位全力配合做好防汛抗旱和抗灾救灾工作。

4.3 Ⅱ级应急响应

4.3.1 出现下列情况之一者，为Ⅱ级响应

(1)一个流域发生大洪水；

(2)大江大河干流一般河段及主要支流堤防发生决口；

(3)数省(区、市)多个市(地)发生严重洪涝灾害；

(4)一般大中型水库发生垮坝；

(5)数省(区、市)多个市(地)发生严重干旱或一省(区、市)发生特大干旱；

(6)多个大城市发生严重干旱，或大中城市发生极度干旱。

4.3.2 Ⅱ级响应行动

(1)国家防总副总指挥主持会商，作出相应工作部署，加强防汛抗旱工作指导，在2小时内将情况上报国务院并通报国家防总成员单位。国家防总加强值班，密切监视汛情、旱情和工情的发展变化，做好汛情旱情预测预报，做好重点工程的调度，并在24小时内派出由防总成员单位组成的工作组、专家组赴一线指导防汛抗旱。国家防总办公室不定期在中央电视台发布汛(旱)情通报。民政部门及时救助灾民。卫生部门派出医疗队赴一线帮助医疗救护。国家防总其他成员单位按照职责分工，做好有关工作。

(2)相关流域防汛指挥机构密切监视汛情、旱情发展变化，做好洪水预测预报，派出工作组、专家组，支援地方抗洪抢险、抗旱；按照权限调度水利、防洪工程；为国家防总提供调度参谋意见。

(3)相关省、自治区、直辖市防汛抗旱指挥机构可根据情况，依法宣布本地区进入紧急防汛期，行使相关权力。同时，增加值班人员，加强值班。防汛抗旱指挥机构具体安排防汛抗旱工作，按照权限调度水利、防洪工程，根据预案组织加强防守巡查，及时控制险情，或组织加强抗旱工作。受灾地区的各级防汛抗旱指挥机构负责人、成员单位负责人，应按照职责到分管的区域组织指挥防汛抗旱工作。相关省级防汛抗旱指挥机构应将工作情况上报当地人民政府主要领导和国家防总。相关省、自治区、直辖市的防汛抗旱指挥机构成员单位全力配合做好防汛抗旱和抗灾救灾工作。

4.4 Ⅲ级应急响应

4.4.1 出现下列情况之一者，为Ⅲ级响应

(1)数省(区、市)同时发生洪涝灾害；

(2)一省(区、市)发生较大洪水；

(3)大江大河干流堤防出现重大险情；

(4)大中型水库出现严重险情或小型水库发生垮坝；

(5)数省(区、市)同时发生中度以上的干旱灾害；

(6)多座大型以上城市同时发生中度干旱；

(7)一座大型城市发生严重干旱。

4.4.2 Ⅲ级响应行动

(1)国家防总秘书长主持会商，作出相应工作安排，密切监视汛情、旱情发展变化，加强防汛抗旱工作的指导，在2小时内将情况上报国务院并通报国家防总成员单位。国家防总办公室在24小时内派出工作组、专家组，指导地方防汛抗旱。

(2)相关流域防汛指挥机构加强汛(旱)情监视，加强洪水预测预报，做好相关工程调度，派出工作组、专家组到一线协助防汛抗旱。

(3)相关省、自治区、直辖市的防汛抗旱指挥机构具体安排防汛抗旱工作；按照权限调度水利、防洪工程；根据预案组织防汛抢险或组织抗旱，派出工作组、专家组到一线具体帮助防汛抗旱工作，并将防汛

抗旱的工作情况上报当地人民政府分管领导和国家防总。省级防汛指挥机构在省级电视台发布汛(旱)情通报;民政部门及时救助灾民。卫生部门组织医疗队赴一线开展卫生防疫工作。其他部门按照职责分工,开展工作。

4.5 Ⅳ级应急响应

4.5.1 出现下列情况之一者,为Ⅳ级响应

(1)数省(区、市)同时发生一般洪水;

(2)数省(区、市)同时发生轻度干旱;

(3)大江大河干流堤防出现险情;

(4)大中型水库出现险情;

(5)多座大型以上城市同时因旱影响正常供水。

4.5.2 Ⅳ级响应行动

(1)国家防总办公室常务副主任主持会商,作出相应工作安排,加强对汛(旱)情的监视和对防汛抗旱工作的指导,并将情况上报国务院并通报国家防总成员单位。

(2)相关流域防汛指挥机构加强汛情、旱情监视,做好洪水预测预报,并将情况及时报国家防总办公室。

(3)相关省、自治区、直辖市的防汛抗旱指挥机构具体安排防汛抗旱工作;按照权限调度水利、防洪工程;按照预案采取相应防守措施或组织抗旱;派出专家组赴一线指导防汛抗旱工作;并将防汛抗旱的工作情况上报当地人民政府和国家防总办公室。

4.6 信息报送和处理

4.6.1 汛情、旱情、工情、险情、灾情等防汛抗旱信息实行分级上报,归口处理,同级共享。

4.6.2 防汛抗旱信息的报送和处理,应快速、准确、翔实,重要信息应立即上报,因客观原因一时难以准确掌握的信息,应及时报告基本情况,同时抓紧了解情况,随后补报详情。

4.6.3 属一般性汛情、旱情、工情、险情、灾情,按分管权限,分别报送本级防汛抗旱指挥机构值班室负责处理。凡因险情、灾情较重,按分管权限一时难以处理,需上级帮助、指导处理的,经本级防汛抗旱指挥机构负责同志审批后,可向上一级防汛抗旱指挥机构值班室上报。

4.6.4 凡经本级或上级防汛抗旱指挥机构采用和发布的水旱灾害、工程抢险等信息,当地防汛抗旱指挥机构应立即调查,对存在的问题,及时采取措施,切实加以解决。

4.6.5 国家防总办公室接到特别重大、重大的汛情、旱情、险情、灾情报告后应立即报告国务院,并及时续报。

4.7 指挥和调度

4.7.1 出现水旱灾害后,事发地的防汛抗旱指挥机构应立即启动应急预案,并根据需要成立现场指挥部。在采取紧急措施的同时,向上一级防汛抗旱指挥机构报告。根据现场情况,及时收集、掌握相关信息,判明事件的性质和危害程度,并及时上报事态的发展变化情况。

4.7.2 事发地的防汛抗旱指挥机构负责人应迅速上岗到位,分析事件的性质,预测事态发展趋势和可能造成的危害程度,并按规定的处置程序,组织指挥有关单位或部门按照职责分工,迅速采取处置措施,控制事态发展。

4.7.3 发生重大水旱灾害后,上一级防汛抗旱指挥机构应派出工作组赶赴现场指导工作,必要时成立前线指挥部。

4.8 抢险救灾

4.8.1 出现水旱灾害或防洪工程发生重大险情后,事发地的防汛抗旱指挥机构应根据事件的性质,迅速对事件进行监控、追踪,并立即与相关部门联系。

4.8.2 事发地的防汛抗旱指挥机构应根据事件具体情况，按照预案立即提出紧急处置措施，供当地政府或上一级相关部门指挥决策。

4.8.3 事发地防汛抗旱指挥机构应迅速调集本部门的资源和力量，提供技术支持；组织当地有关部门和人员，迅速开展现场处置或救援工作。大江大河干流堤防决口的堵复、水库重大险情的抢护应按照事先制定的抢险预案进行，并由防汛机动抢险队或抗洪抢险专业部队等实施。

4.8.4 处置水旱灾害和工程重大险情时，应按照职能分工，由防汛抗旱指挥机构统一指挥，各单位或各部门应各司其职，团结协作，快速反应，高效处置，最大程度地减少损失。

4.9 **安全防护和医疗救护**

4.9.1 各级人民政府和防汛抗旱指挥机构应高度重视应急人员的安全，调集和储备必要的防护器材、消毒药品、备用电源和抢救伤员必备的器械等，以备随时应用。

4.9.2 抢险人员进入和撤出现场由防汛抗旱指挥机构视情况作出决定。抢险人员进入受威胁的现场前，应采取防护措施以保证自身安全。参加一线抗洪抢险的人员，必须穿救生衣。当现场受到污染时，应按要求为抢险人员配备防护设施，撤离时应进行消毒、去污处理。

4.9.3 出现水旱灾害后，事发地防汛抗旱指挥机构应及时做好群众的救援、转移和疏散工作。

4.9.4 事发地防汛抗旱指挥机构应按照当地政府和上级领导机构的指令，及时发布通告，防止人、畜进入危险区域或饮用被污染的水源。

4.9.5 对转移的群众，由当地人民政府负责提供紧急避难场所，妥善安置灾区群众，保证基本生活。

4.9.6 出现水旱灾害后，事发地人民政府和防汛抗旱指挥机构应组织卫生部门加强受影响地区的疾病和突发公共卫生事件监测、报告工作，落实各项防病措施，并派出医疗小分队，对受伤的人员进行紧急救护。必要时，事发地政府可紧急动员当地医疗机构在现场设立紧急救护所。

4.10 **社会力量动员与参与**

4.10.1 出现水旱灾害后，事发地的防汛抗旱指挥机构可根据事件的性质和危害程度，报经当地政府批准，对重点地区和重点部位实施紧急控制，防止事态及其危害的进一步扩大。

4.10.2 必要时可通过当地人民政府广泛调动社会力量积极参与应急突发事件的处置，紧急情况下可依法征用、调用车辆、物资、人员等，全力投入抗洪抢险。

4.11 **信息发布**

4.11.1 防汛抗旱的信息发布应当及时、准确、客观、全面。

4.11.2 汛情、旱情及防汛抗旱动态等，由国家防总统一审核和发布；涉及水旱灾情的，由国家防办会同民政部审核和发布。

4.11.3 信息发布形式主要包括授权发布、散发新闻稿、组织报道、接受记者采访、举行新闻发布会等。

4.11.4 地方信息发布：重点汛区、灾区和发生局部汛情的地方，其汛情、旱情及防汛抗旱动态等信息，由各地防汛抗旱指挥机构审核和发布；涉及水旱灾情的，由各地防汛指挥部办公室会同民政部门审核和发布。

4.12 **应急结束**

4.12.1 当洪水灾害、极度缺水得到有效控制时，事发地的防汛抗旱指挥机构可视汛情旱情，宣布结束紧急防汛期或紧急抗旱期。

4.12.2 依照有关紧急防汛、抗旱期规定征用、调用的物资、设备、交通运输工具等，在汛期、抗旱期结束后应当及时归还；造成损坏或者无法归还的，按照国务院有关规定给予适当补偿或者作其他处理。

4.12.3 紧急处置工作结束后，事发地防汛抗旱指挥机构应协助当地政府进一步恢复正常生活、生产、工作秩序，修复水毁基础设施，尽可能减少突发事件带来的损失和影响。

5 应急保障

5.1 通信与信息保障

5.1.1 任何通信运营部门都有依法保障防汛抗旱信息畅通的责任。

5.1.2 防汛抗旱指挥机构应按照以公用通信网为主的原则,合理组建防汛专用通信网络,确保信息畅通。

5.1.3 出现突发事件后,通信部门应启动应急通信保障预案,迅速调集力量抢修损坏的通信设施,努力保证防汛抗旱通信畅通。必要时,调度应急通信设备,为防汛通信和现场指挥提供通信保障。

5.1.4 在紧急情况下,应充分利用公共广播和电视等媒体以及手机短信等手段发布信息,通知群众快速撤离,确保人民生命的安全。

5.2 应急支援与装备保障

5.2.1 现场救援和工程抢险保障

(1)对历史上的重点险工险段或易出险的水利工程设施,应提前编制工程应急抢险预案,以备紧急情况下因险施策;当出现新的险情后,应派工程技术人员赶赴现场,研究优化除险方案,并由防汛行政首长负责组织实施。

(2)防汛抗旱指挥机构和防洪工程管理单位以及受洪水威胁的其他单位,储备的常规抢险机械、抗旱设备、物资和救生器材,应能满足抢险急需。

5.2.2 应急队伍保障

任何单位和个人都有依法参加防汛抗洪的义务。解放军、武警部队和民兵是抗洪抢险的重要力量。防汛抢险队伍分为:群众抢险队伍、非专业部队抢险队伍和专业抢险队伍。

在抗旱期间,地方各级人民政府和防汛抗旱指挥机构应组织动员社会公众力量投入抗旱救灾工作。

5.2.3 供电保障

电力部门主要负责抗洪抢险、抢排渍涝、抗旱救灾等方面的供电需要和应急救援现场的临时供电。

5.2.4 交通运输保障

交通运输部门主要负责优先保证防汛抢险人员、防汛抗旱救灾物资运输;蓄滞洪区分洪时,负责群众安全转移所需地方车辆、船舶的调配;负责分泄大洪水时河道航行和渡口的安全;负责大洪水时用于抢险、救灾车辆、船舶的及时调配。

5.2.5 医疗保障

医疗卫生防疫部门主要负责水旱灾区疾病防治的业务技术指导;组织医疗卫生队赴灾区巡医问诊,负责灾区防疫消毒、抢救伤员等工作。

5.2.6 治安保障

公安部门主要负责做好水旱灾区的治安管理工作,依法严厉打击破坏抗洪抗旱救灾行动和工程设施安全的行为,保证抗灾救灾工作的顺利进行;负责组织搞好防汛抢险、分洪爆破时的戒严、警卫工作,维护灾区的社会治安秩序。

5.2.7 物资保障

防汛抗旱指挥机构、重点防洪工程管理单位以及受洪水威胁的其他单位应按规范储备防汛抢险物资,并做好生产流程和生产能力储备的有关工作。防汛物资管理部门应及时掌握新材料、新设备的应用情况,及时调整储备物资品种,提高科技含量。

干旱频繁发生地区县级以上地方人民政府应当贮备一定数量的抗旱物资,由本级防汛抗旱指挥机构负责调用。

严重缺水城市应当建立应急供水机制,建设应急供水备用水源。

5.2.8　资金保障

(1)中央财政安排特大防汛抗旱补助费,用于补助遭受特大水旱灾害的省、自治区、直辖市,以及计划单列市、新疆生产建设兵团进行防汛抢险、抗旱及中央直管的大江大河防汛抢险。省、自治区、直辖市人民政府应当在本级财政预算中安排资金,用于本行政区域内遭受严重水旱灾害的工程修复补助。

(2)国家设立中央水利建设基金,专项用于大江大河重点治理工程维护和建设,以及其他规定的水利工程的维护和建设。

5.2.9　社会动员保障

(1)防汛抗旱是社会公益性事业,任何单位和个人都有保护水利工程设施和防汛抗旱的责任。

(2)汛期或旱季,各级防汛抗旱指挥机构应根据水旱灾害的发展,做好动员工作,组织社会力量投入防汛抗旱。

(3)各级防汛抗旱指挥机构的组成部门,在严重水旱灾害期间,应按照分工,特事特办,急事急办,解决防汛抗旱的实际问题,同时充分调动本系统的力量,全力支持抗灾救灾和灾后重建工作。

(4)各级人民政府应加强对防汛抗旱工作的统一领导,组织有关部门和单位,动员全社会的力量,做好防汛抗旱工作。在防汛抗旱的关键时刻,各级防汛抗旱行政首长应靠前指挥,组织广大干部群众奋力抗灾减灾。

5.3　技术保障

建设国家防汛抗旱指挥系统,形成覆盖国家防总、流域机构和各省、自治区、直辖市防汛抗旱部门的计算机网络系统,提高信息传输的质量和速度。

各级防汛抗旱指挥机构应建立专家库,当发生水旱灾害时,由防汛抗旱指挥机构统一调度,派出专家组,指导防汛抗旱工作。

5.4　宣传、培训和演习

5.4.1　公众信息交流

(1)汛情、旱情、工情、灾情及防汛抗旱工作等方面的公众信息交流,实行分级负责制,一般公众信息可通过媒体向社会发布。

(2)当主要江河发生超警戒水位以上洪水,呈上涨趋势;山区发生暴雨山洪,造成较为严重影响;出现大范围的严重旱情,并呈发展趋势时,按分管权限,由本地区的防汛抗旱指挥部统一发布汛情、旱情通报,以引起社会公众关注,参与防汛抗旱救灾工作。

5.4.2　培训

(1)采取分级负责的原则,由各级防汛抗旱指挥机构统一组织培训。

(2)培训工作应做到合理规范课程、考核严格、分类指导,保证培训工作质量。

(3)培训工作应结合实际,采取多种组织形式,定期与不定期相结合,每年汛前至少组织一次培训。

5.4.3　演习

(1)各级防汛抗旱指挥机构应定期举行不同类型的应急演习,以检验、改善和强化应急准备和应急响应能力。

(2)专业抢险队伍必须针对当地易发生的各类险情有针对性地每年进行抗洪抢险演习。

(3)多个部门联合进行的专业演习,一般2~3年举行一次,由省级防汛抗旱指挥机构负责组织。

6　善后工作

发生水旱灾害的地方人民政府应组织有关部门做好灾区生活供给、卫生防疫、救灾物资供应、治安管理、学校复课、水毁修复、恢复生产和重建家园等善后工作。

6.1 **救灾**

6.1.1 民政部门负责受灾群众生活救助。应及时调配救灾款物，组织安置受灾群众，做好受灾群众临时生活安排，负责受灾群众倒塌房屋的恢复重建，保证灾民有粮吃、有衣穿、有房住，切实解决受灾群众的基本生活问题。

6.1.2 卫生部门负责调配医务技术力量，抢救因灾伤病人员，对污染源进行消毒处理，对灾区重大疫情、病情实施紧急处理，防止疫病的传播、蔓延。

6.1.3 当地政府应组织对可能造成环境污染的污染物进行清除。

6.2 **防汛抢险物料补充**

针对当年防汛抢险物料消耗情况，按照分级筹措和常规防汛的要求，及时补充到位。

6.3 **水毁工程修复**

6.3.1 对影响当年防洪安全和城乡供水安全的水毁工程，应尽快修复。防洪工程应力争在下次洪水到来之前，做到恢复主体功能；抗旱水源工程应尽快恢复功能。

6.3.2 遭到毁坏的交通、电力、通信、水文以及防汛专用通信设施，应尽快组织修复，恢复功能。

6.4 **蓄滞洪区补偿**

全国重点蓄滞洪区分洪运用后，按照《蓄滞洪区补偿暂行办法》进行补偿。其他蓄滞洪区由地方人民政府参照《蓄滞洪区补偿暂行办法》补偿。

6.5 **灾后重建**

各相关部门应尽快组织灾后重建工作。灾后重建原则上按原标准恢复，在条件允许情况下，可提高标准重建。

6.6 **防汛抗旱工作评价**

每年各级防汛抗旱部门应针对防汛抗旱工作的各个方面和环节进行定性和定量的总结、分析、评估。引进外部评价机制，征求社会各界和群众对防汛抗旱工作的意见和建议，总结经验，找出问题，从防洪抗旱工程的规划、设计、运行、管理以及防汛抗旱工作的各个方面提出改进建议，以进一步做好防汛抗旱工作。

7 附　则

7.1 **名词术语定义**

7.1.1 洪水风险图：是融合地理、社会经济信息、洪水特征信息，通过资料调查、洪水计算和成果整理，以地图形式直观反映某一地区发生洪水后可能淹没的范围和水深，用以分析和预评估不同量级洪水可能造成的风险和危害的工具。

7.1.2 干旱风险图：是融合地理、社会经济信息、水资源特征信息，通过资料调查、水资源计算和成果整理，以地图形式直观反映某一地区发生干旱后可能影响的范围，用以分析和预评估不同干旱等级造成的风险和危害的工具。

7.1.3 防御洪水方案：是有防汛抗洪任务的县级以上地方人民政府根据流域综合规划、防洪工程实际状况和国家规定的防洪标准，制定的防御江河洪水（包括对特大洪水）、山洪灾害（山洪、泥石流、滑坡等）、台风暴潮灾害等方案的统称。

7.1.4 抗旱预案：是在现有工程设施条件和抗旱能力下，针对不同等级、程度的干旱，而预先制定的对策和措施，是各级防汛抗旱指挥部门实施指挥决策的依据。

7.1.5 抗旱服务组织：是由水利部门组建的事业性服务实体，以抗旱减灾为宗旨，围绕群众饮水安全、粮食用水安全、经济发展用水安全和生态环境用水安全开展抗旱服务工作。国家支持和鼓励社会力量兴办各种形式的抗旱社会化服务组织。

7.1.6　一般洪水:洪峰流量或洪量的重现期5～10年一遇的洪水。

7.1.7　较大洪水:洪峰流量或洪量的重现期10～20年一遇的洪水。

7.1.8　大洪水:洪峰流量或洪量的重现期20～50年一遇的洪水。

7.1.9　特大洪水:洪峰流量或洪量的重现期大于50年一遇的洪水。

7.1.10　轻度干旱:受旱区域作物受旱面积占播种面积的比例在30%以下;以及因旱造成农(牧)区临时性饮水困难人口占所在地区人口比例在20%以下。

7.1.11　中度干旱:受旱区域作物受旱面积占播种面积的比例达31%～50%;以及因旱造成农(牧)区临时性饮水困难人口占所在地区人口比例达21%～40%。

7.1.12　严重干旱:受旱区域作物受旱面积占播种面积的比例达51%～80%;以及因旱造成农(牧)区临时性饮水困难人口占所在地区人口比例达41%～60%。

7.1.13　特大干旱:受旱区域作物受旱面积占播种面积的比例在80%以上;以及因旱造成农(牧)区临时性饮水困难人口占所在地区人口比例高于60%。

7.1.14　城市干旱:因遇枯水年造成城市供水水源不足,或者由于突发性事件使城市供水水源遭到破坏,导致城市实际供水能力低于正常需求,致使城市实际供水能力低于正常需求,致使城市的生产、生活和生态环境受到影响。

7.1.15　城市轻度干旱:因旱城市供水量低于正常需求量的5%～10%,出现缺水现象,居民生活、生产用水受到一定程度影响。

7.1.16　城市中度干旱:因旱城市供水量低于正常日

用水量的10%～20%,出现明显的缺水现象,居民生活、生产用水受到较大影响。

7.1.17　城市重度干旱:因旱城市供水量低于正常日

用水量的20%～30%,出现明显缺水现象,城市生活、生产用水受到严重影响。

7.1.18　城市极度干旱:因旱城市供水量低于正常日

用水量的30%,出现极为严重的缺水局面或发电供水危机,城市生活、生产用水受到极大影响。

7.1.19　大型城市:指非农业人口在50万以上的城市。

7.1.20　紧急防汛期:根据《中华人民共和国防洪法》规定,当江河、湖泊的水情接近保证水位或者安全流量,水库水位接近设计洪水位,或者防洪工程设施发生重大险情时,有关县级以上人民政府防汛指挥机构可以宣布进入紧急防汛期。

本预案有关数量的表述中,“以上”含本数,“以下”不含本数。

7.2　预案管理与更新

本预案由国家防总办公室负责管理,并负责组织对预案进行评估。每5年对本预案评审一次,并视情况变化作出相应修改。各流域管理机构,各省、自治区、直辖市防汛抗旱指挥机构根据本预案制定相关江河、地区和重点工程的防汛抗旱应急预案。

7.3　国际沟通与协作

积极开展国际间的防汛抗旱减灾交流,借鉴发达国家防汛抗旱减灾工作的经验,进一步做好我国水旱灾害突发事件防范与处置工作。

7.4　奖励与责任追究

对防汛抢险和抗旱工作作出突出贡献的劳动模范、先进集体和个人,由人事部和国家防总联合表彰;对防汛抢险和抗旱工作中英勇献身的人员,按有关规定追认为烈士;对防汛抗旱工作中玩忽职守造成损失的,依据《中华人民共和国防洪法》、《中华人民共和国防汛条例》、《公务员管理条例》追究当事人的责任,并予以处罚,构成犯罪的,依法追究其刑事责任。

7.5　预案实施时间

本预案自印发之日起实施。

参 考 文 献

[1] 水利部黄河水利委员会,黄河防汛总指挥部办公室. 防汛抢险技术[M]. 郑州:黄河水利出版社,2000.

[2] 牛运光. 防汛与抢险[M]. 北京:中国水利水电出版社,2003.

[3] 董哲仁. 堤防抢险实用技术[M]. 北京:中国水利水电出版社,1999.

[4] 万海斌. 抗洪抢险成功百例[M]. 北京:中国水利水电出版社,2000.

[5] 赵绍华,等. 防汛抢险技术[M]. 北京:中央广播电视大学出版社,2002.

[6] 王运辉. 防汛抢险技术[M]. 武汉:武汉水利电力大学出版社,1996.

[7] 可素娟,王敏,饶素秋,等. 黄河冰凌研究[M]. 郑州:黄河水利出版社,2002.

[8] 蔡琳,等. 中国江河冰凌[M]. 郑州:黄河水利出版社,2008.

[9] 中国水利百科全书编辑委员会. 中国水利百科全书[M]. 北京:水利电力出版社,1990.